U0821038

普通高等教育“十四五”规划教材

普通高等教育“十二五”规划建设教材

遗传学实验教程

第2版

穆国俊　杨先泉　主编

中国农业大学出版社

·北京·

内 容 简 介

本教程主要以植物及微生物实验材料为基础，汲取遗传学前沿发展的新技术，系统地从群体、个体、细胞、染色体和分子水平介绍遗传学实验技术。实验设计本着可操作性强、文字简练、图文翔实、通俗易懂的原则，希望能使学习者的实验技能以及分析与解决遗传学实际问题的能力得以有效提高。鉴于各校课时、设备和材料的差异，可酌情选择。

全书共分6章，涉及经典遗传、细胞遗传、数量遗传、群体遗传、分子遗传和微生物遗传的主要内容，共35个实验；每个实验除包括基本实验内容外，还附有背景知识、实验注意事项和思考题供学习者使用。本书适用于综合性大学、农林、师范等高等院校农学、种子科学与工程、植物保护、草业科学、食品科学与工程、生物技术、生物信息学等专业本科、专科遗传学实验教学使用，也可供相关领域科技工作者参考。

图书在版编目(CIP)数据

遗传学实验教程/穆国俊，杨先泉主编. --2版. --北京：中国农业大学出版社，2024.1
ISBN 978-7-5655-3094-4

Ⅰ.①遗… Ⅱ.①穆…②杨… Ⅲ.①遗传学-实验-高等学校-教材 Ⅳ.①Q3-33

中国国家版本馆CIP数据核字(2023)第209776号

书　　名 遗传学实验教程　第2版
Yichuanxue Shiyan Jiaocheng
作　　者 穆国俊　杨先泉　主编

策划编辑 张秀环　　**责任编辑** 赵　艳
封面设计 郑　川　李尘工作室
出版发行 中国农业大学出版社
社　　址 北京市海淀区圆明园西路2号　　**邮政编码** 100193
电　　话 发行部 010-62733489，1190　　读者服务部 010-62732336
编辑部 010-62732617，2618　　出　版　部 010-62733440
网　　址 http://www.caupress.cn　　**E-mail** cbsszs@cau.edu.cn
经　　销 新华书店
印　　刷 运河(唐山)印务有限公司
版　　次 2024年1月第2版　　2024年1月第1次印刷
规　　格 185 mm×260 mm　　16开本　　12印张　　293千字
定　　价 39.00元

第 2 版编审人员

主　　编　穆国俊　杨先泉

副 主 编　陶勇生　杨鑫雷　姜　晶　段国锋

编写人员　（按姓氏拼音排序）

崔彦茹　（河北农业大学）
段国锋　（山西农业大学）
耿妙苗　（河北农业大学）
何丽君　（内蒙古农业大学）
姜　晶　（沈阳农业大学）
李秀坤　（河北农业大学）
刘建荣　（甘肃农业大学）
穆国俊　（河北农业大学）
宋　芸　（山西农业大学）
陶勇生　（河北农业大学）
王　彬　（河南科技大学）
王　虹　（河北农业大学）
王睿辉　（河北农业大学）
王维华　（青岛农业大学）
吴　麟　（四川农业大学）
肖海林　（华中农业大学）
阎媛媛　（河北农业大学）
杨先泉　（四川农业大学）
杨鑫雷　（河北农业大学）
伊六喜　（内蒙古农业大学）
张素芝　（四川农业大学）
赵　勤　（四川农业大学）
祝丽英　（河北农业大学）

主　　审　马峙英　（河北农业大学）

第 1 版编审人员

主　　编　穆国俊　杨先泉

副 主 编　陶勇生　姜　晶　刘立峰

编写人员　（按姓氏拼音排序）

段国锋　（山西农业大学）
段会军　（河北农业大学）
何丽君　（内蒙古农业大学）
姜　晶　（沈阳农业大学）
刘建荣　（甘肃农业大学）
刘立峰　（河北农业大学）
刘艳萍　（塔里木大学）
穆国俊　（河北农业大学）
宋　芸　（山西农业大学）
陶勇生　（河北农业大学）
王笑颖　（河北农业大学）
吴　麟　（四川农业大学）
肖海林　（华中农业大学）
杨先泉　（四川农业大学）
张素芝　（四川农业大学）
赵　勤　（四川农业大学）
祝丽英　（河北农业大学）

主　　审　马峙英　（河北农业大学）
李立家　（武汉大学）

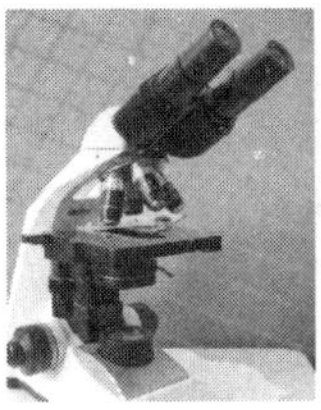

第2版前言

习近平总书记指出:“要从党和国家事业发展全局的高度,坚守为党育人、为国育才,把立德树人融入思想道德教育、文化知识教育、社会实践教育各环节。”党的二十大报告指出:“全面贯彻党的教育方针,落实立德树人根本任务,培养德智体美劳全面发展的社会主义建设者和接班人。” 新时代新征程,高校要深入贯彻落实党的二十大精神,坚守为党育人、为国育才的初心使命,落实立德树人根本任务,肩负起培养社会主义建设者和接班人的重要任务,教育引导青年学生自觉把个人理想追求融入国家和民族的事业中。

遗传学作为生命科学的重要分支,研究基因的传递与变异、遗传因素对生物性状形成的规律,以及基因与环境的相互作用等内容。它不仅对生物学的发展有着重要影响,也在医学、农业等领域具有广泛应用。遗传学实验是一项严谨而精细的工作,不仅需要科学的思维方式和仔细的实验操作,还要始终遵循伦理道德和科学精神,强调实验的安全性和可持续发展。本书是一本关于遗传学实验的基础教材,旨在引导和培养学生在实验实践中获取知识、培养思维和创新能力,以及展现遗传学的应用价值。同时,注重引导学生发现科学的正确性和科学精神的核心价值,培养学生遵循科学规律、勇于质疑与创新的能力。教材修订过程中,始终秉持“立德树人”的教育理念,与党的教育方针相结合,强调学习者的主体地位,尊重学生的思维习惯和价值取向,注重培养和弘扬社会主义核心价值观,引导学生树立正确的世界观、人生观和价值观。本教材体现了遗传学教学实验的主要作用:一是深入理解基因传递规律。通过实验,可以深入研究和验证基因传递的规律,了解基因在生物体中的传递方式、遗传方式及其对性状表现的影响。二是探索基因与环境的相互作用。通过对不同环境条件下的遗传性状进行实验观察和分析,可以揭示基因与环境对性状表现的相互影响,为研究物种的适应性进化和环境适应提供理论支持。三是培养实验技能和科学思维。遗传学实验需要进行一系列的实验操作和技术手段,通过实践操作,培养学生的实验技能,提高实验操作的准确性和实验数据的可靠性。同时,实验过程也能够培养学生的科学思维,让学生习惯观察现象、提出假设、进行实验推理、验证结论的科学方法。四是应用于农业和医学领域。遗传学实验的研究成果在农业和医学领域具有广泛的应用价值。通过实验可以用于改良农作物的品质和产量,培育优良的品种,提高农作物的抗病性和适应性。在医学领域,遗传学实验可以研究遗传病的发生机制和诊断方法,为遗传病的预防和治疗提供理论依据。五是推动科技进步和社会发展。遗传学实验的研究成果可以推动科技的进步和社会的发展。通过实验可以研究和应用基因编辑技术、基因诊断技术、基因治疗技术等新兴的遗传学技术,为解决社会面临的健康问题、农业问题和环境问题提供科学的解决方案。

《遗传学实验教程》(第 2 版)是在第 1 版的基础上,同时结合华中农业大学、沈阳农业大学、四川农业大学、甘肃农业大学、山西农业大学、河南科技大学、青岛农业大学和内蒙古农业大学 8 所兄弟院校实验教学内容,增添了遗传连锁图谱可视化、Southern 印迹杂交、农杆菌介导的烟草叶片瞬时表达和大麦条纹花叶病毒诱导小麦基因沉默技术方面的实验内容。本教材共分 6 章,35 个实验,实验内容涉及经典遗传、细胞遗传、数量遗传、群体遗传、分子遗传和微生物遗传 6 个方面。第一章由肖海林、宋芸、伊六喜、王睿辉编写,第二章由穆国俊、崔彦茹、李秀坤、王维华编写,第三章由杨先泉、赵勤、吴麟、何丽君编写,第四章由祝丽英、杨鑫雷、陶勇生、王虹编写,第五章由姜晶、张素芝、阎媛媛、耿妙苗编写,第六章由刘建荣、段国锋、王彬编写。

本教材适用于综合性大学、农林、师范等高等院校农学、种子科学与工程、园艺、植物保护、草业科学、食品科学与工程、生物技术、生物信息学等专业本科、专科遗传学实验教学使用,也可供相关领域科技工作者参考。

本书中所参阅、引用的遗传学教材、实验指导和图片已在相应部分注明;但由于部分资料为长期搜集,难以查证原始出处,未能注明。在此谨向这些作品的作者表示衷心感谢。本书承蒙国际欧亚科学院院士、河北农业大学马峙英教授审阅。

由于作者研究水平所限,不妥和错误之处敬请读者和专家批评指正。

编　者

2023 年 8 月

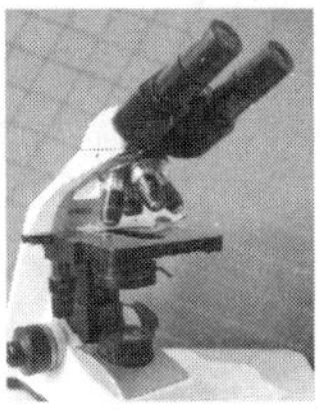

第1版前言

遗传学既是人类对生物遗传和变异现象实践性的系统总结，又是生命科学中体系完善、发展迅速的理论学科，同时也是综合性大学、农林、师范院校等相关专业的骨干基础课。遗传学实验教学与遗传学理论教学是密不可分的。编写本实验教程的作者都是来自遗传学及遗传学实验教学的一线教师。针对遗传学实验教学过程中学习者专业特点和需求，本教程中的实验材料大多取自植物(除微生物部分)。自 20 世纪 80 年代以来，遗传学实验技术的发展日新月异，因而在遗传学实验教学过程中须使用多种版本的遗传学实验教程。基于这些原因，编者们开始筹划和编写。

遗传学实验是遗传学理论体系和遗传学现象探索及研究的重要基础。在学习遗传学基本理论基础上进行遗传学实验操作，将能加深对遗传学现象和规律的认识，提高学习者分析和解决遗传学实践问题的能力，为学习者进一步的遗传学及相关学科研究做好技术上的铺垫。

本遗传学实验教程是在《遗传学实验指导》(河北农业大学遗传学实验教学参考书)基础上，同时结合华中农业大学、沈阳农业大学、四川农业大学、甘肃农业大学、山西农业大学和内蒙古农业大学 6 所兄弟院校实验教学内容，尽可能构建以植物材料(除微生物遗传部分)为基础的遗传学实验设计，适用于综合性大学、农林、师范等院校植物生产类、食品科学类、生物科学类等专业本、专科遗传学实验教学使用，也可供相关领域科技工作者参考。

编写过程中所参阅、引用的遗传学教材、实验指导和图片已尽可能在相应部分注明；但由于部分资料为长期搜集，难以查证原始出处，未能注明。在此向这些作品的作者表示衷心感谢。

本书共分 6 章，32 个实验。既有经典实验，又有紧靠学科发展前沿的基础实验，实验内容涉及细胞遗传、数量遗传、微生物遗传和分子遗传。每个实验对实验目的、实验原理及操作流程均做了详细阐述。本书第一章由肖海林、宋芸、何丽君编写，第二章由穆国俊、刘立峰、段会军编写，第三章由杨先泉、赵勤、吴麟编写，第四章由祝丽英、陶勇生、王笑颖编写，第五章由姜晶、张素芝编写，第六章由刘建荣、段国锋、刘艳萍编写。本书承蒙河北农业大学马峙英教授和武汉大学李立家教授审阅。

由于作者所在单位实验条件和研究水平所限，不妥和错误之处敬请读者和专家批评指正。

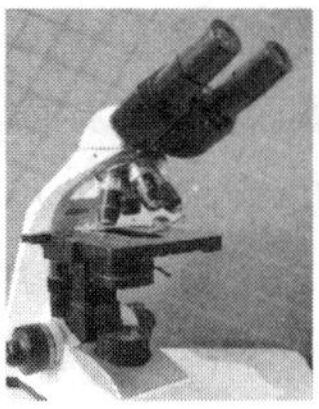

目　录

第一章
染色体制片与细胞遗传学技术

背景知识

遗传学是生命科学领域的基础学科之一，从孟德尔、摩尔根时代的细胞学水平已发展到分子水平，研究成果日新月异，令人惊叹！如今遗传学分支繁多，但细胞遗传学作为遗传学发展起来的基础学科一直都在高等教育和学科建设中具有不可替代的地位。简单地讲，细胞遗传学就是在细胞层次上进行遗传学研究的学科，主要研究细胞中染色体的遗传规律，包括染色体的起源、组成、变化和传递机制。本章将介绍一些基本的细胞遗传学实验技术，如染色体临时片与永久片制作、染色体核型分析、染色体显带技术、姐妹染色单体交换的观察、原位杂交技术等，其中染色体数目及结构变异检测技术将在第三章中介绍。

一、染色体有丝分裂与减数分裂观察

在染色体制片技术环节，我们将学习对植物有丝分裂和减数分裂过程中的染色体进行压片观察，掌握染色体的动态变化过程，进一步加深对分离定律、自由组合定律和重组交换的理解。目前，植物染色体制片可以采用压片技术或者去壁低渗技术，前者操作简单，多用于临时制片观察，后者由于要通过酶解消化去掉细胞壁，操作稍微复杂些，但制片效果好，多用于永久制片或者荧光原位杂交。压片法是 1921 年由 Belling 提出的，其原理是以人工外加机械压力使染色体分散开，操作简单，省时省材。但是植物细胞有一层厚实的细胞壁，其染色体很难像动物染色体那样平整地分布在载玻片上。因此 Omura 和 Kurata(1978)尝试着用纤维素、果胶酶和 0.075 mol/L KCl 处理水稻细胞，去掉去细胞壁后再制片，获得了较好的结果。随后陈瑞阳等(1979)报道了植物染色体制片的酶解去壁低渗技术，这一技术在多种植物中得到了应用，成为植物染色体研究中的重要方法。去壁低渗法是用酶消化分解细胞壁，再用低渗液使细胞膜吸胀使染色体分散开。由于去掉了细胞壁，染色体容易分散开，伸展度较好，尤其对成熟细胞较多的植物组织，如根尖、芽、愈伤组织等具有独特的效果。

为了获得更多的中期染色体图像，可以采用药物(如秋水仙碱等)或冷冻方法进行前处理，阻止纺锤体的形成，使细胞分裂停止在中期，同时还可以使染色体缩短，易于分散，便于观察研究。另外，通过对植物组织进行解离处理，除去细胞之间的果胶层，并使细胞软化，便于细胞彼此分开，有利于压片和染色。

减数分裂是生物在形成性细胞过程中一种特殊的细胞分裂方式。在高等植物中，先由有性组织（花药和胚珠）中的某些细胞分化为二倍性的小孢子母细胞或大孢子母细胞，这些细胞连续进行2次分裂，即减数第一次分裂和减数第二次分裂。结果一个小孢子母细胞形成4个小孢子，一个大孢子母细胞形成一个大孢子。

减数分裂在遗传上具有重要意义。性母细胞（$2n$）经过减数分裂形成染色体数目减半的配子（n）。经过受精作用，雌、雄配子融合为合子，染色体数目恢复为$2n$。这样在物种延续的过程中确保了染色体数目的恒定，从而使物种在遗传上具有相对的稳定性。另外，在减数分裂过程中包含有同源染色体的配对、交换、分离和非同源染色体的自由组合，这些都是遗传学分离、自由组合和连锁互换规律的细胞学基础。

各种生物染色体的形态、结构和数目都是相对稳定的。不管是有丝分裂还是减数分裂的细胞，在分裂中期的时候其染色体凝缩程度最大，染色体的形态特征最为明显。而且在同一材料的细胞中，不同染色体的相对长度、着丝粒在染色体上的位置都非常稳定，可以作为区分不同染色体的标识性特征。在光学显微镜下可测定的染色体表型特征的总体称为染色体核型，一般包括染色体数目、大小、形态及结构。通过显微摄影可以将一个细胞内的染色体图像显现出来，然后按照一定的顺序将它们排列起来，获得染色体的相对长度、臂指数等形态特征，这就叫作核型分析（karyotype analysis）。染色体核型分析是细胞遗传学研究中的基本方法，是研究物种演化、分类以及染色体结构、形态与功能之间的关系所不可缺少的重要手段，同时对B染色体和基因定位等方面的研究也具有重要的参考价值。

用压片法或空气干燥法制成的临时片，适宜的观察期短暂，时间稍长则易进入空气，而且会发生材料收缩、颜色变深的情况，难以观察鉴别。用石蜡、甘油胶冻或指甲油密封盖玻片四周并储于冰箱中可保存1周左右，但时间过长，依然会造成标本变形无法观察鉴别。因此，对于效果较好、需长期保存的片子，就必须改制为永久片。永久片的制作程序包括脱去临时片的盖玻片、材料脱水、透明和封片。其中材料脱水和透明是制作永久片的关键。

二、染色体显带技术

处于分裂中期的染色体经过某些药物处理后，再用某个特定染料染色，就会在染色体上显示出一条条深浅不同的横纹，称为显带技术。每条染色体上显示的带都按一定顺序进行排列，每条带的宽窄和染色深浅都比较固定，这就构成了染色体的带型，成为染色体的特征之一。依据这种带型特征可以对染色体局部的变异进行分析，甚至可以进行某些性状的初步定位。

染色体显带技术出现于20世纪60年代末期，大致可以分为两大类：一类为整条染色体的显带技术，如Q带和G带；另一类为染色体局部的显带技术，如J带和C带。1968年，Caspersson首次应用荧光染料氮芥喹丫因处理染色体样本，使染色体沿纵轴显示出宽窄和亮度不同的荧光带。这种带纹制片效果较好，带型清晰，称为Q带。Q带需要在荧光显微镜下才能观察，而且荧光持续时间短，必须立即进行显微摄影。后来研究者利用吉姆萨（Giemsa）染液进行染色，染色体显示出深浅不同的带纹，称为G带。G带显示的带型与Q带大致相同，而且在普通显微镜下就可以进行观察，所以应用比较广泛。

植物染色体显带技术中最常用的是Giemsa染色，其中C带和N带较为常用。染色体样本经过强碱热处理后，着丝粒周围区域和异染色质区经Giemsa染色后显色较深，而染色体两臂的常染色质部分仅有浅淡的轮廓，这种只在着丝粒和异染色质区显示的带纹称为C带。C

带认为是高度重复序列(异染色质)经过酸碱变性和复性处理后形成的,容易复性,而低度重复序列和单一序列(常染色质)不易复性,经 Giemsa 染色后呈现深浅不同的带纹。N 带法是对核仁区进行染色的显带法,能够有针对性地对核仁区进行结构分析。Gerlach(1977)将这种方法应用于小麦属和山羊草属的染色体研究中,成功地鉴别了 B 染色体。

植物染色体 C 带带纹数目较少,并且多分布在着丝粒附近,这对染色体或染色体组的识别以及结构的研究有很大的限制。G 带则不同,它是分布在整条染色体上的染色质带,带纹数目远远多于 C 带。这种高分辨 G 带技术,在种间鉴定、染色体或染色体亚单位的识别以及基因定位的研究中展示了新的前景。

三、姐妹染色单体交换

在减数分裂染色体制片过程中,染色体之间会发生交叉,表明染色单体间有遗传物质的交换。一般认为这种交换发生在同源染色体的不同染色单体之间,而同一染色体的姐妹染色单体之间的交换不会有遗传效应。这是因为姐妹染色单体之间的遗传物质是完全一样的,对等交换后染色单体上的基因组成并不会发生改变,因此不会有表型效应。虽然没有遗传效应,但并不等于姐妹染色单体间的交换不会发生。早在 1938 年 McClintock 就提出了姐妹染色单体交换(sister-chromatid exchange,SCE)的概念,1958 年 Taylor 首次证实了植物细胞内存在 SCE,但是其检测方法比较烦琐,不利于研究的广泛开展。直到 1973 年 Latt 建立起一套简单实用的检测技术才引发了 SCE 的研究热潮。该技术在细胞有丝分裂的过程中加入 5-溴脱氧尿嘧啶核苷(5-BrdU),使其渗入新合成的染色单体中,经过特殊的染色之后,同一染色体上的两条姐妹染色单体就会显示出不同的染色效果,从而达到区分不同姐妹染色单体的目的。如果它们之间发生了交换,断点处染色单体就会有界线明显、染色深浅对称的互换片段。

研究发现,SCE 的发生与染色体受损伤的程度有关,使得这一技术在环境科学、医学、生物学研究领域中得到了广泛应用。人类的生活环境中存在着很多胁迫因素,可以导致细胞内 DNA 不同程度的损伤,甚至引发癌症,而 SCE 检测技术能够快速、灵敏地检测 DNA 的损伤,从而为环境污染的治理、重大疾病的预测提供了指导依据。例如,戴修道等研究了不同区段的黄浦江水提取物与居民 SCE 的关系,为江水污染的治理提供了科学依据。Balcl 等报道了常染色体隐性遗传病 Bloom 综合征病人细胞内具有很高的 SCE 检出率;卢洁等通过对急性白血病患儿骨髓细胞 SCE 的观察和分析,探讨了 SCE 检测在预测病情发展、治疗效果等方面的指导意义。因此,SCE 检测技术可以作为衡量细胞内 DNA 损伤程度的指标,在医疗卫生领域具有广泛的应用价值。

四、荧光原位杂交(FISH)技术

除了染色体核型分析、显带技术、SCE 检测技术可以发现染色体的畸变和受损情况外,荧光原位杂交(fluorescence *in situ* hybridization,FISH)是另一种重要的检测染色体变异的技术。FISH 技术问世于 20 世纪 70 年代后期,主要原理是将标记好的探针直接杂交到中期的染色体上,从而在染色体上显示出探针的位置。早期的 FISH 技术主要用来显示整个染色体的结构特征及检测基因组中染色体的结构变异。Mukai 等以黑麦基因组 DNA 序列作为探针,明确了黑麦 6RL 与小麦不同染色体的易位,首次发现在小麦 4A 染色体长臂中部有一个黑麦 6RL 的易位片段。Jackson 等用 FISH 技术研究分析了黑麦基因组中最小染色体的结构，发现这个最小染色体是由着丝粒的中部发生了一次易位造成的。

发展至今，FISH 技术已从单色荧光向多色荧光、从中期染色体杂交向粗线期染色体甚至染色质丝杂交发展，其灵敏度和检测分辨率有了大幅度提高。利用不同的荧光素标记不同的探针，可以将不同的探针序列同时杂交到一张染色体制片上，从而能对这些不同探针在染色体上的相对位置进行比较。如果在中期染色体上用 FISH 技术进行探针的检测，能够区分两个不同杂交位点的最近距离，即杂交分辨率为 1～3 Mb；在减数分裂的粗线期染色体上进行 FISH，由于这一时期的染色体长度比中期染色体长 10～20 倍，其分辨率大约为100 kb；利用间期核的染色质进行 FISH，其分辨率可以达到 50 kb；对间期的核进行处理，使其释放出游离的染色丝，然后再进行 FISH，分辨率可以接近 12 kb；在游离的染色体基础上进一步处理染色体，使 DNA 分子完全从蛋白质中分离出来，得到 DNA 纤维，那么 FISH 的分辨率可以达到 1～2 kb。高分辨率的 FISH 能快速准确地得到探针序列在染色体中的排列顺序及物理距离，因此被广泛地应用于基因定位及物理图谱的构建。

如果以某一物种的基因组 DNA 为探针进行 FISH，就可以清晰地显示这一物种的一套染色体在远缘杂交后代中的保留情况，同时还有助于揭示异源多倍体的起源。因此 FISH 技术在鉴定种间杂种后代、检测外源种质的渗入以及物种的起源进化等领域的研究中被广泛应用。

随着技术的发展进步，FISH 技术的分辨率将进一步提高，从而可以更加容易实现单个基因在染色体上的定位，例如准确定位外源基因在转基因材料中的物理位置及拷贝数。目前，FISH 技术已经广泛应用于动植物基因组结构研究、染色体精细结构变异分析、病毒感染分析、人类产前诊断、肿瘤遗传学和基因组进化研究等众多领域。随着技术的进步，FISH 技术在结构基因组以及功能基因组研究中将会有更广阔的应用前景。

五、参考文献

郭善利，刘林德. 遗传学实验教程. 3 版. 北京：科学出版社，2015.

龙海梅，张楠卿，李宗艳，等. 金盏菊根尖细胞染色体制片与核型分析. 浙江农业学报，2020，32(1)：86-92.

佘朝文，蒋向军，宋运淳，等. 玉米近缘种中玉米着丝粒序列的 FISH 检测. 遗传，2010，32(3)：264-270.

孙小飞，余瑛. 一种简单、快速的东亚飞蝗卵胚胎细胞染色体制片方法及核型分析. 重庆理工大学学报(自然科学)，2020，34(4)：224-229.

陶勇生，张祖新，程友林，等. 玉米有丝分裂染色体上玉米 BAC 探针的 FISH 杂交体系的构建. 中国生物化学与分子生物学报，2007，23(8)：682-687.

王金发，何炎明，刘兵. 细胞生物学实验教程. 北京：科学出版社，2011.

肖义军，张彦定. 细胞生物学实验. 北京：科学出版社，2015.

赵广宇，麦祎凡，侯跃洋，等. "观察根尖分生组织细胞有丝分裂"实验改进及拓展探究. 生物学教学，2021，46(9)：56-58.

实验1 细胞有丝分裂染色体制片与观察

一、实验目的

（1）学习和掌握植物细胞有丝分裂染色体制片技术。

（2）观察植物细胞有丝分裂过程中染色体的形态特征。

（3）学会通过染色体形态辨认有丝分裂的各个时期。

二、实验原理

有丝分裂是植物体细胞进行的一种主要分裂方式。通过有丝分裂，细胞的数量得以增加，植物有机体才能不断生长。在有丝分裂过程中，细胞核内的遗传物质复制一次，然后有规律地分配到两个子细胞中去。一般来讲，植物细胞要经过十几个小时的间期，而分裂期只有2～3 h。经过间期的复制，细胞的每一条染色体都获得了一份拷贝，一个复合着丝粒上附着了两个完全一样的姐妹染色单体。在细胞分裂的后期，这两条姐妹染色单体会被分别分配到两个子细胞中去，从而形成在遗传组成上完全一样的两个细胞。依据染色体在细胞中的形态变化和行为特征可以将分裂期分为前期、中期、后期和末期四个时期（图 1-1）。前期的细胞学特征是细胞核内出现染色体，随后核膜和核仁消失，纺锤丝开始出现；到了中期，染色体排列到细胞中央的赤道板上，纺锤丝已经附着在染色体的着丝粒上，此时染色体形态清晰可辨，在细胞中分散较开，是进行染色体计数的最佳时期；后期，姐妹染色单体在纺锤丝的牵引下开始向细胞两极移动；到了末期，染色体到达两极，核膜、核仁重新出现，形成新的细胞壁，将母细胞分隔为两个子细胞。

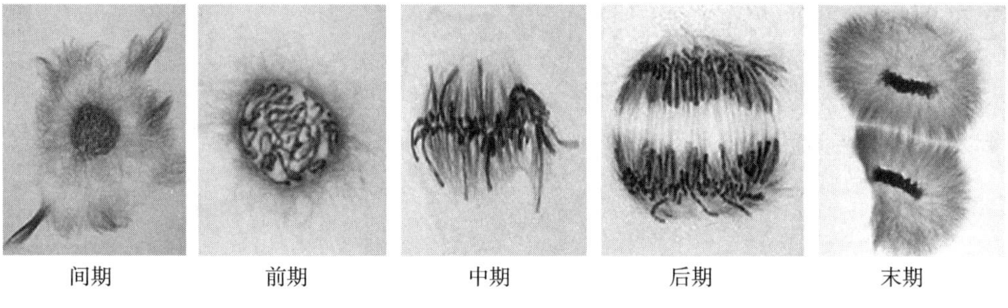

图 1-1 细胞有丝分裂染色体形态

（引自 Klug 等，2018）

植物有丝分裂主要在根尖、茎尖的生长点、节间及其他分生组织里进行。因此，将生长旺盛的植物分生组织经固定、解离、染色、压片等处理即可以观察到细胞内的有丝分裂图像。植物的根尖中只有一小部分区域是处于旺盛的有丝分裂阶段的分生区（图 1-2），要注意取材部位的准确，这样才能观察到更多的分裂象。如果需要清晰地看到每一条染色体并进行染色体计数，则需进行预处理，在取材之后采用物理或化学的方法，阻止细胞分裂过程中纺锤体的形成，使细胞分裂停止在中期。这时染色体不排列到赤道板上，而是分散在整个细胞质中，十分便于对染色体的形态和数目进行观察。

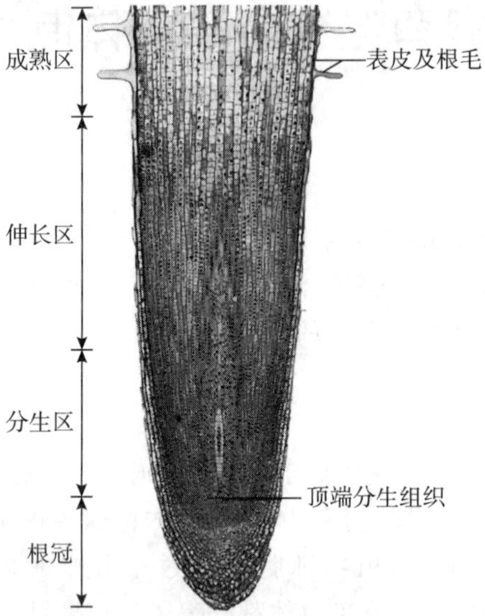

图 1-2 彩图

图 1-2 洋葱根尖的结构

（分生区的细胞有丝分裂比较旺盛，切取根尖时应该从伸长区以下切下根尖。引自中国科普博览/植物博物馆/根的结构）

对根尖组织进行染色体压片，是观察植物染色体最常用的方法，也是研究染色体组型、染色体显带、染色体畸变和姐妹染色单体交换的基础。因此，熟练掌握本实验内容对后续的实验操作大有裨益。

三、实验材料

大蒜（*Allium sativum* L.，$2n=16$），玉米（*Zea mays* L.，$2n=20$），洋葱（*Allium cepa* L.，$2n=16$），蚕豆（*Vicia faba* L.，$2n=12$）。

本实验可以依据实验条件选取以上植物的根尖为实验材料，其中玉米根尖容易发生木质化而难以解离，解离时间需适当延长。

四、实验用品

1. 试剂

预处理液：0.05%～0.1%的秋水仙碱水溶液，饱和对二氯苯溶液，0.002～0.004 mol/L 8-羟基喹啉（根据实际情况选用），卡诺氏固定液：按体积比，3 份 95%乙醇加入 1 份冰乙酸（现配现用），1 mol/L HCl，醋酸（即乙酸）洋红（各试剂的配制方法详见附录Ⅰ）。

2. 器材及用具

恒温培养箱，显微镜，水浴锅，载玻片，盖玻片，镊子，培养皿，单面刀片，吸水纸。

五、实验方法与步骤

1. 生根

植物根尖细胞分裂旺盛，而且取材容易，操作方便。因此，它是细胞有丝分裂象制备与观察的理想取材部位。大蒜和洋葱易于在水培、沙培、土培条件下生根。采用水培时要注意遮光培养，以促进根的发育，使根系生长旺盛。玉米和蚕豆种子可先用温水浸泡 1 d 后，再转入铺有多层吸水纸的培养皿中。上面盖双层吸水纸，置于 24～26 ℃恒温培养箱中培养，每天换水 2 次，保持种子湿润即可。

2. 取材

待根长至 1.5～2.0 cm 时，将根取下。若实验只需观察细胞有丝分裂的过程和各时期的特征，可将根尖直接放入卡诺氏固定液（$V_{无水乙醇}:V_{冰乙酸}=3:1$）中固定；如果要观察染色体形态和数目，则必须对根尖进行前处理（预处理）后才能固定。取材和固定必须要在细胞分裂高峰期进行，即分裂细胞占细胞总数最大值时进行，这样分裂细胞比例大，便于选择和观察。

不同的植物在不同的环境条件，其细胞分裂高峰的时间是不同的。如大蒜和洋葱的细胞分裂高峰期通常是在 9:00—11:00 和 15:00—17:00。

3. 前处理

一般采用低温处理和化学药剂处理的方法，可以降低细胞质的黏度，使染色体缩短分散，防止纺锤体形成，使更多的细胞处于有丝分裂中期，便于进行染色体计数。

（1）低温处理：将取材的根尖放入盛有蒸馏水的烧杯或其他容器内，放在 1～4 ℃的冰箱或其他低温条件下处理 24 h。不同的植物对低温的敏感程度不同，效果也不同。对低温较为敏感的植物是小麦。

（2）化学药剂处理：常用的药剂有 0.05%～0.1%的秋水仙碱水溶液，饱和对二氯苯溶液，0.002～0.004 mol/L 8-羟基喹啉等。秋水仙碱溶液对纺锤体的抑制效果最好，一般在室温条件下处理 2～4 h 可达到理想的效果。如果处理时间过长，染色体会变得太短，不利于对染色体结构进行研究。对二氯苯和 8-羟基喹啉对不同的植物效果也不相同。植物染色体数目多，个体小的适合使用对二氯苯，而染色体中等长度的更适合使用 8-羟基喹啉，同时能使缢痕区更为清晰。

4. 材料固定

经过前处理的根尖，再放到卡诺氏固定液中，固定 24 h。固定材料可以转入 70%乙醇中，在 4 ℃冰箱中保存，保存时间最好不超过 2 个月。

5. 解离

从固定液中取出大蒜或洋葱根尖，用蒸馏水漂洗，再放到 1 mol/L HCl 中，在 60 ℃水浴中，解离 8～10 min，然后用蒸馏水漂洗。

6. 染色与压片

将解离好的根尖放在一张干净的载玻片上，用刀片切去根冠及伸长区部分，只留下分生区，加一滴醋酸洋红染液，用镊子把根尖捣碎，去除残渣，静置 2～3 min 后盖上盖玻片，然后用吸水纸吸去多余的染液，再用铅笔的橡皮头轻轻敲打有材料的部位，使细胞铺展成薄薄的一层。

7. 镜检

先在 10 倍物镜下观察，找到细胞分裂象，然后转到 40 倍高倍镜下观察，判断细胞的分裂时期。

六、注意事项

（1）植物细胞分裂周期的长短不尽相同，通常在十到几十小时之间，温度明显地影响分裂周期，对于一个不太熟悉的实验材料，最好在特定温度下长根，掌握有丝分裂高峰期，以便得到更多的有丝分裂的细胞。

(2)前处理的目的是降低细胞质的黏度,使染色体缩短分散,防止纺锤体形成,让更多的细胞处于分裂中期,一般在分裂高峰前,把根尖放到药剂中处理 3～4 h。可处理的药剂很多,如秋水仙碱、对二氯苯、8-羟基喹啉等。

(3)解离的目的是使分生组织细胞间的果胶质分解,细胞壁软化或部分分解,使细胞和染色体容易分散压平,解离方法有酸解法和酶解法。

①酸解法是用盐酸水解根尖,步骤简便、容易掌握,广泛应用于染色体计数、核型分析和染色体畸变的观察。根尖分生组织细胞的染色体还包在细胞壁中间。

②酶解法常用于染色体显带技术或姐妹染色单体交换等项研究,通过解离和压片,使分生细胞的原生质体,能够从细胞壁里压出,再经过精心的压片,使染色体周围不带有细胞质或仅有少量细胞质,致使多项制片措施直接作用于染色体。

七、思考题

(1)有丝分裂各时期染色体有何特征?

(2)对植物组织进行预处理的方法有哪些?其作用是什么?

(3)对植物组织进行解离的方法有哪些?各适用于什么类型的实验?

八、参考文献

郭善利,刘林德.遗传学实验教程.3 版.北京:科学出版社,2015.

刘昌平.植物细胞有丝分裂实验材料的选择及其实验操作.皖西学院学报,2002,18(4):49-50.

龙海梅,张楠卿,李宗艳,等.金盏菊根尖细胞染色体制片与核型分析.浙江农业学报,2020,32(1):86-92.

孙小飞,余瑛.一种简单、快速的东亚飞蝗卵胚胎细胞染色体制片方法及核型分析.重庆理工大学学报(自然科学),2020,34(4):224-229.

王金发,何炎明,刘兵.细胞生物学实验教程.2 版.北京:科学出版社,2011.

肖义军,张彦定.细胞生物学实验.北京:科学出版社,2015.

杨汉民.细胞生物学实验.2 版.北京:高等教育出版社,1997.

赵广宇,麦祎凡,侯跃洋,等.观察根尖分生组织细胞有丝分裂"实验改进及拓展探究.生物学教学,2021,46(9):56-58.

中国科普博览,植物博物馆.植物是什么.http://www.kepu.net.cn/gb/lives./plantae/html/137.htm.

Klug W S, Cummings M R, Spencer C A, et al. Concepts of genetics. 12th ed. London: Pearson Education, 2018.

Kou Y, Chang Y, Li X, et al. The rice RAD51C gene is required for the meiosis of both female and male gametocytes and the DNA repair of somatic cells. Journal of Experimental Botany. 2012, 63(14): 5323-5335.

实验 2 果蝇唾液腺染色体制片与观察

一、实验目的

(1)学习解剖果蝇三龄幼虫并获得其唾液腺的操作技术。

(2)掌握唾液腺细胞染色体制片的方法。

(3)观察果蝇"巨染色体"的形态特征。

二、实验原理

果蝇三龄幼虫的唾液腺发育到一定阶段后,细胞的有丝分裂停留在间期,导致细胞数目不再增加,但其中每条染色体仍然不断地复制,且复制后的染色质纤维不分开,平行地排列成一条巨大染色体,称为"巨染色体"。经过 2^{10} ～ 2^{15} 次复制后,染色体的长度达到 2 000 μm,是正常体细胞中期染色体长度的 100～200 倍。这样巨大的染色体只需经过简单的染色和压片就可以在光学显微镜下观察到。

黑腹果蝇体细胞染色体数目 $2n=8$,因此理论上应该可以看到 8 条染色体。其中第 1 染色体为性染色体,第 2、第 3 染色体是中着丝粒染色体,其左臂和右臂均伸展得较开,第 4 染色体为很小的点状,处于异染色质状态。在唾液腺细胞的核内,由于同源染色体发生紧密而精确的配对,2 条同源染色体合并为 1 条,所以只能看到 4 条染色体。同时,由于每对染色体的着丝粒都凝聚到一起而形成染色中心,雄性果蝇的整条 Y 染色体甚至全部都参与染色中心的组成,所以,我们将看到果蝇的 4 条染色体形成非常典型的细胞学特征。如图 1-3 所示,5 条臂由染色中心伸展开来,它们分别是 X 染色体的 1 条臂(X)以及第 2、第 3 染色体的左臂(2L,3L)和右臂(2R,3R)。而第 4 染色体本身就很短小,偶尔可以看到它从染色中心伸出形成一条短棒状结构。

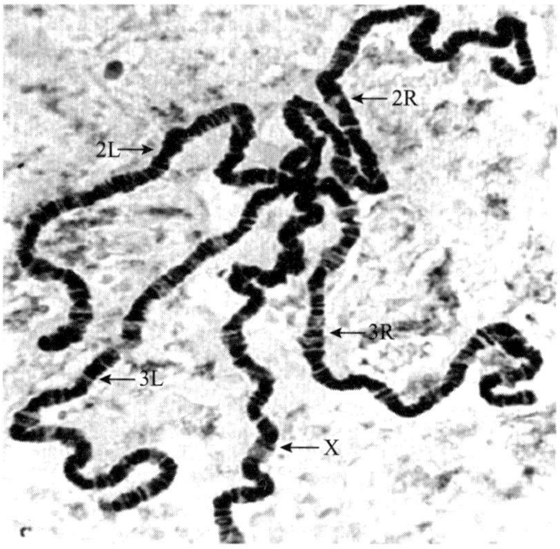

图 1-3 果蝇唾液腺染色体的 5 条臂

(华中农业大学肖海林提供)

除了以上的形态特征外，果蝇唾液腺染色体还会因为染色的深浅不同而形成明暗相间的横纹。染色质比较致密的异染色区域染色就深，而常染色区域染色就比较浅。黑腹果蝇的巨染色体大约有 5 000 条横纹，这些横纹的宽窄和疏密程度差异较大，而且每条横纹在染色体上的位置比较固定，可以依据横纹的特征结构准确鉴别果蝇染色体上的不同区域。早在 20 世纪 30 年代，Bridges 就对这些横纹进行了编号，发表了世界上第一张染色体细胞学图谱。依据这张图谱，可以对果蝇染色体结构的变异进行遗传学分析，从而将特定基因定位到较为精细的区域。

如果仔细观察，在果蝇唾液腺染色体上还可以看到局部肿大的区域，称为 puff 结构（图 1-4），这是由这一区域的染色质纤维非常疏松，基因正在活跃转录所造成的。Puff 的位置并不像横纹一样在染色体中是固定的，随着幼虫的发育，需要激活的基因也会发生变化，因此 puff 出现的位置也会跟着发生变化。

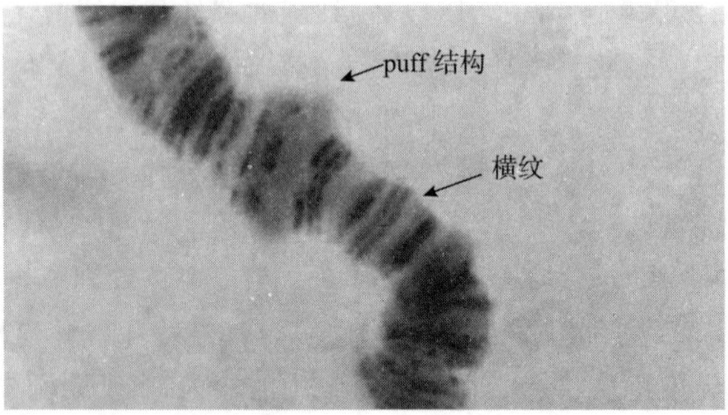

图 1-4　果蝇唾液腺染色体的横纹和 puff 结构

（华中农业大学肖海林提供）

在观察果蝇唾液腺染色体的时候，要注意辨别附着在染色中心上的不同染色体臂，仔细观察各条臂上的横纹和 puff 结构。

三、实验材料

黑檀体果蝇（*Drosophila melanogaster*）的三龄幼虫最适合用于唾液腺的分离和制片操作，其他类型果蝇的三龄幼虫也可以得到较好的实验效果。

四、实验用品

0.7%生理盐水，1 mol/L HCl，醋酸洋红，果蝇培养基（详见附录）。

解剖镜，黑白板，显微镜，载玻片，盖玻片，镊子，昆虫针，吸水纸。

五、实验方法与步骤

1. 幼虫的培养

待新鲜培养基发酵好后，将果蝇成虫转入试管中，25 ℃培养 1 周，然后将试管内的成虫放飞，再在 15～18 ℃下培养 2～3 周，即可获得虫体肥大的三龄幼虫。在低温条件下培养的三龄幼虫，其唾液腺巨大，容易辨别和剥离，制片后染色效果好，横纹清晰。

2. 唾液腺的剥离

果蝇幼虫的唾液腺位于其口器稍后的部位，两个腺体分别附着于食道的两侧。首先要挑选一条肥大的三龄幼虫，放在干净的载玻片上，接着滴1滴生理盐水，将载玻片置于解剖镜的黑板上。调整好解剖镜，选择合适的放大倍数，使虫体清晰可见。幼虫有黑点的一端是头部，认准头部后，一只手用镊子轻轻夹住虫体中间稍后的位置，此时幼虫因受到惊吓而保持不动。趁此机会，另一只手用昆虫针对准头部口器黑点稍后的位置刺下，然后缓缓向一端移动，直至虫体的头部与身体断开。唾液腺应该就在头部食道附近，呈透明的香蕉形状，其边缘通常附着有少量脂肪体（图1-5）。可用昆虫针小心操作，将唾液腺切取下来，并将大块的脂肪体剔除。

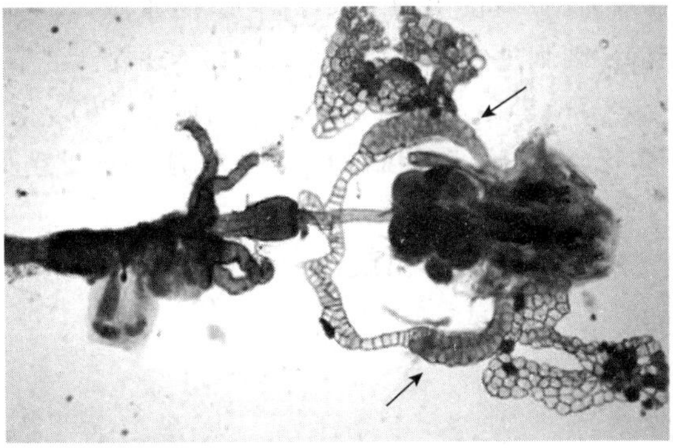

图1-5 果蝇幼虫解剖图

（箭头所示为果蝇的唾液腺，华中农业大学肖海林提供）

3. 细胞解离

将唾液腺周围的生理盐水用吸水纸小心吸去，滴1滴1 mol/L的盐酸，解离2～3 min。

4. 染色压片

用吸水纸轻轻吸去盐酸（残留的盐酸会影响染色效果），然后滴1滴醋酸洋红，染色5～10 min。染色过程中要避免染液挥发而导致腺体干燥，如有必要可以补加1滴染液。轻轻盖上盖玻片，用吸水纸覆盖在盖玻片上，吸去多余染液，然后用大拇指对准材料部位用力压一下，使染色体伸展开但不致断裂。

5. 镜检观察

将制备好的玻片在显微镜下观察，先用低倍镜观察，看到丝状的染色体后再换高倍镜观察，挑选染色体臂伸展较开而又没有断裂的视野，认真辨别各条染色体，仔细观察染色体上的横纹和puff结构。

六、注意事项

（1）剥取唾液腺过程水分容易蒸发，适量补加生理盐水，不要让唾液腺干燥。

（2）滴加生理盐水不可过多，否则幼虫容易漂浮，增加操作难度。

（3）吸水时容易将唾液腺一起吸走，一定要小心。

（4）染色结束后可补加一滴染液再盖盖玻片，避免产生气泡。

（5）压片时用力要均匀，力道要适度，使染色体充分伸展又不致断裂。

七、思考题

果蝇的体细胞有 8 条染色体，为何三龄幼虫唾液腺的染色体呈现出 5 条臂的样子？

八、参考文献

丁毅，王建波．遗传学实验教程．2 版．北京：高等教育出版社，2019．

郭善利，刘林德．遗传学实验教程．3 版．北京：科学出版社，2015．

黄体冉，郭蓓，吕鹤书，等．数码显微互动系统在遗传学实验教学中的应用——以果蝇唾液腺染色体的制片技术和观察为例．高校生物学教学研究（电子版），2018，8（4）：50-54．

康现江，李振秋，穆淑梅．细胞生物学实验教程．2 版．北京：科学出版社，2022．

李兴锋，李剑虹，遗传学实验指导．北京：中国农业出版社，2018．

刘流，马培玉，马元芬，等．贵州遵义地区冈田绕眼果蝇野外调查及唾液腺染色体制备．医学动物防制．2020，36（1）：52-55．

杨大翔．遗传学实验．3 版．北京：科学出版社，2016．

实验3 细胞减数分裂染色体制片与观察

一、实验目的

(1)学习和掌握植物花粉母细胞减数分裂制片技术。

(2)了解减数分裂过程中染色体的动态变化规律,明确遗传的细胞学基础。

(3)观察植物减数分裂过程中染色体的形态特征,学会辨认减数分裂的各个时期。

二、实验原理

减数分裂是生物在性母细胞形成配子过程中发生的一种特殊分裂方式,在遗传上具有重要意义。在减数分裂过程中,性母细胞要连续发生两次细胞分裂,第一次分裂染色体是减数的,第二次分裂染色体数目不变,因此产生染色体数目减半的配子。经受精后,雌、雄配子结合,染色体数目恢复正常,从而保证了物种延续过程中染色体数目的恒定,遗传物质相对稳定。此外,在减数分裂过程中,同源染色体之间要发生联会、交换和分离,非同源染色体之间要发生自由组合。通过染色体的规律性变化,最终产生的雌配子和雄配子在染色体组成上具有巨大的变异性。举例来讲,玉米的体细胞有10对染色体,那么性母细胞通过非同源染色体之间的自由组合方式就可以产生2^{10}个不同的配子。再加上染色体的交换,产生的变异将更大。由此产生的不同染色体组合的雌、雄配子,经受精后,将在后代个体中创造丰富的遗传变异。这种变异有利于生物的适应和进化,为人工选择提供了丰富的变异材料。

本次实验要观察花粉母细胞的减数分裂过程,因此首先要学会区分花粉母细胞和花药组织中的其他细胞。花粉母细胞体积大,呈圆形,在视野中处于游离状态。而一般的体细胞体积较小,相互之间排列紧密,呈方形或不规则形状。

掌握花粉母细胞的形态特征,有利于进一步观察减数分裂过程中染色体的变化规律。减数分裂过程包含两次细胞分裂,两次分裂均可分为前期、中期、后期、末期4个时期。第一次分裂的前期较长,染色体变化较复杂,可细分为5个时期,即细线期、偶线期、粗线期、双线期和终变期(图1-6)。现以玉米花粉母细胞的减数分裂为例,将各个时期染色体的细胞学特征简要介绍如下。

(1)细线期:染色体呈现细丝状,首尾不分地绕成一团,核仁明显。

(2)偶线期:染色质丝两两成对靠拢,同源染色体开始配对联会。

(3)粗线期:染色体逐渐变粗变短。在良好的制片中,可以数出染色体的对数。由于每条染色体已经复制为二,一个着丝粒上附着了两条姐妹染色单体,这样的染色体称为二价体。

(4)双线期:染色体继续缩短变粗,配对的染色体开始互相排斥而分开,此时可以看到染色体的交叉现象。

(5)终变期:染色体最为粗短,是染色体计数的最好时期。核膜、核仁相继消失,开始出现纺锤丝。

中期Ⅰ:染色体已经排列到细胞中部的赤道板上,纺锤丝形成,附着在染色体的着丝粒上,准备向两极拉伸。

后期Ⅰ:同源染色体受到纺锤丝的牵引而向两极分开,染色体数目减半。

末期Ⅰ:两组染色体分别达到两极,染色体解螺旋为丝状,核膜重新出现,形成两个子核,并在赤道板上形成细胞板,将母细胞分隔为2个子细胞,称为二分体。但有的植物在这一时期染色体不解螺旋,也不形成细胞板,等到末期Ⅱ的时候一次性将母细胞分隔为4个子细胞。

减数分裂的第二次分裂与一般的有丝分裂相似,也可以分为前期、中期、后期、末期4个时期(图1-6),但在前期之前的间期染色体不再复制,直接进行姐妹染色单体的分离。

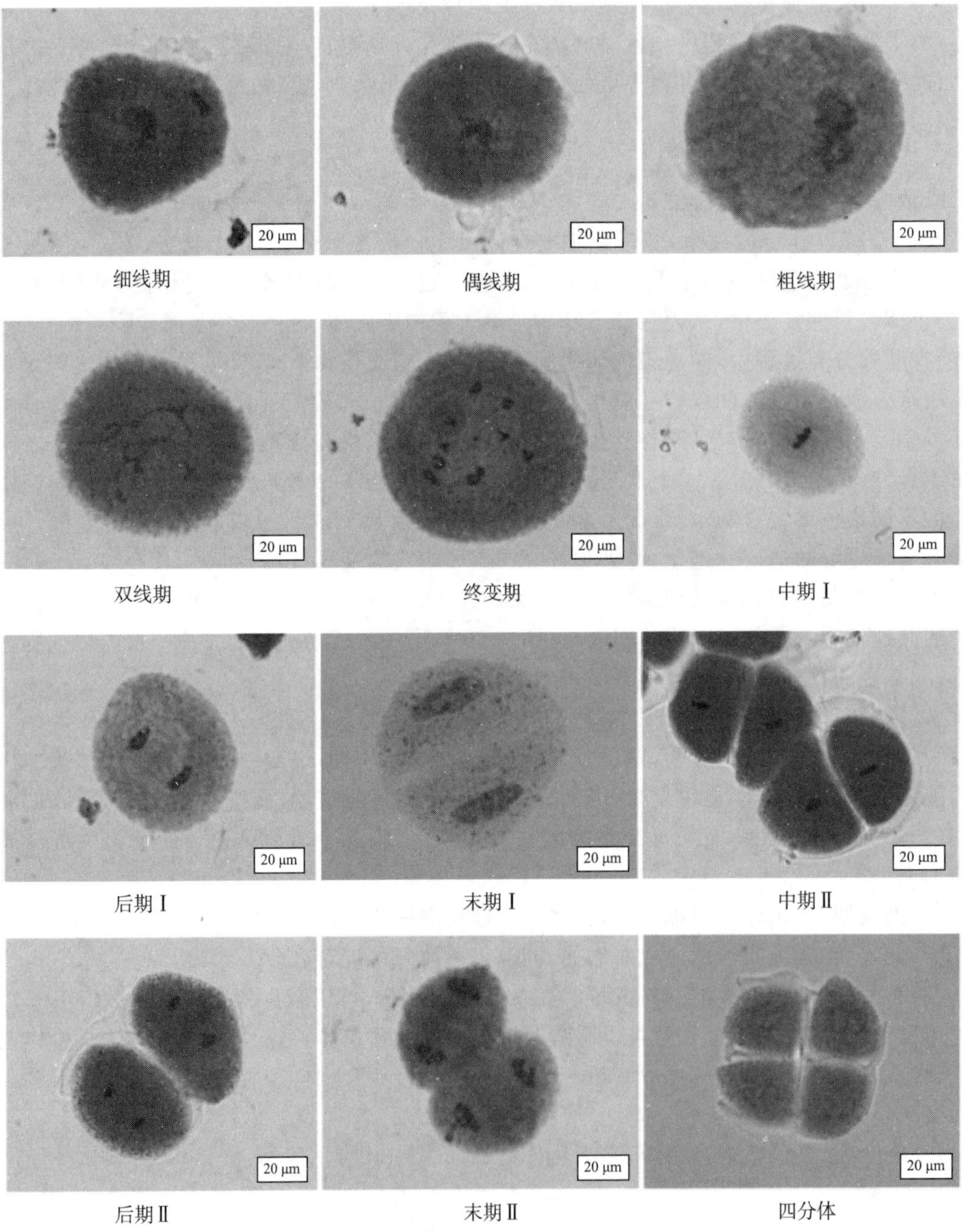

图1-6 玉米花粉母细胞减数分裂染色体动态变化过程

(玉米花粉母细胞经固定、染色、压片后,在光学显微镜下放大400倍观察到的结果。华中农业大学肖海林提供)

前期Ⅱ：伸展的染色体又螺旋状缩短变粗，核膜再度消失，纺锤丝开始出现。

中期Ⅱ：染色体的着丝粒排列在子细胞的赤道面上，纺锤体再次形成。

后期Ⅱ：着丝粒分裂，姐妹染色单体彼此分离，向两极移动，于是每极各有一套完整的、单倍的染色体组。

末期Ⅱ：移向两极的染色单体又逐渐螺旋解体，出现核膜、核仁，各形成一个子核，并各自形成子细胞。4 个子细胞彼此联系在一起，称为四分体。

由于花粉母细胞在减数分裂中胞质分裂的方式不同，形成 4 个子细胞的排列方式也不同。例如水稻、玉米、小麦等大多数单子叶植物，在第一次分裂后即生成细胞板，形成二分体，而第二次的分裂面与第一次的相垂直，所以四分体排列在同一个平面上，就像一个圆饼被切成了 4 等份，这种方式称为连续型。而棉花、花生等双子叶植物，因第一次分裂时不形成二分体，直到第二次分裂末期，形成 4 个子细胞核之后，才同时产生细胞壁，故四分体不在一个平面上，而呈四面体，这种方式称为同时型。

三、实验材料

玉米（*Zea mays* L.，$2n=20$），水稻（*Oryza sativa* L.，$2n=24$），油菜（*Brassica campestris* L.，$2n=20$），豌豆（*Pisum sativum* L.，$2n=14$）。

可选取其中之一作为实验材料，提前进行固定处理，保存于 70%乙醇中备用。

四、实验用品

1. 药品和试剂

卡诺氏固定液，90%乙醇，80%乙醇，70%乙醇，卡宝品红（即改良苯酚品红）（各试剂的配制方法详见附录Ⅰ）。

2. 器材及用具

多媒体显微演示系统，显微镜，载玻片，盖玻片，镊子，刀片，滤纸片。

五、实验方法与步骤

本实验可以依据条件选其中一种材料进行取材，取材之后的操作将以玉米雄穗为例进行说明，其他材料需要根据情况稍做调整。

1. 取材

各种农作物的花粉母细胞减数分裂期，常可从一定的形态指标来识别。一般认为，水稻减数分裂盛期是在剑叶叶环与下一叶叶环相重叠时，即叶环距为零；油菜在一个花序中大部分花蕾在 3 mm 左右时摘取整个花序；玉米在雄穗抽出喇叭口前 7～10 d，以手指挤摸穗尖的外部，觉得松软时，用刀在此处划开一纵切口，从中剥出幼穗；豌豆是从现蕾开始，选取 1 mm 左右大小的花蕾或小段花序。当然，各种作物因品种或地区不同，减数分裂盛期常有差异。

一般在 8:00—10:00 取材，然后将花序浸泡于卡诺氏固定液中固定，不要超过 24 h，用乙醇洗涤后浸泡于 70%乙醇中，保存于 4 ℃冰箱中待用。

2. 制片

取出浸泡于 70%乙醇中的雄穗，挑选花药还未变黄的小花（花药呈黄色表明减数分裂时期已过），用蒸馏水冲洗干净，用镊子拨开颖壳，取出花药。取 3 枚花药放在洁净的载玻片上，加 1 滴卡宝品红，用刀片将花药横向切断，用镊子轻轻挤压花药，使花粉母细胞从花药中逸出，再用镊子把花药壁等残渣去除。

染色 10 min 后，盖上盖玻片，在盖玻片上加一张滤纸片，吸去多余染液，轻轻压片即可。在显微镜下观察染色情况，如果染色稍浅，可以在酒精灯上手持载玻片来回移动烤片，以片子不烫手为宜。烤片使细胞质颜色变浅，染色体着色变深。

3. 显微镜观察

先在低倍镜下寻找具有分裂象的花粉母细胞，注意区分花粉母细胞与花药壁细胞。然后依次转换到高倍镜观察减数分裂各个时期染色体的行为和形态特征。

六、思考题

(1)减数分裂过程对生物的进化有何重要意义？

(2)压片过程中，最容易观察到的是哪个时期？为什么？

七、参考文献

安利国，邢维贤. 细胞生物学实验教程. 3 版. 北京：科学出版社，2015.

白云，韩秀玲，王明艳. 减数分裂材料的选择与压片技术的改进. 华北煤炭医学院学报，2004，6(4)：444.

陈晓芸，林鸿生，王桔红. 葱小孢子母细胞减数分裂观察. 生物学教学，2019，44(8)：54-55.

丁毅，王建波. 遗传学实验教程. 2 版. 北京：高等教育出版社，2019.

李家祥，刘立波，魏民，等. 细胞生物学实验教学改革实践探索——减数分裂前期Ⅰ染色体的观察. 中国细胞生物学学报，2021，43(11)：2177-2185.

王明艳，韩秀玲. 玉米花粉母细胞减数分裂永久压片技术的改进. 生物学通报，2005，40(5)：22.

许玉凤，陈旭辉，张惠明. 马蔺花粉母细胞减数分裂的观察. 生物学教学，2021，46(7)：52-53，82.

张文霞，辛广伟，戴灼华. 遗传学实验指导. 2 版. 北京：高等教育出版社，2019.

实验 4 染色体核型分析

一、实验目的

(1)理解染色体核型分析的原理和各项参数的意义。

(2)掌握人工染色体核型分析和软件辅助染色体核型分析的方法。

二、实验原理

各种生物染色体的形态、结构和数目都是相对稳定的。我们可以通过显微镜观察到物种染色体的基本特征,而在光学显微镜下可测定的染色体的表型特征的总体称为染色体核型,一般包括染色体数目、大小、形态及结构。染色体核型分析是细胞遗传学研究中的基本方法,是研究物种演化、分类以及染色体结构、形态与功能之间的关系所不可缺少的重要手段。对 B 染色体和基因定位等方面的研究也具有重要的参考价值。本实验是在获得清晰染色体显微照片的基础上,对染色体进行测量、配对、排列并最终得出核型公式,得到较为完整的染色体核型信息。另外本实验也简单介绍了软件辅助染色体核型分析的方法。

三、实验材料

(1)大麦(*Hordeum vulgare* L.,$2n=14$),玉米(*Zea mays* L.,$2n=20$),大蒜(*Allium sativum* L.,$2n=16$),洋葱(*Allium cepa* L.,$2n=16$),蚕豆(*Vicia faba* L.,$2n=12$)等体细胞有丝分裂中期染色体玻片标本。

(2)任一物种体细胞有丝分裂中期染色体显微照片 5~10 张。

四、实验用品

(1)显微镜,显微测微尺,染色体核型分析系统。

(2)镊子,剪刀,毫米尺,计算器,铅笔,坐标纸,细线。

五、实验方法与步骤

(一)人工染色体核型分析

1. 染色体数目统计

染色体数目统计一般以体细胞染色体数目为准,统计的细胞数目应在 30 个以上,其中 85%以上的细胞具有恒定一致的染色体数,即可认为是该植物的染色体数目。因此统计染色体数目时最好以玻片标本为材料,从中挑选分裂象较好的细胞进行统计。核型分析所用的显微照片应该是经过统计后、数目准确、分裂象良好的细胞分裂象的照片。

2. 染色体长度的测量

测量每条染色体的总长度及长臂和短臂长度。可利用显微测微尺对染色体标本进行测量也可用毫米尺对显微照片进行测量。染色体较长且分散良好,染色体无扭曲时可利用显微测微尺测量,否则最好利用放大的显微照片进行测量。有随体的染色体,随体长度可不计入总长度之内，但应该说明。弯曲的染色体可用细线辅助测量。通过测量可得出染色体的绝对长度。

利用放大的显微照片进行测量，按下式计算：

$$\text{绝对长度}=\frac{\text{放大的染色体长度(mm)}}{\text{放大倍数}}\times 1\ 000$$

不同的预处理条件和染色体缩短程度的不同，绝对长度并不是一个稳定的数值，因此也只作为一个参考数值。

3. 染色体配对

根据测量数据结合目测，比较染色体的形态和大小、次缢痕的有无和位置、随体的形态和大小进行同源染色体配对。

4. 染色体排列

将配对的染色体按由大到小的顺序进行排列并编号。对于等长的染色体，以短臂长的在前，性染色体和B染色体排在最后。

5. 染色体核型参数表

染色体经配对并编号排列后即可根据所测量数据换算核型参数并完成核型参数表。根据染色体长度测量结果，计算出染色体的相对长度、臂比和着丝粒指数。

相对长度是稳定的可比较数值，可利用经配对后同源染色体的平均数按下式计算：

$$\text{相对长度}=\frac{\text{染色体长度}}{\text{染色体组总长度}}\times 100\%$$

染色体长度比的计算如下式：

$$\text{染色体长度比}=\frac{\text{最长染色体长度}}{\text{最短染色体长度}}$$

臂比的计算如下式：

$$\text{臂比}=\frac{\text{长臂}}{\text{短臂}}$$

根据臂比可将染色体分成以下类型，见表1-1。

表1-1　染色体臂比与着丝粒位置和染色体类型的关系

臂比值	着丝粒位置	染色体类型
1	正中部着丝粒	M
1.01～1.70	中部着丝粒区	m
1.71～3.00	近中部着丝粒区	sm
3.01～7.00	近端部着丝粒区	st
7.01及以上	端部着丝粒区	t
∞	端部着丝粒	T

着丝粒指数的计算方法如下式：

$$\text{着丝粒指数}=\frac{\text{短臂}}{\text{该染色体的总长度}}$$

计算以上各参数则可填写染色体核型分析参数表(表 1-2)。

表 1-2 染色体核型分析参数表

序号	绝对长度			相对长度			着丝粒指数	臂比	类型
	长臂	短臂	全长	长臂	短臂	全长			

6. 模式照片

每一物种选取一张最有代表性的中期染色体显微照片,显微照片上标出一个以微米(μm)为长度单位的标尺。

7. 制作核型图

剪下显微照片上的每一条染色体,按照已确定的同源关系和序号,粘贴在坐标纸上,粘贴时应使着丝粒处于同一水平线上。短臂向上,长臂向下。此即为该细胞的核型图(karyogram)。有条件的也可进行翻拍。

8. 制作核型模式图

根据核型参数表中染色体相对长度的数值,可利用坐标纸或者利用 Execl 软件绘制核型模式。核型模式图要求各个染色体依横坐标方向按序号排列,纵坐标零点与着丝粒对应,横坐标与纵坐标交叉于纵坐标最小值(图 1-7)。

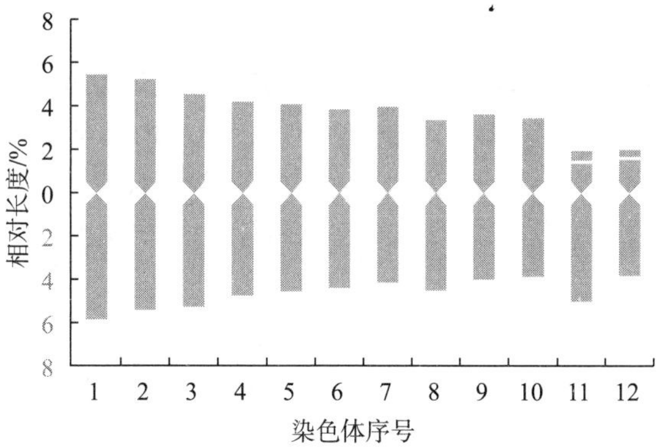

图 1-7 核型模式图

9. 核型公式

综合核型分析的结果,将物种核型的主要特征以公式表示。例如玉米(*Zea mays* L.) $2n=2x=20=10$ m$+10$ sm(2SAT)。

10. 核型分类

Stebbins(1971)参照生物界现有的核型资料,根据核型中染色体长度比和臂比两项主要特征，用以区分核型的对称和不对称程度，并将其分为12种类型（表1-3）。

表1-3 染色体核型对称性分类

最长/最短	臂比大于2∶1的染色体的占比			
	0	0.01～0.5	0.51～0.99	1
小于2∶1	1A	2A	3A	4A
(2～4)∶1	1B	2B	3B	4B
大于4∶1	1C	2C	3C	4C

在表1-3中，1A为最对称核型，4C为最不对称核型。该分类法在分析和讨论核型进化方面是有参考价值的。

（二）软件辅助染色体核型分析

人工染色体核型分析工作烦琐，而且不同的研究者所得的数据往往也会存在较大的差异。随着大批的相关软件问世，并组合先进的研究级显微镜和计算机工作站，形成了独立的染色体分析系统。下面以VideoTesT-Karyo3.0软件为例，介绍软件辅助染色体核型分析方法。

1. 染色体图像获取

染色体图像的获取方式主要通过显微镜配套电荷耦合器件（CCD）和扫描仪输入。染色体制片在显微镜下经放大聚焦后，通过CCD获取图像并存入计算机；经显微摄影所得到的染色体照片，通过扫描仪输入计算机。

2. 中期分裂象

软件中期分裂象模块的主要功能包括：补充染色体，选区裁切，去除杂质，亮度/对比度调整，锐化，彩图转灰度图，负片和计数。

补充染色体功能是针对染色体制片中染色体不能很好地分布于同一平面而设计的。然后通过阈值的调整去除杂质并得到清晰的染色体图像。

3. 分析

软件中的分析模块的主要功能包括：染色体检测，添加/删除轮廓，着丝粒/中线确定，剪刀工具，染色体交叉分割，对比度调整，手动分类和染色体/模式图对比功能。

这一模块中最关键的步骤为着丝粒/中线的确定和染色体交叉的分割。着丝粒/中线的确定直接影响各项核型参数。染色体交叉是染色体制片中很难避免的，尤其在染色体数目较多的物种的制片中更为常见。

4. 核型图

软件中核型图模块的主要功能包括：镜像染色体，拉直染色体，染色体分类，标准模式图，插入模式图和显示模式图。

在染色体制片中，许多染色体是自然弯曲的，在确定中线后，软件可根据中线长度对染色体拉直，这样可以更直观地对染色体进行观察比较和分类。

5. 结果

结果模块主要功能为打印、保存和存入数据库。

6. 数据库

数据库模块可方便地进行核型的比较和分析。

通过染色体核型分析软件完成染色体配对和测量后，可得出染色体核型参数，目前也开发出了相关软件可以快速完成数据的整理并输出标准的核型分析结果。南开大学设计的 NK-Karyotype 3.0 核型分析计算软件在输入相关原始数据后就可以计算并直接输出核型分析数据表。

目前的染色体核型分析软件还需要人工干预来完成任务。染色体核型配对的准确性与染色体分裂象的质量有关。对于分散良好、长度适中、带型清晰、背景均一清楚、无交叉折叠扭曲的染色体，分类准确率可以接近或达到百分之百。相反，对于质量不太好的染色体分裂象，则必须依靠专业人员的经验，通过人机交互的方式进行染色体配对和校正。因此，制备染色体分散良好而着丝粒清晰的染色体标本，仍是最重要的基础工作。

六、注意事项

染色体核型分析一般是以体细胞中期分裂象标本为基础进行分析的，只有苔藓和蕨类植物等因材料所限时才用减数分裂分裂象进行核型分析。

七、思考题

(1)填写所分析物种的染色体核型参数表。

(2)绘制染色体核型图和染色体核型模式图。

(3)试说明染色体核型对称性与核型进化的关系。

八、参考文献

丁鸿，邱东萍，陈少雄. 植物染色体标本的制备和染色体核型分析研究进展. 南方农业学报，2012，43(12)：1958-1962.

郭善利，刘林德. 遗传学实验教程. 3 版. 北京：科学出版社，2015.

胡夏宇，刘玉萍，苏旭，等. 苦豆子不同居群染色体数目及核型分析. 植物研究，2023，43(1)：9-19.

刘继琳，刘彩霞，郭佳静，等. 甜玉米与糯玉米的染色体核型分析. 华南师范大学学报(自然科学版)，2014，46(6)：98-103.

刘青，潘浩研，黄家丽，等. 植物染色体分子核型技术研究进展. 西北农林科技大学学报(自然科学版)，2022，50(2)：82-89.

卢龙斗，常重杰. 遗传学实验. 北京：科学出版社，2022.

乔永刚，宋芸. 利用 EXCEL 制作核型模式图. 农业网络信息，2006(10)：97-98.

张玉霞，孙碧珠. 生物工程综合实验. 南京：南京大学出版社，2022.

祝水金. 遗传学实验指导. 3 版. 北京：中国农业出版社，2018.

实验5 永久片的制作

一、实验目的

(1)理解制作永久片的原理。

(2)掌握将压片法或空气干燥法制成的效果满意的临时片制作为永久片的操作方法。

二、实验原理

用压片法或空气干燥法制成的临时片,适宜的观察期短暂,时间稍长则易进入空气,而且会发生材料收缩、颜色变深的情况,难以观察鉴别。用石蜡、甘油胶冻或指甲油密封盖玻片四周并储于冰箱中可保存1周左右,但时间过长,依然会造成标本变形无法观察鉴别。因此,对于效果较好需长期保存的片子,就必须改制为永久片。永久片的制作程序包括脱去临时片的盖玻片、材料脱水、透明和封片。其中材料脱水和透明制作永久片的关键。为此,需要用适当的脱水剂和透明剂。目前较理想的透明剂有正丁醇和叔丁醇,它们都能与最常用的脱水剂乙醇混合使用,并具有良好的透明效果,且能与封藏剂树胶混合,有利于封片,材料也不会发生收缩和硬化等情况。常用的透明剂还有二甲苯、甲苯、氯仿、丁香油等。封藏剂有中性树胶、加拿大树胶和达玛胶。

三、实验材料

实验1与实验3中得到的效果良好的临时片。

四、实验用品

(1)显微镜。

(2)培养皿,镊子,玻璃棒,刀片,标签,载玻片,盖玻片。

(3)正丁醇,95%乙醇,冰乙酸,中性树胶,二甲苯。

五、实验方法与步骤

1. 脱片

首先去除临时片的石蜡或水溶性封藏剂,石蜡可用刀片刮尽,再用少许二甲苯擦除,如果是水溶性封藏剂可用乙酸去除。常用的脱片方法有两种:一种是冰冻脱片法,另一种是脱片液脱片法。

(1)冰冻脱片法:将临时片放入冰箱冰冻24 h或者置于−20 ℃半导体冷却器,冰冻30 min,也可放入液氮中处理45~60 s,用镊子或解剖刀直接揭开盖片,将有材料面朝上,将载玻片与盖玻片置于37 ℃的恒温箱中烘干。

(2)脱片液脱片法:将盖玻片朝下,放入盛有脱盖玻片液(1份45%乙酸+1份95%乙醇)的培养皿中,将载玻片的一端倾斜架在玻璃棒或牙签上,让盖玻片自然脱落。盖玻片脱落后2~3 min,分别取出盖玻片和载玻片,用吸水纸将玻片上的溶液吸干,注意不要触动载玻片上的材料。

2. 脱水与透明

根据所用试剂不同可分为不同的脱水透明方法，以下介绍乙醇-正丁醇（叔丁醇）脱水透明法。

取3套培养皿分别编号，每个培养皿内放一短粗玻璃棒，然后按顺序分别加入如下试剂。

（1）1号：95%乙醇。

（2）2号：1份95%乙醇+1份正丁醇（叔丁醇）。

（3）3号：正丁醇（叔丁醇）。

操作时用镊子将已脱落的盖玻片和载玻片按顺序依次脱水透明至正丁醇（叔丁醇），每次操作3～5 min。脱水完毕后将其置于滤纸上吸干多余液体，准备封片。整个脱水透明过程中，必须保持载玻片和盖玻片原来相对的方向和位置，同时注意操作轻巧，以免造成玻片上材料漂失。

利用冷冻脱片后干燥的玻片可在二甲苯中透明15 min后封片。

3. 封片

经脱水透明后的载玻片和盖玻片用低倍镜镜检，如分裂象完好，则可进行封藏。滴加一小滴封片树胶在脱水透明后的载玻片中央，将盖玻片盖回原来位置封片。覆盖盖玻片时，盖玻片随着树胶的扩展自然下沉，不可施加压力或移动盖玻片。如发现封片中树胶有气泡，应让其自然逸出或用针尖烧热后烫一下，使气泡逸出。如树胶滴得过多而溢出盖玻片四周，待树胶凝固后，用二甲苯擦净。封片后平放晾干，镜检，物像清晰符合要求的要贴上标签，注明标本名称、作者姓名和制片日期。

六、注意事项

配制树胶的溶剂应与透明剂一致，否则影响制片质量；配成的树胶不可太浓或太稀，以从细玻璃棒上滴下时不形成胶丝为宜。

七、思考题

（1）说明永久片与临时片的区别。

（2）标本更易存在载玻片上还是盖玻片，为什么？

八、参考文献

陈元晓，何永蜀，张闻. 细胞生物学及医学遗传学实验指导. 昆明：云南大学出版社，2016.

卢龙斗，常重杰. 遗传学实验技术. 北京：科学出版社，2007.

秦永燕，姚沁涛. 遗传学实验中染色体制片技术的方法改进. 长治学院学报，2019，36(2)：47-48.

王亚男，马丹炜. 细胞生物学实验教程. 2版. 北京：科学出版社，2016.

吴琼，林琳，张贵友. 普通遗传学实验指导. 2版. 北京：清华大学出版社，2016.

吴小霞. 生命科学基础. 南京：南京大学出版社，2021.

实验6　染色体显带技术与带型分析

一、实验目的

(1)理解染色体显带的原理。

(2)掌握染色体C带显带技术和带型分析方法。

(3)进一步了解染色体的基本结构。

二、实验原理

植物染色体显带技术包括荧光显带和吉姆萨(Giemsa)显带两大类。荧光显带是最早用于染色体的研究方法,但由于观察时需要荧光显微镜和荧光染料,且显带不能长期保存等缺点,目前已很少使用。Giemsa显带是20世纪70年代初兴起的一项细胞学新技术,对植物有丝分裂中期染色体进行酶解、酸、碱、盐等处理,再经染色后,染色体可清楚地显示出很多条深浅、宽窄不同的染色带。各染色体上染色带的数目、部位、宽窄、深浅相对稳定,为鉴别染色体的形态提供了依据,也为细胞遗传学和染色体工程提供了新的研究手段。

Giemsa显带主要包括C带、N带和G带。

C带又称结构异染色质带,C带的形成认为是高度重复序列和单一序列DNA(常染色质)不复性,经Giemsa染色后呈现深浅不同的染色反应。这种差异反映染色体结构的差异。

N带是核仁组织区(NORs)独特的显带方法。后来发现这种方法只适用于一部分植物染色体,而在另一些植物上不表现专一性。Gerlach(1977)将这种方法应用于小麦属和山羊草属的染色体研究中,成功地鉴别了B组染色体。

植物染色体C带带纹数目较少,并且多分布在着丝粒附近,这对染色体或染色体组的识别以及结构的研究有很大的限制。G带则不同,它是分布在整条染色体上的染色质带,带纹数目远远多于C带。在人类一组单倍体中期染色体上就可显示300多条G带,前中期和晚前期染色体上显示的G带带纹更多。这种高分辨G带技术,在种间鉴定、染色体或染色体亚单位的识别以及基因定位的研究中展示了新的前景。

三、实验材料

玉米(*Zea mays* L.,$2n=20$),蚕豆(*Vicia faba* L.,$2n=12$),大麦(*Hordeum vulgare* L.,$2n=14$)等植物根尖。

四、实验用品

(1)显微镜,恒温水浴锅,冰箱,烘箱。

(2)镊子,切片架,切片盒,立式染缸,漏斗,量筒,吸管,滤纸。

(3)0.1%秋水仙碱或饱和对二氯苯溶液,卡诺氏固定液,0.2 mol/L HCl,2×SSC溶液,冰乙酸,无水乙醇,甲醇,盐酸,柠檬酸钠,氯化钠,磷酸二氢钠,磷酸二氢钾,磷酸氢二钠,甘油,Giemsa粉剂,果胶酶,纤维素酶,5%氢氧化钡(Giemsa溶液及5%氢氧化钡的配制详见附录Ⅰ)。

五、实验方法与步骤

(一)植物染色体C带显带技术

1. 染色体标本制备

按照压片法或去壁低渗法制备染色体标本,但注意压片之前无须染色。

2. 脱盖片

脱片方法可参照永久片制作中的脱片方法,如果是使用脱片液脱片则需要在脱片后用95%乙醇和无水乙醇处理30 min,起进一步脱水和将乙酸洗净的作用。

3. 空气干燥

玻片脱片后,将有标本的面朝上置于烘箱中90 ℃烘烤50 min或空气干燥1～3 d。空气干燥时可放在标本盒中或放在玻璃干燥器中。

4. 显带处理(HBSG显带流程)

(1)将干燥的玻片用0.2 mol/L HCl在(60±0.5)℃条件下处理5 min。

(2)蒸馏水洗3次。

(3)刚配制好的5%氢氧化钡水溶液在室温条件下处理玻片5～10 min。注意:事先把玻片放到染色缸中,然后再慢慢加入$Ba(OH)_2$溶液。

(4)用45 ℃左右的热蒸馏水冲洗至玻片透明,大约水洗30 min。

(5)2×SSC溶液60～65 ℃保温1～2 h。

(6)Giemsa染色,材料面向下,将玻片放在摆有牙签的玻璃板上,慢慢滴加3% Giemsa染液(pH为6.8),染色30 min至2 h。

(7)蒸馏水冲洗5 min,空气干燥。

5. 树胶封片

经过显带后的标本需经树胶封片后才能长期保存。

(二)植物染色体N带显带技术

按照压片法或去壁低渗法制备染色体标本,然后使用冰冻脱片法脱片,脱片后在45%乙酸60 ℃条件下脱色10 min,再在95%乙醇室温下脱水10 min,空气干燥过夜。最后在1 mol/L NaH_2PO_4溶液中95 ℃恒温下保温15 min,蒸馏水冲洗,气干后即可利用40% Giemsa染液(pH 7.0)染色。

(三)植物染色体G带显带技术

玉米根尖用α-溴萘饱和水溶液于28 ℃预处理3.5 h,用甲醇-冰乙酸($V_{甲醇}:V_{冰乙酸}=3:1$)固定30 min;蒸馏水洗30 min;1%纤维素酶水溶液于27 ℃处理3.5 h;去酶液,再加入固定液,置冰箱(4 ℃)中过夜;火焰干燥法制片;干燥片在90 ℃烘干50 min;在2×SSC溶液中于60 ℃温育40 min;用(40～50):1的Giemsa染液(pH 6.9)染色;蒸馏水淋洗,干燥。

(四)带型分析

1. 植物染色体C带主要有以下5种类型

(1)着丝粒带(centromeric band),即着丝粒及其附近的带纹。

(2)中间带(intercalary band),即分布在染色体两臂上的带纹。

(3)末端带(telomere band),即位于染色体两臂上的带纹。

(4)核仁缢痕带(nucleolar constriction band),即位于核仁缢痕区的带纹。

(5)随体带(satellite band),即随体显带。

2. 测量

带型分析除对染色体总长度、长臂和短臂分别测量外,还要统计C带的类型和数量并测量每条带的长度。

3. 显带标准照片

一般应附一张染色体显带清晰而完整的标准照片。

4. 带型图

与核型图要求相同。

5. 带型模式图

即在核型模式图上标示带纹,一般以横的实线标示带纹的位置和大小,用虚线标示多态带或不稳定的带纹。模式图一般以标准照片所显带纹标示。同一个体的不同细胞间的带纹差异,可作为不稳定带处理;个体间或居群间的带纹差异,可作为多态带处理。如果有杂合带存在,则应把杂合的同源染色体的带纹同时绘出。

6. 综合性描述

综合性描述应尽量简明,需要描述的包括:在整个细胞中,各类带纹的数量;带型的主要特点和变异;每一染色体带纹总长度和它占整个染色体总长度的百分比;所有染色体带纹总长度占所有染色体总长度的百分比等。

7. 带型公式

以一定的符号表示带纹的类型和分布,则可将带型以简明的公式表示。上述5种类型的带均分别以其英文字头表示,即C、I、T、N、S。

分布在短臂上中间带和末端带表示为"$I^{+}T^{+}$";分布在长臂上中间带和末端带表示为"$I_{+}T_{+}$",不标明"+"号者,表明长短臂上都有带(IT)。

同类染色体数目,以符号前的数字表示,不显带的染色体以数字表示。例如黑麦的C带带型公式,可写成:$2n=14=2CT+4CI^{+}T+6CI_{+}+2CI_{+}TN$。

六、注意事项

秋水仙碱为剧毒药品,实验中应注意不要将药品沾到皮肤上、眼睛中。如果沾到皮肤上,应用大量自来水冲洗。

七、思考题

(1)请说明Giemsa显带的显带机制。

(2)绘制带型模式图并做出带型特点分析描述。

八、参考文献

陈瑞阳. 中国主要经济植物基因组染色体图谱(第2册). 北京:科学出版社,2003.

李贵全. 细胞学研究基础. 北京:中国林业出版社,2001.

李兴锋,李剑虹. 遗传学实验指导. 北京:高等教育出版社,2018.

卢龙斗,常重杰. 遗传学实验技术. 北京:科学出版社,2007.

王春台.图解现代遗传学实验.北京:化学工业出版社,2009.
吴若菁.遗传学实验.北京:科学出版社,2012.
杨大翔.遗传学实验.3版.北京:科学出版社,2016.
姚登兵,何江虹.医学遗传学实验和学习指导.南京:南京大学出版社,2018.
赵自国,王彦美.细胞生物学实验教程.北京:化学工业出版社,2020.

实验 7　姐妹染色单体交换的观察

一、实验目的

(1)了解姐妹染色单体交换的细胞学特征及其在临床检测中的应用。

(2)掌握姐妹染色单体分染技术。

二、实验原理

在有丝分裂过程中,一条染色体的两条姐妹染色单体在同一位置发生同源片段的互换,称为姐妹染色单体交换(sister chromtid exchange,SCE)。由于交换是对等的,所以染色体的组成没有改变,用常规的细胞学方法检测不到这种交换。1973 年,Latt 首次建立了一套针对 SCE 的检测技术,即姐妹染色单体色差显示(sister-chromatid differentiation,SCD)。这一方法利用 5-溴脱氧尿嘧啶核苷(BrdU)专一替代胸腺嘧啶掺入新合成的 DNA 链中,经过两个细胞复制周期后,在同一染色体上的两条姐妹染色单体在化学组成上就有了差别:其中一条单体的 DNA 双链中,只有一股链是掺入了 BrdU 的,而另一条单体的 DNA 双链中,两股链全掺入有 BrdU。这样的细胞经过 Giemsa 染色处理,两股链都含 BrdU 的单体染色较浅,而只有一股链被掺入 BrdU 的单体染色就相对较深。如果用席夫(Schiff)试剂染色,则结果相反。通过这种方法可以将同一条染色体的两条姐妹染色单体区分开来,如果姐妹染色单体之间发生部分区域的互换,则可以在互换处看到一对界线明显、颜色深浅对称的互换片段(图 1-8)。

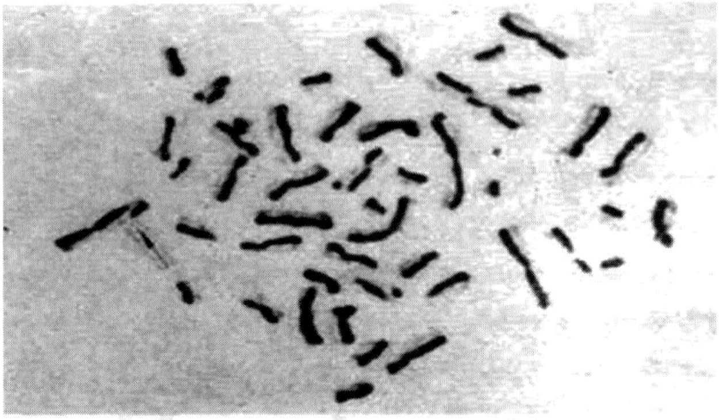

图 1-8　正常人淋巴细胞姐妹染色单体交换镜检结果

(箭头所示是发生交换的部位,华中农业大学肖海林提供)

虽然 SCE 发生的分子机理还不是很清楚,但已有的研究结果表明,SCE 与 DNA 双链的断裂与复制有关,发生频率可反映细胞在 S 期的受损程度。在一些患者的细胞或者长期处于不良环境个体的细胞内,SCE 发生的频率明显升高。例如,胃癌患者和乙肝患者的淋巴细胞、白血病患者的骨髓细胞、吸烟者的淋巴细胞内 SCE 的发生频率显著要高于对照组,说明这类人群体细胞的染色体都受到了不同程度的损伤。因此,作为一种简便和敏感的遗传学指标,SCE 可以用于潜在重大疾病的预测或者作为机体健康水平的指标,在肿瘤研究中也应用广泛。

三、实验材料

蚕豆(*Vicia faba* L.，$2n=12$)种子若干。

四、实验用品

(1)显微镜，水浴锅，天平，剪刀，镊子，注射器，吸管，离心管，载玻片，量筒，烧杯，大培养皿。

(2)0.05%秋水仙碱，5×10^{-4} mol/L 5-溴脱氧尿苷，1 mol/L HCl，席夫(Schiff)试剂(席夫试剂及漂洗液的配制方法详见附录Ⅰ)。

五、实验方法与步骤

(1)选取当年的蚕豆种子，经水泡胀后，转入 20 ℃恒温箱培养。当主根长至 3 cm 时，剪去根尖生长点，以利于长出更多的侧根。

(2)当大多数侧根长至 0.5 cm 时，用盛有 5×10^{-4} mol/L BrdU 溶液的小瓶，继续在 20 ℃黑暗条件下处理侧根 24～36 h。

(3)切取侧根根尖(0.5 cm)浸入 0.05%的秋水仙碱溶液中预处理 3.5～4 h。

(4)用卡诺氏液固定 3～24 h。

(5)60 ℃条件下将根尖放在 1 mol/L HCl 中水解 10 min。

(6)经水洗后用席夫试剂染色 30 min。

(7)取一着色的根尖，放在载玻片上，加一滴 45%乙酸，盖上盖玻片，用镊子或橡皮头铅笔将材料敲呈一薄雾状。

(8)选择分散的中期分裂象细胞，在高倍镜下可看到姐妹染色单体间呈现明显的深浅差别。深染的是 BB-染色单体，浅染的是 BT-染色单体。部分染色体上出现姐妹染色单体互换。凡染色单体端部出现的交换计为 1 个 SCE，中部出现的计为两个 SCE。

六、思考题

(1)用 BrdU 检测姐妹染色单体交换的原理是什么？

(2)为什么某些癌症患者细胞内姐妹染色单体交换发生频率高？

七、参考文献

李贵全. 细胞学研究基础. 北京：中国林业出版社，2001.

李雅轩，赵昕. 遗传学综合实验. 2 版. 北京：科学出版社，2010.

刘向东，李亚娟. 普通遗传学综合性实验. 北京：中国农业出版社，2011.

乔利仙，杨国锋. 遗传学实验. 北京：高等教育出版社，2019.

郑科，潘建伟，姜志明，等. 姐妹染色单体交换(SCE)的检测原理及其分子机理. 细胞生物学杂志，2002，24(6)：355-359.

实验 8　荧光原位杂交(FISH)技术与分析

一、实验目的

(1)了解荧光原位杂交技术的基本原理和在生物学、医学领域的应用。

(2)学习原位杂交技术的操作方法,熟练掌握荧光显微镜的使用方法。

二、实验原理

荧光原位杂交(fluorescence *in situ* hybridization,FISH)是将 DNA 探针用经过特殊修饰的核苷酸分子标记后,直接杂交到染色体制片上,然后再将荧光素分子与探针分子特异性结合,从而实现显示探针序列在染色体上具体位置的方法。Southern 印迹杂交是将标记过的 DNA 单链分子与固定于尼龙膜上的酶切过的单链基因组序列进行复性,而 FISH 则是用标记过的 DNA 单链分子与变性过的染色体杂交,由于 DNA 分子在染色体上是线性排列的,所以可以将特定的序列直接在染色体上显示出来。FISH 技术具有灵敏度高、特异性强、杂交结果直观可靠等优点,因此在分子细胞学领域受到广泛应用。目前这项技术已经广泛应用于动植物基因组结构研究、染色体精细结构变异分析、病毒感染分析、人类产前诊断、肿瘤遗传学和基因组进化研究等许多领域。

FISH 所用的探针大致可以分为 3 类:①染色体特异重复序列探针,在染色体上的杂交靶位常大于 1 Mb,没有散在重复序列,杂交信号集中,易于检测,常用于检测间期细胞非整倍体和微小标志染色体;②全染色体或染色体区域特异性探针,由一条染色体或染色体上某一区段上完全不同的核苷酸片段所组成,可由克隆到噬菌体和质粒中的染色体特异大片段获得,这类探针可用于中期染色体重组和间期核结构分析;③特异性位置探针,由一个或几个克隆序列组成,可由 cDNA 克隆或基因组文库克隆制备,主要用来检测特定基因或基因组序列在染色体上的拷贝数或位置变化。

探针的荧光素标记可以采用直接和间接标记两种方法。间接标记是采用生物素标记的 dUTP(biotin-dUTP)经过切口平移法进行标记,杂交之后用偶联了荧光素的生物素抗体进行检测,同时还可以利用几轮抗生物素蛋白-荧光素、生物素化的抗-抗生物素蛋白、抗生物素蛋白-荧光素的处理,将荧光信号进行放大,从而可以检测短至 500 bp 的片段。而直接标记法是将荧光素直接与探针核苷酸进行共价结合,或在切口平移法标记探针时将荧光素核苷三磷酸掺入,使合成的单链核酸分子上带有荧光素标记。直接标记法在检测时步骤简单,但由于不能进行信号放大,所以灵敏度不如间接标记的方法。

着丝粒是形成染色体着丝粒的重要成分,对有丝分裂和减数分裂中染色体的正确移动和分离发挥着关键作用。植物着丝粒中含有丰富的着丝粒卫星 DNA 元件,其重复单元一般长 150～180 bp,重复后可形成长达几百万碱基对,容易通过 FISH 技术检测其在染色体上的位置。玉米着丝粒卫星 DNA 的单个重复序列长 156 bp,在不同品种甚至亚种中比较保守,经生物素-16-UTP 标记后,可以清晰地显示着丝粒在染色体上的位置(图 1-9)。

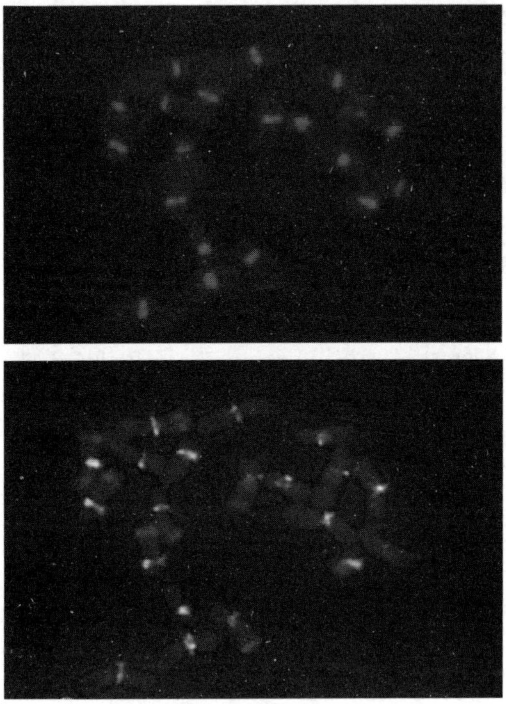

图 1-9 彩图

图 1-9 玉米根尖细胞有丝分裂染色体的荧光原位杂交

(上图为生物素标记的 CentC 杂交结果,下图为将染色体用 DAPI 复染后与原位杂交信号合并的结果。引自:佘朝文等,2010)

三、实验材料

玉米(*Zea mays* L. $2n=20$)种子,水稻(*Oryza sativa* L. $2n=24$)种子,蚕豆(*Vicia faba* L. $2n=12$)种子,依实际情况选用一种材料。

四、实验用品

着丝粒重复序列 CentC,特异 BAC 质粒,恒温水浴锅,培养箱,染色缸,载玻片,荧光显微镜,盖玻片,封口膜,200 μL 移液器,20 μL 移液器,暗盒,甲酰胺,氯化钠,柠檬酸钠,氢氧化钠,吐温-20(其中各试剂的配制方法详见附录Ⅰ)。

五、实验方法与步骤

(一)根尖染色体的制备

(1)将玉米种子浸种 1 d 后,28 ℃下培养,待根尖长至 1.5 cm 左右时,将根部浸泡于 0.02 mol/L 8-羟基喹啉中处理 3～4 h。

(2)切取 1～2 cm 幼根,用卡诺氏固定液($V_{乙醇}:V_{冰乙酸}=3:1$)固定,于－20 ℃保存待用。

(3)取出根尖,用蒸馏水充分清洗,切取根尖白色顶端部分置于 2% 纤维素酶＋ 1% 果胶酶混合液中,37 ℃酶解 60～120 min(时间依据不同材料而定,以根尖容易捣碎,后续压片结果较好,染色体完整为宜)。

(4)酶解完全的根尖经清洗后,将其置于载玻片上,加适量固定液于根尖上,用镊子迅速敲碎，再滴加少量固定液于载玻片上，充分烘烤载玻片，之后斜置载玻片，晾干待用。

（二）杂交探针的标记

DNA探针的标记，采用切口平移法。

10×切口平移缓冲液	5.0 μL
dNTP	2.5 μL
Bio-dUTP或Dig-dUTP	2.5 μL
质粒或基因组DNA	1.0 μL
DNA聚合酶Ⅰ	12.0 U
DNase Ⅰ	0.002 5 U
ddH_2O	x μL
总计	50 μL

注意探针DNA在加入前在95 ℃水浴5 min，立即置于冰上5 min。将上面的反应液总体积50 μL混匀，15 ℃温浴1～2 h，分别用地高辛-dUTP（digoxigenin-dUTP，简写为Dig-dUTP）或生物素-dUTP（biotin-dUTP，简写为Bio-dUTP）标记目的DNA作为杂交探针。琼脂糖电泳鉴定片段长度，将标记好的探针加入4 μL 0.5 mol/L EDTA终止反应，－20 ℃保存备用。

（三）基因组原位杂交

1. 杂交液配制及其变性

按每张载玻片20 μL杂交液进行配制。其成分为：探针3 μL + 1 μL ssDNA（40 mg/mL），再依次加入下列组分：2 μL 20×SSC，10 μL 100% 去离子甲酰胺，4 μL 50% 硫酸葡聚糖（dextran sulfate）。充分混匀后，置于90 ℃热水浴中变性10 min，然后取出迅速置于冰水混合液中冷却。

2. 染色体DNA变性

将含有中期染色体分裂象的载玻片在65 ℃烘箱中烤30～60 min，然后滴加100 μL含有70% 甲酰胺/2×SSC水溶液，盖上盖玻片，于82 ℃烘箱中进行热变性2 min，迅速取出甩去盖玻片，插入－20 ℃预冷的70%乙醇中，振荡5 min，随后分别用90%乙醇及无水乙醇室温各脱水5 min，取出载玻片晾干。

3. 杂交

在每张载玻片上滴加20 μL杂交液，盖上盖玻片，平放到用锡箔纸包裹的湿盒内，37 ℃杂交8 h以上。

4. FISH信号的检测及其拍照

将杂交好的载玻片，依次按以下步骤洗涤及检测：2×SSC室温摇洗5 min，去掉盖玻片，再用2×SSC室温摇洗2次，每次5 min；随后，42 ℃ 2×SSC洗涤10 min，2×SSC室温振荡洗涤5 min；1×PBS室温振荡洗涤5 min，在载玻片上加适量的含有抗地高辛（anti-dig-rhodamine/anti-dig-FITC）或生物素抗体（avidin-FITC/anti-biotin-FITC）的TNB溶液，盖上封口膜，放入湿盒中于37 ℃避光保温45～60 min，揭去封口膜，用1×PBS室温振荡洗涤3次，每次5 min，晾干后，加20 μL 4′,6-二脒基-2-苯基吲哚（DAPI）复染，盖上盖玻片，在Olympus BX60荧光相差显微镜下，分别观察目标染色体及其杂交信号，用电荷耦合器件（charge coupled device，CCD）偶联的相机进行拍照，并用Image-Pro Plus 6.2软件进行图像处理。

六、实验流程

(一)实验设计与方案撰写

1. 实验材料的选取

有丝分裂中期染色体或者减数分裂终变期染色体压片均可以进行 FISH 实验，后者可以依据实验 3 介绍的方法，挑选染色体伸展较好，分散均匀没有重叠的压片进行本次实验，有丝分裂压片则可直接以植物根尖为材料，按照本实验介绍的方法获得，以幼根粗壮、发芽时间较短的植物材料为宜。

2. 杂交探针的选取

如实验原理部分所介绍，探针可以分为 3 种类型：染色体特异重复序列探针、全染色体或染色体区域特异性探针和特异性位置探针，前两种探针由于杂交区域大而较容易获得杂交信号，所以可以针对这两种类型设计探针。例如玉米着丝粒重复序列 CentC，长 156 bp，通过 FISH 可以将每条染色体的着丝粒位置显示出来，或者选取某一条染色体上的一个 BAC 序列作为探针，杂交后则可显示此序列在染色体上的位置。

3. 实验方法的选定

针对不同的植物材料，实验方法上会有所不同，即使是同一种实验材料，不同实验室所采用的方法也有差别，本实验所介绍的方法操作简单、适用性好，针对不同的植物材料均可获得较好的杂交效果。

依据以上原则，选定实验方案，交给实验教师审定后开始实施。

(二)实验方案实施

(1)挑选饱满的种子浸种发芽，待根长至 1～2 cm 时进行预处理，然后剪下根尖进行固定。

(2)浸种发芽的过程中进行探针的制备，若是选用玉米 CentC 序列，则需从 GenBank 中检索获得其序列，然后设计引物从玉米基因组 DNA 中扩增得到，或者直接从构建好的质粒中得到。若选用 BAC 序列作为探针，则需要分离纯化 BAC 质粒 DNA。

(3)采用切口平移法进行探针标记，标记好的探针保存于−20 ℃备用。

(4)依据上文介绍的方法进行染色体制片，初步检测是否含有染色体分散均匀、形态完整的视野，选取这样的载玻片进行后续操作。

(5)将载玻片上的染色体进行变性处理。

(6)在进行上一步操作的过程中(需要 65 ℃烤片 30～60 min)，可以配制杂交液。

(7)每张载玻片上滴加 20 μL 杂交液，盖上盖玻片，放入湿盒内于 37 ℃杂交 8 h 以上。

(8)提前准备好洗片所需的试剂，杂交完成后对载玻片进行洗涤，去除多余的背景信号，然后在荧光显微镜下检测杂交效果并拍照，以小组为单位将照片存储在指定的文件夹中。

(三)结果整理与分析

对拍摄的照片进行分析，描述杂交信号在染色体上出现的位置。

(四)报告撰写

撰写实验报告，重点介绍实验方案的选定和实验操作的步骤，指出实验过程中的关键环节、各环节对杂交效果的影响，对实验结果进行描述和分析，交代拍摄照片所在的文件夹名称。

七、注意事项

(1)用果胶酶混合液酶解根尖的时间要合适，时间太长染色体容易断裂，时间短了细胞壁未消化完全，压片效果不佳。可以先做预备实验，取不同酶解时间的根尖压片，以染色体完整同时杂质很少为宜。

(2)在向载玻片上滴加杂交液时注意区分正反面，要将杂交液滴加在染色体集中的区域。

(3)杂交在湿盒中进行，杂交盒通常用锡箔纸包裹，以避光。

(4)载玻片在杂交盒中要放平，否则杂交液的不均匀会影响杂交效果。

八、思考题

(1)你认为做好荧光原为杂交的关键环节是什么？

(2)如果杂交背景信号较深，如何改进实验？

九、参考文献

李从强. 玉米、类玉米及其杂交后代的荧光原位杂交比较研究. 武汉：华中科技大学，2006.

林秀琴，毛钧，陆鑫，等. 荧光原位杂交技术(FISH)及其在植物分子细胞遗传学中的应用与展望. 甘蔗糖业，2012(1)：51-57.

刘向东，李亚娟. 普通遗传学综合性实验. 北京：中国农业出版社，2011.

佘朝文，蒋向军，宋运淳，等. 玉米近缘种中玉米着丝粒序列的 FISH 检测. 遗传，2010，32(3)：264-270.

陶勇生，张祖新，程友林，等. 玉米有丝分裂染色体上玉米 BAC 探针的 FISH 杂交体系的构建. 中国生物化学与分子生物学报，2007，23(8)：682-687.

张祖新，严长杰. 普通遗传学实验. 北京：高等教育出版社，2015.

祝水金. 遗传学实验指导. 3 版. 北京：中国农业出版社，2018.

第二章

遗传学基本规律的验证

背景知识

遗传学经历了一个多世纪的发展，已经成长为生命科学的核心领域之一。谈家桢(1984)把遗传学生动而形象地比喻成一棵根深叶茂的大树，孟德尔法则便是具有顽强生命力的种子，由摩尔根等发展起来的细胞遗传学则是这棵茁壮大树的主干。

在孟德尔(Mendel)以前，至少有100年的时间，许多科学家进行过植物的有性杂交实验，曾试图解释生物性状是如何遗传的，但没有成功。孟德尔在那些早期研究者失败的领域内获得了成功，这应归功于他卓越的洞察力和严谨的科研方法：①选材严格。孟德尔从豆科植物中选择了自花授粉而且是闭花授粉的豌豆(*Pisum sativum*)作为杂交实验的材料。杂交实验从纯种出发，是他实验成功的保证，因为唯有用不同的纯种作为亲本，才能得到真正的杂种。其次豌豆花的各部分结构都较大，便于用人工方法去雄和进行异花授粉。此外，孟德尔从收集到的豌豆材料中还进行了品种和性状的选择，他所挑选出的有差异的性状都是既明显而又稳定的。②实验设计科学严谨。实验设计是科学方法学的重要组成部分。孟德尔的成功还归因于采取单因子分析法，即分别观察和分析在一个时期内的一对性状的差异，最大限度地排除各种复杂因素的干扰。他首先发现了"分离规律"，然后在这个基础上，再把个别性状综合起来，又发现了"自由组合规律"。③对实验结果采用定量分析法。孟德尔对杂交实验的子代中出现的性状进行分类、计数和数学的归纳。他从一个简单的二项式展开式的各项系数中，找到了豌豆杂交实验显示出来的规律性，并深刻地认识到1∶1及1∶3数字中所隐藏着的深刻意义和规律。④首创了测交验证法和自交验证法。孟德尔巧妙地设计了测交方法，令人信服地证明了遗传因子(基因)分离假设的正确性。实践证明，这种以杂交子一代个体再与其隐性纯合亲本进行测交的方法完美而巧妙，成为遗传分析的经典方法。

在一般情况下，配子分离比是1∶1，F_2基因型分离比是1∶2∶1，F_2表型分离比是3∶1。实现孟德尔比率必须同时满足下列条件：①F_1个体形成的配子数目相等且生活力相同；②雌、雄配子结合的机会是相等的；③F_2不同基因型个体的存活率相等；④等位基因间的显隐性关系是完全的；⑤观察的子代样本数目足够多。

但上述条件不可能在每次实验中都能满足。许多偶然因素的影响可能造成实验误差，出现观察频数与预期的孟德尔比率不相一致的情况。特别是当实验所得的后代个数不够多时，偏离孟德尔比率的波动性更加明显。但是偏离孟德尔比率也有可能是其他原因，非偶然因素造成的误差性质不同于随机误差。区分和判断误差的性质需要运用统计学原理进行处理和推断。生物统计学上已有十分成熟而简便的方法即离散型数据的 χ^2 检验(Chi-square test)，即拟合优度(goodness of fit)检验法。利用 χ^2 作为一个测量实际观察的频数(observed，O)和预计频数(expected，E)之间的偏离度的判断。

早在1900年以前，生物学家就仔细地记录了细胞分裂时显微镜下可以观察到的一系列变化。他们注意到细胞内的细胞核和细胞质的明显区别，也在分裂时看到染色体的出现，并且详细地描述了细胞分裂和受精过程中染色体的行为。孟德尔定律在1900年重新发现后，Sutton和Boveri就注意到杂交实验中基因的行为跟配子形成和受精过程中染色体的行为完全平行，因而他们在1903年提出"染色体平行假说"，认为孟德尔遗传因子存在于染色体上。

遗传的染色体学说建立以后，就要进一步了解染色体与基因的关系。Bateson和Punnett用香豌豆重复孟德尔两对性状的遗传分析时，他们用花冠的紫色和红色(由一对基因决定)、花粉形状的长短和圆形(由另一对基因决定)的两对性状的香豌豆为材料，选其表型分别为紫花圆花粉、红花长花粉为亲本进行杂交，杂交的 F_1 全为紫花长花粉。将 F_1 植株进行自花授粉，得到 F_2 共计419株，其中紫色长形226、紫色圆形95、红色长形97、红色圆形1，该实验结果是否符合9∶3∶3∶1的分离比？χ^2 检验拟合优度计算的 $\chi^2=32.4$(df=4－1=3，$P=0.01$)，查表的 $\chi^2=11.35$(df=3，$P=0.01$)。两者的 χ^2 相比较时，32.4＞11.35，由此可以认为，实计数与预计数相符合的机会明显小于1%。实验所得的数据与按孟德尔第二定律所预期的数据偏差太大，以致不可能由机会所造成，因此在这种情况下，两对基因自由组合的假设大可怀疑。Bateson和Punnett发现同一亲本来的基因较多地连在一起，这就是所谓基因的连锁(linkage)，但是他们未能提出正确的解释。摩尔根(1910)发现白眼性状的伴性遗传后，同年又发现几个伴性遗传的基因，相互之间是连锁的。这就证明了同一染色体上的基因有连锁现象。至此，奠定现代遗传学的三块基石即三大基本规律均被发现。

本章主要内容是：采用不同的玉米遗传材料，利用 χ^2 检验法验证遗传学三大基本规律，另外对独立分配规律的拓展形式即基因互作(包括：互补作用、隐性上位作用、显性上位作用和抑制作用)也进行验证。

实验9 基因分离规律的验证

在育种实践中，两个亲本杂交的子一代遗传性状表现一致，但到第二代（F_2），遗传性状就发生分离，从一个杂种 F_2 群体来看，个体间植株的高矮、穗子的大小、芒的有无、籽粒的色泽、成熟的早晚、抗逆性的强弱等遗传相对性状均出现分离。这是基于控制相对性状的一对等位基因位于同一对同源染色体上。在减数分裂形成配子时，随着同源染色体的彼此分开，等位基因随之发生分离，分别分配到不同的配子中。由于形成的两种等概率的配子受精机会均等，所以在显性完全条件下，自交子代分离为 3/4∶1/4，即 3∶1，测交子代比例为 1∶1。

一、实验目的

（1）学会制备用于验证基因分离规律的玉米实验材料。

（2）掌握一对相对性状遗传分析的基本思路与方法，结合实例验证，加深对孟德尔基因分离规律的理解。

二、实验材料及其制备

1. 玉米籽粒组成及其性状遗传

一粒玉米杂交种子由果皮、胚乳、胚三部分组成。它们的世代和遗传基础各不相同。果皮由子房壁形成的果皮和珠被形成的种皮合生而成，是母体组织的一部分，为二倍体（$2n$），基因型与母体相同，因此其性状由母体基因型决定。胚乳和胚是双受精产物，胚为二倍体（$2n$），胚乳是三倍体（$3n$）。胚乳分为糊粉层和淀粉层。胚乳性状则是由其基因型决定的。所以，玉米具有胚乳直感现象即花粉直感。花粉直感现象是显性性状在籽粒上的一种表现，当父本的花粉含有显性基因时，它所控制的显性性状在当代杂种的籽粒上就表现出来。胚乳和胚的性状常常表现花粉直感现象，而果皮的基因组成与受精无关，是母体的基因组成，不受花粉影响，故不表现直感现象。

2. 玉米果穗作为验证遗传学规律的优点

（1）具有胚乳直感现象，易于观察。

（2）胚乳性状多。

（3）具有自然整体观。一个玉米果穗几百个籽粒就是一个很理想的统计群体。这样一个群体给人一个自然群体真实感，易于接受，令人信服。

（4）玉米胚乳性状，有些是独立分配的。有些是属于基因互作的，还有连锁关系的。特别是基因互作，胚乳性状就包括了 4 种基因互作关系，即互补（*AaCc* 自交子代为 9∶7）、隐性上位（*AaPrpr* 自交子代为 9∶3∶4）、抑制（*AaIi* 自交子代为 13∶3）和显性上位（*IiPrpr* 自交子代为 12∶3∶1）。

（5）玉米雌雄同株异花，进行杂交、自交都很方便，操作简单，易于掌握。

3. 玉米籽粒胚乳性状及其遗传

玉米（*Zea mays* L.，$2n=20$）胚乳淀粉性质有淀粉质、甜和糯之分。它们受两对独立基因控制，*Wx* 控制非糯，*wx* 控制糯；*Su* 控制非甜，*su* 控制甜（*su* 为 *wx* 的隐性上位基因，*su* 位于第 4 染色体上，*wx* 位于第 9 染色体上）。采用纯合亲本非甜(*SuSu*)和甜(*susu*)杂交，其遗传方式见图 2-1。两亲本均含有 *wxwx*，省略不写。

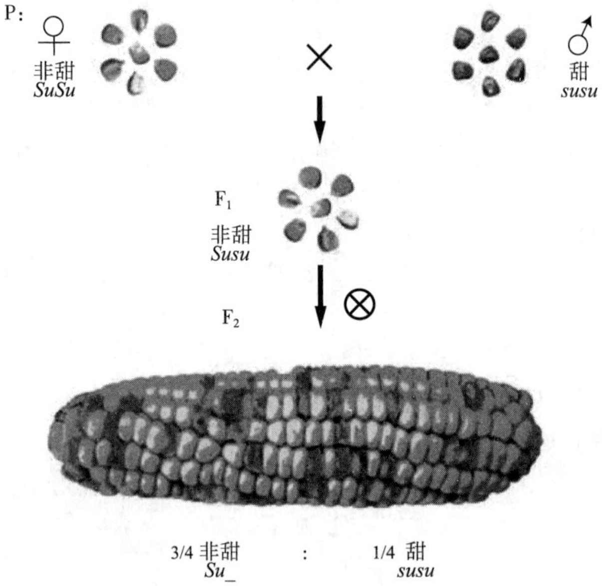

图 2-1　彩图

图 2-1　玉米胚乳性质的一对相对性状的遗传

（河北农业大学穆国俊提供）

4. 实验果穗的制备

玉米(*Zea mays* L.，$2n=20$)F_1 自交果穗即 F_2 果穗。

亲本杂交只要掌握花期相遇，授粉严格，配合相应的栽培管理技术即可获得理想的实验果穗。

三、实验用品

计算器，不同偏差/标准误差的概率表。

四、实验方法与步骤

1. 符合率测定方法——标准误差法

对分离个体进行分析时实际观察到的个数与理论上期望的个体数往往不能完全一致，存在着差异。这是由于在配子形成过程中，哪一个等位基因(如 A 和 a)存在于发育的配子中是随机的，另外，不是所有的卵子和精子都能得到结合而发育，特别是精子，有大部分得不到与卵结合而死去。所以一般杂交实验所得的比例，很少能与理论所期望的比例完全符合，因此就有必要考虑实际观察的数值与理论数值的差异。如果只是由机会所造成，则二者差异较小，实验结果就与理论相符合，或者其他原因，以致形成真正明显的差异，而这就不符合。本实验就是用生物统计学的方法——标准误差法验证分离规律。公式如下。

$$S.E=\sqrt{\frac{C_1C_2}{n}}$$

式中，$S.E$ 为标准误差；C_1 为一组理论或期望个体数；C_2 为另一组理论或期望个体数；n 为总个体数。

$$D(\text{偏差})=\text{实际个体数}-\text{理论个体数}$$

根据 $D/S.E$ 的比值确定实际数与理论数是否符合。由 $D/S.E$ 的数值查 $D/S.E$ 概率表（附录Ⅱ），该表的显著水准为 0.05。当概率 $P \geqslant 0.05$ 时，表示实际数与理论数差异不显著，符合；当 $P<0.05$ 时，表示二者差异显著，即不符合（这种方法只适于分离类型为二组的材料分析）。

2. 实验果穗的分离比例统计表（表 2-1）

表 2-1　实验果穗的分离比例统计表

项目	实际个体数	理论个体数(C)
显性性状（非甜）		
隐性性状（甜）		
总个体数(n)		

3. 计算、查表确定符合率

五、思考题

（1）本实验中的两个亲本材料，一个是非甜，另一个是甜。其基因型写作 $Su\_$ 和 $susu$ 就可以了，为何还要注明 $wxwx$？

（2）本实验的实验结果可否用 χ^2 检验法检测？

六、参考文献

季道藩. 遗传学实验. 北京：中国农业出版社，1992.

穆国俊，陶勇生，王静华，等. 玉米糊粉层色泽遗传在遗传学教学中的应用. 北京：化学工业出版社，2010.

仇雪梅，王有武，雷忻. 遗传学实验. 武汉：华中科技大学出版社，2022.

杨大翔. 遗传学实验. 3 版. 北京：科学出版社，2016.

张文霞，辛广伟，戴灼华. 遗传学实验指导. 2 版. 北京：高等教育出版社，2019.

赵凤娟，姚志刚. 遗传学实验. 2 版. 北京：化学工业出版社，2016.

实验 10　独立分配规律的验证

应用杂交方法进行作物新品种的选育，其原理就是利用基因的重组。独立分配则是基因重组的一种重要形式。位于非同源染色体上的两对或两对以上的等位基因，在减数分裂形成配子时，随着非同源染色体的组合，非等位的独立基因也进行重组。这种重组机会均等，互不干扰，所以，两对独立基因产生 4 种等概率的不同配子，即 *AaBb* 产生的配子为 *AB*∶*Ab*∶*aB*∶*ab*=1∶1∶1∶1。在显性完全的情况下，依据雌雄配子随机结合，两对基因之差的个体自交子代应有 4 种表型，其比例为 9∶3∶3∶1。测交子代的理论比例应为 1∶1∶1∶1。测交子代的种类和比例就反映了杂种 F_1 产生配子的种类和比例。

一、实验目的

(1)学会制备玉米材料遗传实验果穗。

(2)掌握符合率测定方法。

二、实验材料及其制备

1. 玉米籽粒胚乳性状及其遗传

玉米(*Zea mays* L.，2*n*=20)胚乳淀粉性质有淀粉质、甜和糯之分。它们受两对独立基因控制，*Wx* 控制非糯，*wx* 控制糯；*Su* 控制非甜，*su* 控制甜(*su* 为 *wx* 的隐性上位基因，*su* 位于第 4 染色体上，*wx* 位于玉米第 9 染色体上)。玉米胚乳淀粉颜色有黄色和白色之分，它们受另外两对独立基因控制，*Y* 控制黄色，*y* 控制白色(*Y*/*y* 位于玉米第 9 染色体上)。采用纯合亲本黄色、非甜(*YYSuSu*)和白色、甜(*yysusu*)杂交，其遗传方式见图 2-2。两亲本均含有 *wxwx*，省略不写。

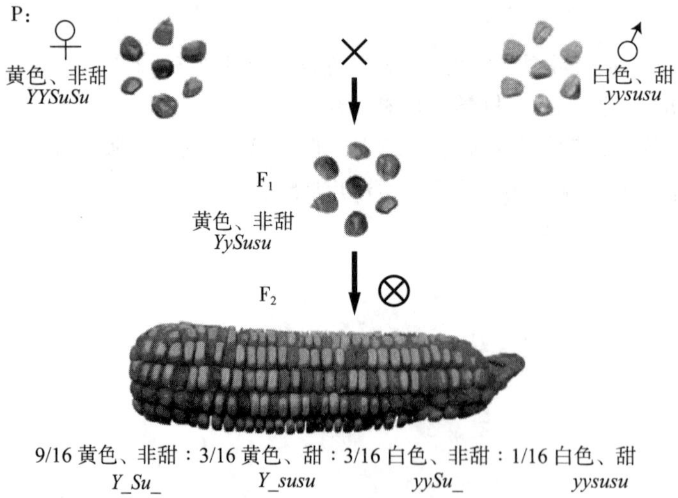

图 2-2　彩图

图 2-2　控制玉米胚乳性质和颜色的两对相对性状的独立遗传

(河北农业大学穆国俊提供)

2. 实验果穗的制备

F_1自交果穗即F_2果穗。

亲本杂交只要掌握花期相遇，授粉严格，配合相应的栽培管理技术即可获得理想的实验果穗。

三、实验用品

计算器，χ^2值表。

四、实验方法与步骤

1. 符合率测定方法——χ^2测验法

标准误差法只适用于分离类型为二组材料的测验，对于分离类型为两种以上材料的测验则用χ^2测验法。公式如下：

$$\chi^2 = \sum \frac{(O-E)^2}{E}$$

式中，O为分离实得个体数，E为分离理论个体数。

由上式可以看到，实得个体数与理论个体数越接近，则χ^2越小，反之就越大。因此χ^2值的大小就反映了符合程度的大小。统计学者根据这一原理制定出了χ^2值表(附表Ⅲ)，表中列出各种程度概率(P)相应的χ^2值。在求得χ^2值后，根据自由度df，查附表找出相应χ^2值的概率(P)。

再根据P值决定所得结果是否与理论数相符合。P值的显著标准为0.05。当$P \geq 0.05$，则表示差异不显著，即符合；当$P < 0.05$时，则差异显著，即不符合。

自由度df就是可以自由选择变数的个数。在本实验中，自由度df=分离类型－1＝4－1＝3。

2. 实验果穗的分离比例统计表(表2-2)

表2-2 实验果穗的分离比例统计表

表型	实际数O	理论数E	$(O-E)$	$(O-E)^2$	$\frac{(O-E)^2}{E}$
黄色、非甜					
黄色、甜					
白色、非甜					
白色、甜					
总数$\sum$					$\chi^2=$

3. 根据χ^2值和自由度查附表找出所测实验果穗分离比例的概率范围，确定其符合率

分离类型只有两种的实验材料均可用标准误差法，也可用χ^2法。对于分离类型在两种以上的则用χ^2法。

五、思考题

(1)本实验中纯合的黄色、非甜和白色、非甜分别占F_2果穗的比例是多少？

(2)F_2果穗上的黄色、非甜籽粒的基因型有几种？如何鉴定？

六、参考文献

丁毅，王建.遗传学实验教程.北京：高等教育出版社，2019.

季道藩.遗传学实验.北京：农业出版社，1992.

穆国俊，陶勇生，王静华，等.玉米糊粉层色泽遗传在遗传学教学中的应用.北京：化学工业出版社，2010.

杨大翔.遗传学实验.3版.北京：科学出版社，2016.

张文霞，辛广伟，戴灼华.遗传学实验指导.2版.北京：高等教育出版社，2019.

实验 11　基因互作规律的验证

独立分配是两对独立基因控制两对相对性状，基因互作则是两对或两对以上独立基因共同控制一对或一组相对性状。其基因分离仍然是等位基因在减数分裂时彼此分离，非等位基因自由组合。依据各种基因的互作关系，其杂合体自交子代或表现为 9∶7(基因互补)，或为 13∶3(抑制关系)，或为 9∶3∶4(隐性上位)，或为 9∶6∶1(积加作用)，或为 15∶1(重叠作用)，或为 12∶3∶1(显性上位)。它们的表型分离比例各不相同，但其基因分离和组合仍然是遵循独立分配规律的，其分离比例为 9∶3∶3∶1 的变型。本实验以玉米为实验材料，验证互补作用、隐性上位作用、显性上位作用和抑制作用。

一、实验目的

(1)学会制备玉米材料遗传实验果穗。

(2)掌握符合率测定方法。

二、实验材料及其制备

1. 玉米籽粒胚乳层颜色的遗传

玉米(*Zea mays* L.，$2n=20$)胚乳糊粉层颜色有紫、红、白三色，它们受 *a*、*c*、*r*、*pr*、*i* 等基因共同控制。这些基因的作用关系如下：

(1)*Pr* 控制紫色，*pr* 控制红色。

(2)*a*、*c*、*r* 为互补的显色基因，即三基因均为显性时胚乳糊粉层有色(紫或红)，缺一就为白色，即 *a*、*c*、*r* 均为 *Pr*-*pr* 的隐性上位基因。

(3)I 为抑制基因，抑制 A、R 显色，对于 *Pr*-*pr* 这对基因又是显性上位作用。*I* 基因是 *C*-*c* 的复等位基因，即 C^I、C^i、*c*，通常记为 $I(C^I)$、$i(C^i)$或 *c*。

2. 玉米实验果穗的亲本材料

一般配制实验果穗只涉及 A、*C*、*R*、*Pr*、*I* 等 5 对基因，所以亲本基因型只注明这些等位基因。A、*C*、*R*、*Pr*、*Su* 等 5 对基因在亲本中只写出隐性基因对。显性基因对则省略不写。*I* 基因和 *C*、*c* 组成复等位基因，所以在亲本中要标记为 *II*，*ii* 则省略不写。这些基因所在染色体为：

A-*a*　　第 3 染色体

Pr-*pr*　　第 5 染色体

C-*c*　　第 9 染色体

R-*r*　　第 10 染色体

用于制备实验果穗的亲本材料见表 2-3。

表 2-3　实验果穗的亲本材料

亲本序号	基因型	糊粉层颜色
①	*aaCCRRPrPrii*	白色
②	*AAccRRPrPrii*	白色
③	*AACCRRprprii*	红色
④	*AACCRRPrPrII*	白色

3.实验果穗的制备(亲本用编号及相应基因型共同表示)

(1)用于验证互补作用的实验果穗:①×②杂交组合,该组合获得的 F_2 果穗可用于基因互补作用的验证(图 2-3)。

白色 $aaCC$×白色 $Aacc$ ⟶ 紫色 F_1($AaCc$) ⟶ F_2[9/16 紫色 $A\_C\_$ ∶ 7/16 白色(3/16$aaC_$+3/16A_cc+1/16$aacc$)]

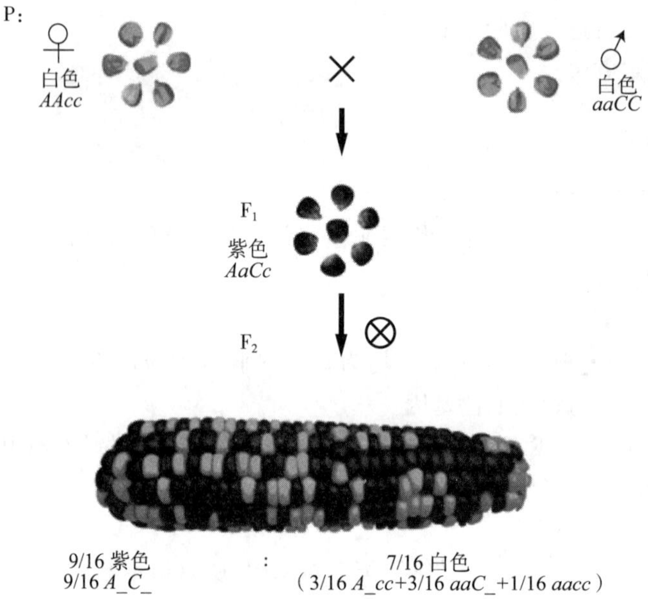

图 2-3　彩图

图 2-3　控制玉米胚乳糊粉层颜色遗传的互补作用

(河北农业大学穆国俊提供)

(2)用于验证隐性上位作用的实验果穗:②×③杂交组合,该组合获得的 F_2 果穗可用于隐性上位作用的验证(图 2-4)。

白色 $ccPrPr$ × 红色 $CCprpr$ ⟶紫色 F_1($CcPrpr$)⟶ F_2[9/16 紫色 $C\_Pr\_$ ∶ 3/16 红色 C_prpr ∶ 4/16 白色(3/16$ccPr_$ +1/16 $ccprpr$)]

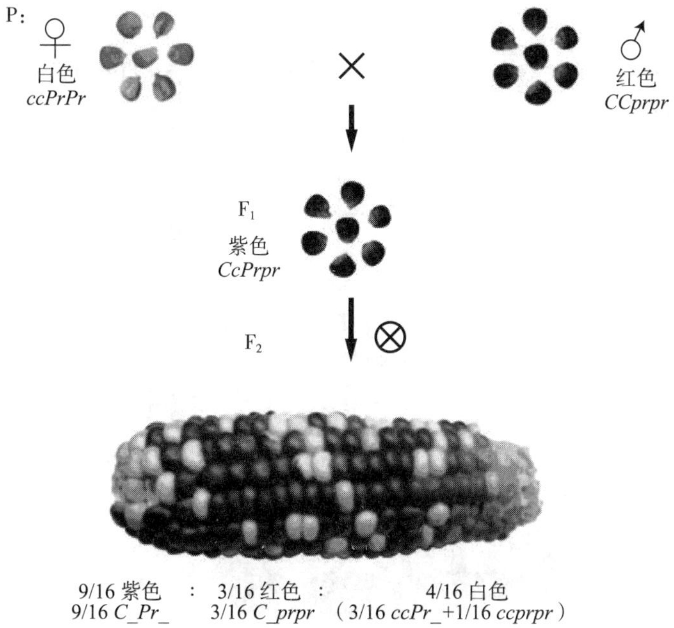

图 2-4 彩图

图 2-4 控制玉米胚乳糊粉层颜色遗传的隐性上位作用

（河北农业大学穆国俊提供）

(3)用于验证显性上位作用的实验果穗：③×④杂交组合，该组合获得的 F_2 果穗可用于显性上位作用的验证(图 2-5)。

红色 *prprii*×白色 *PrPrII* ⟶白色 F_1(*PrprIi*)⟶F_2[12/16 白色 (9/16*Pr_ I_*+3/16*prprI_*)∶3/16 紫色 *Pr_ii*∶1/16 红色 *prprii*]

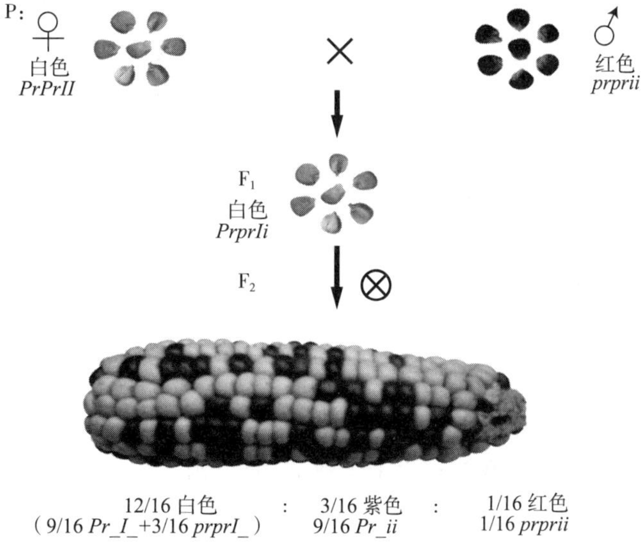

图 2-5 彩图

图 2-5 控制玉米胚乳糊粉层颜色遗传的显性上位作用

（河北农业大学穆国俊提供）

(4)用于验证抑制作用的实验果穗：②×④杂交组合，该组合获得的 F_2 果穗可用于抑制作用的验证(图 2-6)。

白色 *ccii* × 白色 *CCII* ⟶ 白色 F_1(*C_I_*) ⟶ F_2[13/16 白色(9/16*C_I_* +3/16*ccIi*+1/16*ccii*：3/16 紫色(*C_ii*)]

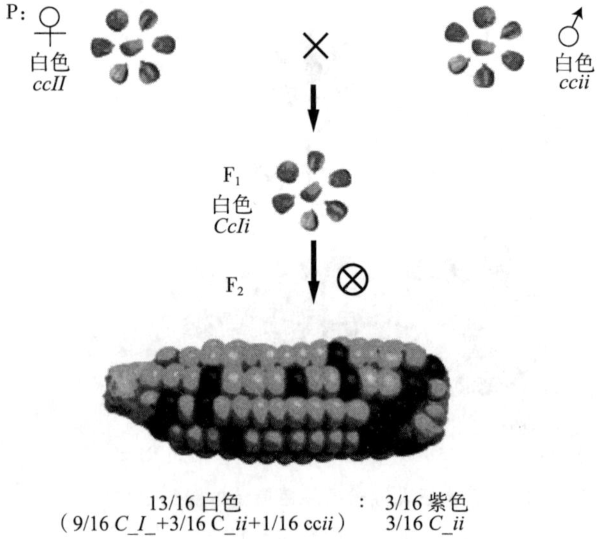

图 2-6　控制玉米胚乳糊粉层颜色遗传的抑制作用

(河北农业大学穆国俊提供)

图 2-6　彩图

以上亲本杂交只要掌握花期相遇，授粉严格，配合相应的栽培管理技术即可获得理想的实验果穗。

三、实验用品

计算器，χ^2 值表。

四、实验方法与步骤

1. 符合率测定方法——χ^2 测验法

标准误差法只适用于分离类型为二组材料的测验，对于分离类型为两种以上材料的测验则用卡方测验法。公式：

$$\chi^2 = \sum \frac{(O-E)^2}{E}$$

式中，O 为分离实得个体数，E 为分离理论个体数。

由上式可以看到实得个体数与理论个体数越接近，则 χ^2 越小，反之就越大。因此 χ^2 值的大小就反映了符合程度的大小。统计学者根据这一原理制定出了 χ^2 值表(附表Ⅲ)，表中列出各种程度概率(P)相应的 χ^2 值。在求得 χ^2 值后，根据自由度 df，查附表找出相应 χ^2 值的概率(P)。

再根据 P 值决定所得结果是否与理论数相符合。P 值的显著标准为 0.05。当 $P \geq$

0.05 时，则表示差异不显著，即符合；当 $P<0.05$ 时，则差异显著，即不符合。

自由度 df 就是可以自由选择变数的个数。在本实验中，自由度 df=分离类型－1。

2. 实验果穗的分离比例统计表（表 2-4）

表 2-4 实验果穗的分离比例统计表

表型	实际数 O	理论数 E	$(O-E)$	$(O-E)^2$	$\frac{(O-E)^2}{E}$
总数 $\sum$					$\chi^2=$

3. 根据 χ^2 值和自由度查附表找出所测实验果穗分离比例的概率范围，确定其符合率

分离类型只有两种的实验材料均可用标准误差法，也可用 χ^2 法。对于分离类型在两种以上的则用 χ^2 法。

五、思考题

（1）香豌豆紫花和白花杂交 F_1 为紫花，F_2 分离为 9 紫∶7 白，同一紫花亲本和红花品种杂交 F_1 也为紫花，F_2 分离为 3 紫∶1 红。用上述白花品种和红花品种杂交 F_1 表现性如何？F_2 分离比例如何？

（2）拟从一堆甜玉米粒中选出基因为 *susuWxWx* 的材料，请设计一个方案以期获得这一材料。

（3）两个白胚乳玉米杂交 F_1 表现为紫色，F_1 和一个白色亲本回交子代分离为 1 紫∶1 白，F_1 和另一白色亲本回交子代分离为 1 紫∶1 红∶2 白，试分析两白色亲本的基因型，并图示 F_2 的分离比例。

（4）三种纯种家鼠毛黑色的和黄色杂交，F_1 表现为灰色毛，F_2 则分离为 9 灰∶3 黄∶3 黑∶1 淡黄；黑色的和白色的杂交，F_1 表现为黑毛，F_2 则分离为 9 黑∶3 淡黄∶3 黑∶4 白。根据以上两个杂交实验结果，试分析家鼠毛色遗传受几对基因控制，并写出上述三种家鼠的基因型。

六、参考文献

丁毅，王建. 遗传学实验教程. 北京：高等教育出版社，2019.

季道藩. 遗传学实验. 北京：农业出版社，1992.

穆国俊，陶勇生，王静华，等. 玉米糊粉层色泽遗传在遗传学教学中的应用. 北京：化学工业出版社，2010.

杨大翔. 遗传学实验. 3 版. 北京：科学出版社，2016.

张文霞，辛广伟，戴灼华. 遗传学实验指导. 2 版. 北京：高等教育出版社，2019.

实验 12　基因连锁与交换

染色体是基因的载体，位于非同源染色体上的基因表现独立遗传，符合独立分配规律。但是，一个生物体有很多基因，而染色体的数目却是比较少的。因此，一条染色体上通常带有很多基因。位于同源染色体上的基因表现连锁和遗传。在这种情况下，杂种 F_2 的表现比例不符合 9∶3∶3∶1，杂种 F_1 与双隐性测交后代也不表现 1∶1∶1∶1。而与两亲本性状相同的个体数显著增多，新组合个体数较少。新组合性状的产生是在减数分裂过程中，随着同源染色体发生部分交换，连锁基因也发生交换的结果。重新组合配子的百分数称为交换值，交换值的大小取决于它们在染色体上的位置。相距比较远的基因有比较高的交换值，并且交换值具有相对的恒定性。所以交换值代表基因之间相对的遗传距离。

根据交换值可以确定基因在染色体上的距离和顺序，绘制出基因连锁图，在育种工作中，要把几个连锁的有利基因重新组合，或是把有利和有害基因分开，如果了解有关基因的交换值，就能预见所需要类型在后代出现的百分率。例如交换值比较小，就要种植较多的株数，才能获得所需要的新性状组合。

一、实验目的

（1）掌握两对基因连锁遗传分析的基本思路与方法，结合本实验加深对基因连锁与交换规律的理解。

（2）掌握判断连锁基因是相引还是相斥的方法。

（3）掌握利用 F_2 自交群体计算重组率的方法，并学会绘制两对基因的连锁图。

二、实验材料及其制备

玉米（*Zea mays* L.，$2n=20$）其胚乳糊粉层颜色有色（*C_*）与无色（*cc*）、种子形态有饱满（*Sh_*）和凹陷（*sh sh*）这两对基因同位于第 9 染色体上，故而表现连锁遗传。用于杂交的亲本为：饱满、有色（*C Sh*/*C Sh*）和凹陷、无色（*sh c*/*sh c*），其 F_1 自交获得 F_2 实验果穗（图 2-7）。

由于上述杂交组合为相引组，所以 F_2 群体中的双隐性个体是 F_1 产生配子中的亲本型配子结合的产物。所以，两对基因之间的重组率（R. F.）为：

$$\text{R. F.}(\%)=1-2\sqrt{\text{双隐性个体数}/F_2\ \text{群体总数}}$$

两基因之间的遗传图距为去掉%的 R. F.，单位为厘摩（cM）。

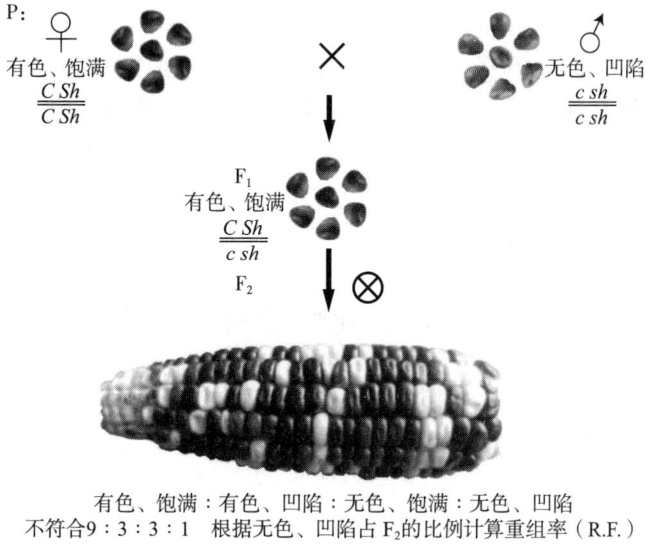

图 2-7　彩图

图 2-7　控制玉米籽粒性状的连锁遗传

（河北农业大学穆国俊提供）

三、实验用品

计算器，χ^2值表等。

四、实验方法与步骤

（1）实验果穗的分离比例统计。对实验果穗各种类型个体数进行统计并填入表 2-5。

表 2-5　实验果穗的分离比例统计表

表型	实际个体数 O	理论个体数 E	$O-E$	$(O-E)^2$	$\frac{(O-E)^2}{E}$
饱满、有色					
饱满、无色					
凹陷、有色					
凹陷、无色					
$\sum$					$\chi^2=$

（2）根据χ^2值和自由度(df)查附表Ⅲ，确定两对基因是否符合饱满、有色：饱满、无色：凹陷、有色：凹陷、无色为 9：3：3：1，进而推断 Sh、sh 与 C、c 是否为连锁基因。如果两基因存在连锁关系，再判断是相引关系还是相斥关系。

（3）计算重组率(R. F.)并画出遗传图谱。

五、思考题

（1）三基因的连锁如下：

$$\frac{\quad 30 \qquad 40 \qquad 50 \quad}{a \qquad b \qquad c}$$

若并发率为 0.60，在 F_1 *AaBbCc* 测交后代中预期各种表型频率如何？

(2)玉米胚乳饱满和非糯两性状连锁，交换值为 20%，红果皮与上述两性状是独立遗传的，若以纯合体凹陷、糯、红果皮为母本与饱满、非糯、白果皮纯种杂交，F_1（当代所结种子）表型如何？对其测交，当代分离比例如何？

六、参考文献

穆国俊，陶勇生，王静华，等. 玉米糊粉层色泽遗传在遗传学教学中的应用. 北京：化学工业出版社，2010.

杨大翔. 遗传学实验. 3 版. 北京：科学出版社，2016.

张文霞，辛广伟，戴灼华. 遗传学实验指导. 2 版. 北京：高等教育出版社，2019.

第三章

染色体变异的诱导与鉴定

背景知识

染色体在细胞分裂过程中通常能够准确地自我复制、均等地分配到子细胞中，保持染色体形态、结构和数目稳定。特定情况下，细胞内染色体组成也会发生改变，产生染色体变异（染色体畸变），包括结构变异和数目变异。

一、染色体结构变异

染色体结构变异通常由 DNA 双链断裂的断头错误重接产生。自然条件下，营养、温度、生理等的异常变化都可能导致染色体结构不稳定而发生折断，形成不稳定断头与断片；人为采用某些物理因素（如 X 射线、γ 射线、中子等）或化学药剂处理细胞，可增加染色体结构的不稳定性和折断频率。细胞内 DNA 损伤修复机制可能把染色体断头与断片按原来的直线顺序重接而恢复原有的染色体结构；也可能将同源染色体或非同源染色体断头非特异性重接——错误重接，产生结构变异。除此之外，联会复合体错配区不等交换、转座子转座也可以导致染色体结构变异。染色体结构变异可分为缺失、重复、倒位和易位 4 种基本类型。

染色体结构变异改变了染色体片段的直线排列顺序（也称为染色体重排），并表现为染色体形态（长度、臂比）改变。这类细胞学特征可通过有丝分裂中期染色体形态观察（核型分析）并与该物种的标准染色体形态对比进行识别。染色体结构变异杂合体在减数分裂前期 Ⅰ 同源联会时也因同源染色体间区段差异而形成异常的二价体形态，部分异常结构还会导致后续分裂过程产生异常行为与形态。这类细胞学特征可通过性母细胞减数分裂过程观察进行识别。细胞学观察通常可以对染色体结构变异类型进行初步的鉴定。果蝇等双翅目昆虫幼虫的唾液腺、消化道细胞核内的巨大染色体具有多线性，多条染色单体平行排列、呈现稳定的特征性横纹；果蝇唾液腺染色体还进行体细胞联会。根据横纹特征和杂合体中染色体配对特征可以对染色体结构变异类型及其变异区段进行细致的鉴定。

染色体断裂-错接可能同时导致断裂位置上的基因结构与功能异常，导致基因突变；但染色体结构变异的主要效应是染色体重排——染色体上基因组成及基因在染色体上位置的改变。染色体结构变异轻则引起性状变异，重则导致个体死亡、配子不育，是主要的可遗传变异类型之一。染色体结构变异鉴定常需要结合细胞学观察与性状变异观察结果。

结构变异在产生性状变异的同时往往容易导致生殖隔离，是生物进化与新物种形成的重要方式。结构变异在遗传与育种工作中有广泛的应用，例如：利用缺失、易位等可以进行基因的染色体(臂)定位；利用易位可进行遗传(染色体片段)转移；利用重复可以改变特定基因剂量从而获得基因剂量效应等。

二、染色体数目变异

染色体数目变异包括整倍性变异和非整倍性变异。染色体数目以染色体组为单位改变称为整倍性变异；具有染色体组染色体基数(x)整倍数染色体数目的细胞、生物体为整倍体，如一倍体(x)、二倍体($2x$)、三倍体($3x$)等。3 倍以上的整倍体称为多倍体；根据染色体组的来源将多倍体分为同源多倍体和异源多倍体。某些细胞减数分裂和有丝分裂异常可导致整倍变异：①减数第一次分裂或减数第二次分裂异常(核分裂或细胞质分裂没有完成)，均能导致未减数配子($2n$)产生，未减数配子参与受精结合，后代具有整倍性变异。②体细胞有丝分裂过程染色体数目加倍也将导致细胞内染色体数目的成倍增加。③不同倍性的偶倍体间杂交则产生奇倍性多倍体。

多倍化是植物新物种形成的重要途径，也是进行物种间遗传转移的重要手段。植物多倍体广泛存在于自然界，许多栽培作物、园林植物都是多倍体。对于不以收获种子为目的的植物，通过人工创造同源多倍体的途径，可获得较大的营养器官、花或果实，或获得无籽或少籽的果实，同时利用多倍体生理生化变化可能获得某种生化成分含量高的器官产品，增强植物抗逆性，扩大栽植区域。例如：四倍体番茄的维生素 C 含量比二倍体提高 1 倍；三倍体西瓜和三倍体黄瓜优质无籽，三倍体和四倍体西瓜对枯萎病菌抵抗力更强；三倍体甜菜耐寒，含糖量和产量都高，成熟也较早，抗病力强，且根部含有害氮素及灰分少，是世界主要甜菜生产国采用的栽培品种类型；三倍体杜鹃花因为不育所以花期特长，现今菊花、月季、郁金香、百日草、大丽菊等著名品种也几乎都是多倍体。人工创造多倍体，还可用于克服远缘杂交不孕、远缘杂种不育或创造远缘杂交育种的中间亲本、育成栽培植物新类型。因此，多倍体对物种进化和新品种的选育都具有重要的意义。

单倍性和单倍体对于物种细胞遗传结构和进化途径分析十分重要，如确定物种的染色体组亲缘关系、异源多倍体的起源、基因和遗传环境的相互影响、基因的剂量效应、非整倍体和易位的获得以及数量性状的遗传等。单倍体研究不仅有理论意义，而且有重要的育种实践意义。杂交育种是选育新品种最常用的方法，但由于杂种后代的分离，要得到稳定新品系，通常要经过 5 代以上的自交纯合。将杂种一代(或其他分离世代)配子培养成单倍体植株，加倍后即为纯合的二倍体；如果农艺、经济性状表观良好，符合育种目标，即可成为新品系。利用单倍体获得纯合体缩短育种周期，已成为常规育种的一个辅助手段，也可应用于异花授粉作物自交系的培育。在自然条件下，单倍体主要通过单性生殖产生；人工单倍体主要采用花药、小孢子离体培养获得。

在正常物种的染色体($2n$)基础上减少或增加 1 条或几条的染色体数目变异称为非整倍性变异，如单体($2n-1$)、双单体($2n-1-1$)、缺体($2n-2$)、三体($2n+1$)、双三体($2n+1+1$)、四体($2n+2$)等。其中染色体数少于 $2n$ 者，称为亚倍体；多于 $2n$ 者，称为超倍体。非整倍体主要产生于：①减数分裂过程中同源染色体不配对或配对后不分离产生的非 n($n+1$ 或 $n-1$)配子受精结合；②奇倍性多倍体后代；③非整倍体的后代。非整倍对确定基因所在的染色体以及进行染色体的代换和优良基因的转移都具有重大的意义和作用。

对于染色体数目变异体，除根据形态性状变异进行间接鉴别外，最直接的方法就是通过根尖分生组织或性母细胞的染色体制片观察鉴定。有丝分裂观察不仅可以观察、计数染色体数目，而且可以采用核型分析方法鉴定细胞内增加或减少的染色体。染色体数目变异体减数分裂前期Ⅰ同源染色体配对可能形成单价体、多价体，后期Ⅰ发生单价体滞后、染色体不均等分配，进而影响雌雄配子的正常发育和受精，对其后代个体也将产生不同的遗传效应。当细胞内染色体形态比较接近而又需要准确判断增加或减少的是哪一组(条)染色体时，需要根据减数分裂过程中染色体的联会行为，或者借助染色体带型分析等技术进行鉴定。

实验 13　染色体结构变异的细胞学观察

一、实验目的

(1)掌握 4 种染色体结构变异的细胞学特征,理解其形成机制。

(2)掌握染色体结构变异的细胞学鉴定方法。

(3)理解染色体结构变异的遗传效应,了解其在遗传研究与育种工作中的应用。

二、实验原理

缺失染色体比正常染色体短,染色体臂比也会相应改变,当缺失片段足够长时可通过细胞学观察鉴别。在最初发生缺失的细胞分裂中,后期可观察到无着丝粒断片(图 3-1a),分裂末期无着丝粒断片游离于子细胞主核之外,形成微核(micronuclei,MCN)。顶端缺失具有无端粒的不稳定末端,有丝分裂过程中可能发生姐妹染色单体断头融合,形成双着丝粒染色单体,后期出现染色体桥,产生"断裂-融合-桥"循环(裂合桥周期)。顶端较大片段缺失形成的缺失杂合体在减数分裂粗线期、双线期缺失染色体与正常染色体联会时可观察到二价体末端正常染色体的突出片段。中间缺失杂合体在偶线期和粗线期可观察到缺失区段对应的正常染色体部分形成的缺失圈(环状或瘤状突出)(图 3-1b)。

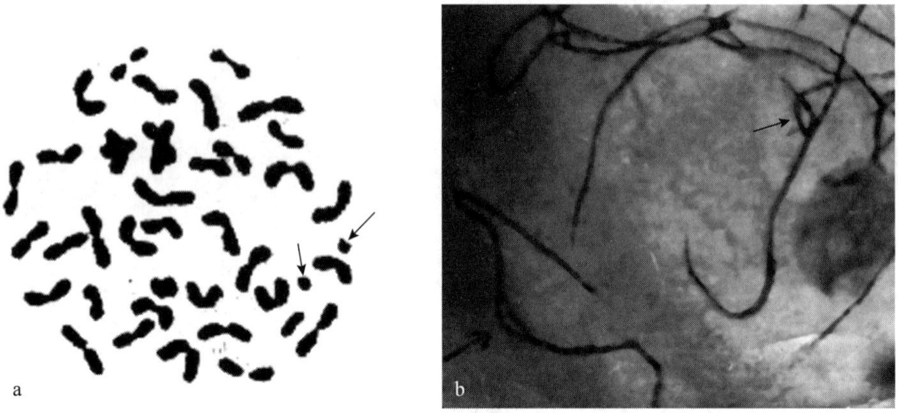

a. 小鼠骨髓细胞有丝分裂中期,箭头示无着丝粒断片

b. 玉米缺失杂合体花粉母细胞减数分裂粗线期,箭头示缺失圈(四川农业大学农学院遗传室提供)

图 3-1　缺失的细胞学特征

重复染色体在光学显微镜下染色体长度改变的可检测程度也取决于重复区段的大小。重复杂合体在减数分裂偶线期与粗线期往往可观察到重复区段所形成的重复圈结构。如果重复区段接近染色体末端,也可能形成染色体末端不配对突出。重复圈和缺失圈的细胞学形态很相似,可能需要结合染色体长度、个体性状变异等资料才能对它们加以区别。具有多线性的果蝇唾腺染色体在细胞分裂间期进行体细胞联会,并且其横纹特征不仅可以对缺失和重复进行分辨,而且可以确定缺失和重复的区段。

倒位纯合体在有丝分裂与减数分裂过程中均不会表现明显的细胞学特征异常。倒位杂合体在联会时:如果倒位区段很长,染色体两端的非倒位区段较短,则正常染色体与倒位染色体在倒位区段联会,而倒位区段以外的染色体末端部分保持分离,偶线期和粗线期可观察到二价体两端的分叉形态;通常倒位杂合体的倒位区段倒转,呈现倒位圈结构(图 3-2a)。臂内倒位杂合体的倒位圈内如果发生非姐妹染色单体交换,形成双着丝粒染色体和无着丝粒断片,后期Ⅰ可观察到染色体桥(图 3-2b)和无着丝粒断片。

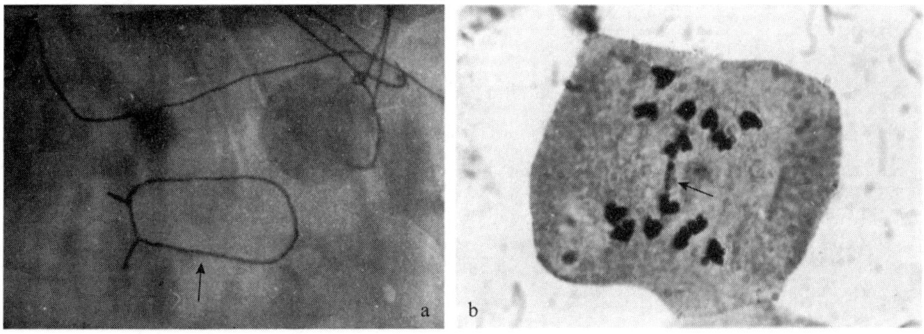

a. 玉米倒位杂合体减数分裂粗线期,箭头示倒位圈
b. 大麦臂内倒位杂合体减数分裂后期Ⅰ,箭头示后期Ⅰ染色体桥

图 3-2　倒位的细胞学特征

(四川农业大学农学院遗传室提供)

如果易位片段不等长,易位染色体长度和臂比会发生相应改变。相互易位杂合体在联会时由于 4 条染色体交替联会形成四重体,四重体在粗线期呈"十"字形(图 3-3a);"十"字形配对结构交叉端化后在终变期呈现大环结构(称四体环,常用 O_4 表示)或链状结构(称四体链,用 C_4 表示)(图 3-3b);中期Ⅰ可能呈"∞"字形或圆环形。

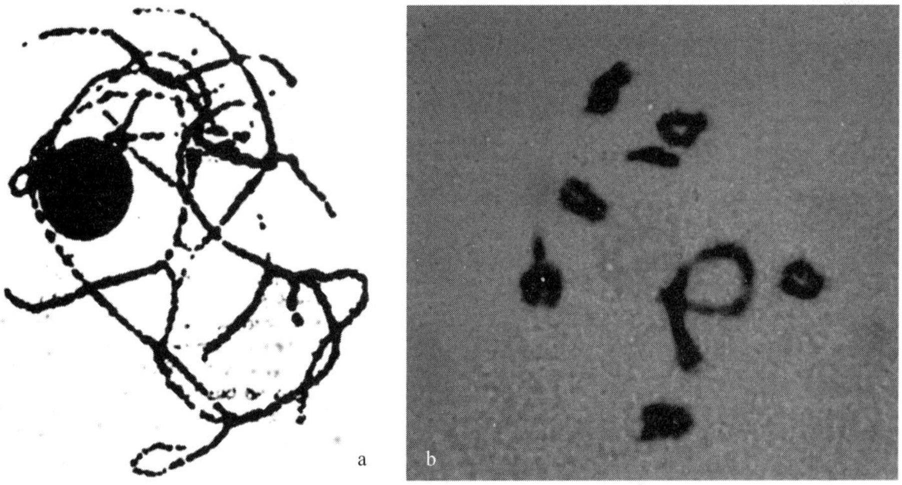

a. 粗线期"十"字形配对　b. 终变期四体环

图 3-3　玉米相互易位杂合体的细胞学特征

(四川农业大学农学院遗传室提供)

三、实验材料

(1)动、植物染色体结构变异体细胞有丝分裂永久片或其显微观察照片、幻灯片。

(2)经^{60}Co γ射线处理的小麦(*Triticum aestivum*,$2n=42$)、大麦(*Hordeum vugare*,$2n=14$)、蚕豆(*Vicia faba*,$2n=12$)等植物种子。

(3)玉米(*Zea mays*,$2n=20$)等植物缺失、重复、倒位、易位杂合体雄穗或其固定材料。

四、实验用品

(1)光学显微镜,多媒体系统(带显微演示)或幻灯机,恒温培养箱,冰箱,水浴锅。

(2)培养皿,剪刀,材料瓶,指形管(小试管),计时器,木夹,酒精灯,表面皿,吸水纸,纱布,载玻片,盖玻片,镊子,刀片,解剖针,标签等。

(3)0.01%~0.2%秋水仙碱,0.002~0.004 mol/L 8-羟基喹啉,饱和对二氯苯溶液或饱和α-溴萘,卡诺氏固定液Ⅰ,95%乙醇,80%乙醇,70%乙醇,1 mol/L 盐酸,1%醋酸洋红,铁矾-苏木精等染色液。

五、实验方法与步骤

1. 照片、幻灯片或永久片观察

观看、观察动植物染色体结构变异照片、幻灯片或永久片,了解各种染色体结构变异的细胞学特征及其出现的时期。

2. 制片观察电离辐射引起的染色体结构变异

取经^{60}Co γ射线照射的小麦、大麦、蚕豆等植物种子,按第一章实验1进行根尖分生细胞有丝分裂制片(分两份:一份进行预处理,另一份不进行预处理)。

镜检观察有丝分裂中期(制片过程中进行预处理)染色体形态变化及断片、有丝分裂后期(制片过程中不进行预处理)的后期桥、断片和间期的微核等。

3. 玉米等染色体结构变异材料花粉母细胞制片与观察

取玉米等缺失、重复、倒位和易位杂合体雄穗固定材料,按实验3制作花粉母细胞涂抹片。

镜检观察各种结构变异杂合体减数分裂过程的典型细胞学特征。

六、思考题

(1)观察各种染色体结构变异的细胞学特征,绘图、描述其特点并鉴定其变异类型。

(2)总结4种染色体结构变异类型的形成、细胞学特征及遗传效应。

七、参考文献

程罗根. 遗传学概论. 北京:科学出版社,2019.

刘庆昌. 遗传学. 4版. 北京:科学出版社,2020.

刘向东,李亚娟. 普通遗传学综合性实验. 北京:中国农业出版社,2011.

仇雪梅,王有武,雷忻. 遗传学实验. 2版. 武汉:华中科技大学出版社,2022.

杨大翔. 遗传学实验. 3版. 北京:科学出版社,2016.

实验 14 染色体数目变异的细胞学观察

一、实验目的

（1）掌握染色体数目变异的细胞学特征；结合同源染色体配对、分离行为，理解染色体数目变异减数分裂过程中细胞学特征的形成。

（2）掌握染色体数目变异的细胞学鉴定方法。

（3）理解染色体数目变异的遗传效应，了解其在遗传研究与育种工作中的应用。

二、实验原理

如前所述，鉴定染色体数目变异最直接的方法就是通过根尖分生组织或性母细胞的染色体制片观察鉴定。有丝分裂观察不仅可以计数染色体数目，而且可以采用核型分析方法鉴定细胞内增加或减少的染色体（图 3-4）。

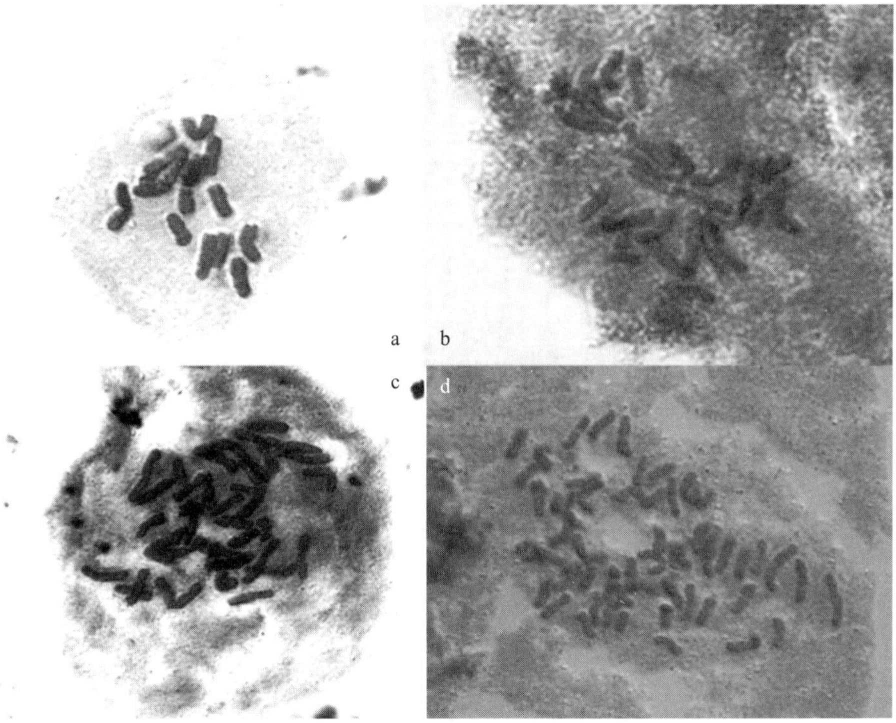

a. 二倍体（$2n=2x=14$） b. 四倍体（$2n=4x=28$） c. 六倍体（$2n=6x=42$） d. 八倍体（$2n=8x=56$）

图 3-4 黑麦草（*Lolium perenne*）二倍体与同源多倍体有丝分裂中期

同源多倍体在减数分裂过程中最重要的特征是每个同源组含有 3 条或 3 条以上染色体，前期Ⅰ可能联会形成多价体、二价体与单价体及其共存的复杂情况；中期Ⅰ、后期Ⅰ多价体与单价体落后；后期Ⅰ同源染色体不均等分配；落后的单价体、多价体形成微核（图 3-5）。

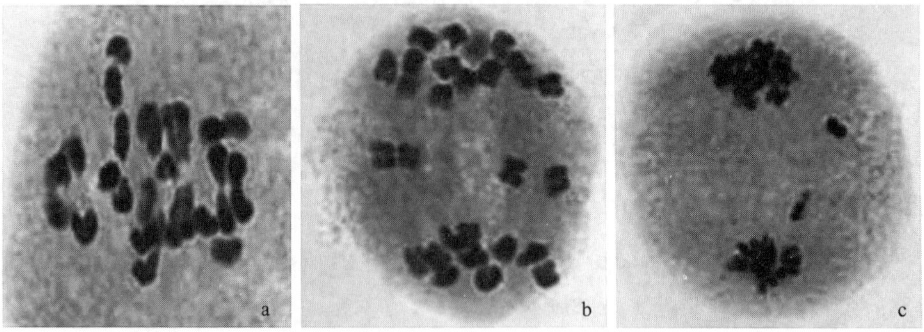

a. 中期Ⅰ,示多价体与单价体　b. 后期Ⅰ,示落后染色体　c. 末期Ⅰ,示落后、丢失染色体

图 3-5　栽培大麦(*Hordeum vulgare*)同源四倍体减数分裂

偶倍性异源多倍体联会与二倍体相似,主要以二价体形式联会配对;亲缘关系较近的物种间杂种加倍形成的偶倍数异源多倍体在联会时也可能进行异源联会而形成多价体。奇倍数异源多倍体的联会配对依染色体组组成而异,成单的染色体以单价体的形式存在。单倍体则由于染色体均成单存在,所以前期Ⅰ、中期Ⅰ染色体以单价体形式存在(图 3-6)。

图 3-6　异源五倍体小麦(普通小麦×硬粒小麦)减数分裂中期Ⅰ染色体配对

[形成 14 个二价体和 7 个单价体($2n=5x=$AABBD$=14$Ⅱ$+7$Ⅰ)]

非整倍体的一个或少数几个同源组染色体增加或减少,表现为相应染色体在联会时产生多价体、单价体(图 3-7,图 3-8)。

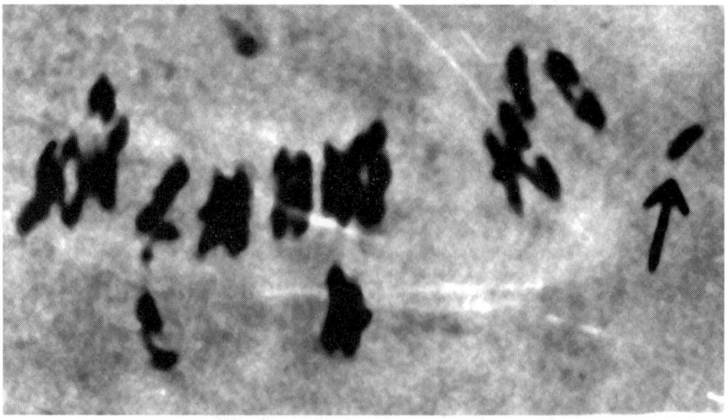

图 3-7　普通小麦单体减数分裂中期Ⅰ染色体配对

(形成 20 个二价体和 1 个单价体,箭头示单价体,四川农业大学农学院遗传室提供)

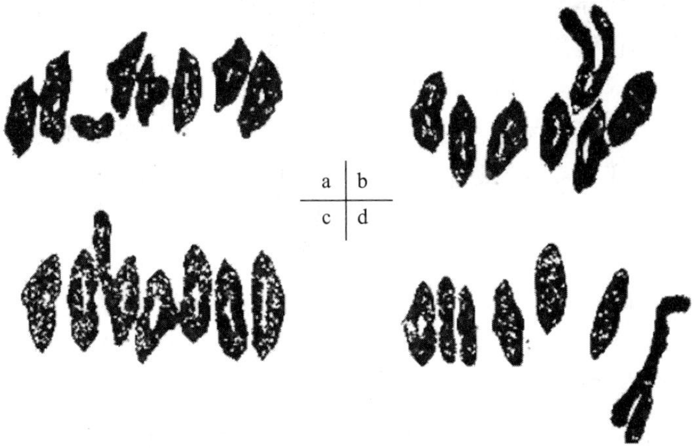

a. 7 个二价体和 1 个单价体　b. 形成 6 个二价体和 1 个链式三价体

c. 形成 6 个二价体和 1 个汤勺形三价体　d. 形成 6 个二价体和 1 个 Y 形三价体

图 3-8　栽培大麦三体减数分裂中期Ⅰ染色体配对

三、实验材料

（1）黑麦（*Secale cereale*，$2n=2x=RR=14$）、大麦（*H. vulgare*，$2n=2x=HH=14$）、小麦（*Triticum aestivum*，$2n=6x=AABBDD=42$）等植物染色体数目变异体有丝分裂与减数分裂永久片或其显微观察照片、幻灯片。

（2）大麦（*H. vulgare*）单倍体（$n=x=H=7$）、玉米（*Zea mays*）同源三倍体（$2n=3x=30$）和同源四倍体（$2n=4x=40$）、小麦（*T. aestivum*，$2n=6x=42$）和黑麦（*S. cereale*，$2n=2x=14$）杂种 F_1（$2n=4x=ABDR=28$）的种子和固定幼穗。

（3）小麦（*T. aestivum*，$2n=6x=42$）部分单体（$2n=41$）、缺体（$2n=40$）、三体（$2n=43$）、四体（$2n=44$）的种子和固定幼穗。

四、实验用品

（1）光学显微镜，多媒体系统（带显微演示）或幻灯机，恒温培养箱，冰箱，水浴锅。

（2）培养皿，剪刀，材料瓶，指形管或小试管，计时器，木夹，酒精灯，表面皿，吸水纸，纱布，载玻片，盖玻片，镊子，刀片，解剖针，标签等。

（3）0.01%～0.2%秋水仙碱、0.002～0.004 mol/L 8-羟基喹啉，饱和对二氯苯溶液或饱和 α-溴萘，卡诺氏固定液Ⅰ，95%乙醇，80%乙醇，70%乙醇，1 mol/L 盐酸，1%醋酸洋红，铁矾-苏木精等染色液（各试剂的配制方法详见附录Ⅰ）。

五、实验方法与步骤

1. 照片、幻灯片或永久片观察

观看、观察黑麦、大麦、小麦等植物染色体数目变异体有丝分裂与减数分裂照片、幻灯片、永久片，了解各种染色体数目变异体的细胞学特征及其出现时期。

2. 染色体数目变异体有丝分裂制片、观察与鉴定

取染色体数目变异植物种子，按第一章实验 1 进行根尖分生细胞有丝分裂制片。

镜检观察各种数目变异类型细胞有丝分裂过程中的细胞学特征(计数细胞分裂中期染色体数目、形态，鉴定其染色体数目变异类型)。

3.染色体数目变异体减数分裂制片、观察与鉴定

取各种数目变异植物幼穗固定材料，按第一章实验3制作花粉母细胞涂抹片。

镜检观察各种数目变异类型细胞减数分裂过程中的细胞学特征。

六、思考题

(1)制片观察各种染色体数目变异体有丝分裂中期相，计数染色体数目，绘图并鉴定变异类型。

(2)制片观察各种染色体数目变异体的细胞学特征，绘图并鉴定其变异类型。

(3)总结各种染色体数目变异的细胞学特征、形态特征和遗传效应。

七、参考文献

程罗根.遗传学概论.北京:科学出版社,2019.

刘庆昌.遗传学.4版.北京:科学出版社,2020.

刘向东,李亚娟.普通遗传学综合性实验.北京:中国农业出版社,2011.

仇雪梅,王有武,雷忻.遗传学实验.2版.武汉:华中科技大学出版社,2022.

邢丕一.小麦异源双二倍体基因组组成变异及基因表达模式的研究.泰安:山东农业大学,2023.

杨大翔.遗传学实验.3版.北京:科学出版社,2016.

詹惠惠.普通小麦和硬粒小麦渐渗杂交后代的细胞遗传学分析.雅安:四川农业大学,2022.

实验 15 植物单倍体的诱发与鉴定

一、实验目的

(1)了解人工诱导植物单倍体的原理,初步掌握花药(花粉)培养诱导单倍体的方法。

(2)比较单倍体和二倍体植株的形态差异,初步掌握在幼苗期用目测挑选单倍体的方法。

(3)了解单倍体减数分裂的特点、花粉粒育性及单倍体在植物遗传育种研究种的应用。

二、实验原理

花粉形成单倍体植株有两种方式:①花粉形成愈伤组织,再由愈伤组织通过器官分化形成单倍体植株,如水稻、麦类等作物;②花粉不经愈伤组织,直接形成胚状体,如烟草、曼陀罗等。通常认为两种途径间不存在绝对的界限,主要取决于培养基中生长素的浓度。

花药培养的基本培养基因植物种类而异,研究表明:水稻以 Miller 或 N_6 培养基较合适,小麦则以 MS 培养基较为适合。几种常用培养基配方及配制方法参见附录Ⅰ。花药诱导愈伤组织的培养基也称去分化培养基,需要加入 2,4-D(0.5～2 mg/L);促使愈伤组织分化为单倍体植株的分化培养基,则需加入 IAA(0.5～2 mg/L)或 NAA(0.2～0.5 mg/L)和 6-BA(2 mg/L)。去分化培养基与分化培养基中植物激素(生长调节剂)种类与最适含量常因植物种类、基因型而异,因此要得到理想的愈伤组织诱导率与植株再生率,往往需要针对性地进行诱导培养基优化实验。

单倍体染色体数为正常体细胞($2n$)的一半(n),基因型由一套染色体组所决定。单套染色体组只能使遗传系统保持局部平衡,并破坏了基因的平衡和相互作用;改变了基因型背景,减少了基因数量,提供了隐性基因表型出现的条件和可能性;改变了核质比例,如胚-胚乳-珠心系统倍数性水平的关系,从而降低了基因型功能,而在表型上有所反映。不过一般单倍体和二倍体的表型区别属于数量差异,绝大部分单倍体是缩小了的亲本类型的拷贝,植株比正常二倍体植株矮小。柑橘的单倍体植株矮小,叶片较薄,叶色较淡;进一步鉴别,表明其气孔保卫细胞较小,而单位面积上的气孔数增多。

二倍体生物的单倍体只有一个染色体组,也是一倍体,称为单元单倍体;而来自偶倍数同源多倍体与异源多倍体的单倍体则具有两个以上的染色体组,所以称多元单倍体。一倍体减数分裂前期染色体均以单价体的形式存在,偶尔会出现非同源联会;到中期Ⅰ时单价体只能无序地分散在细胞中,使后期Ⅰ和中期Ⅰ难以区别。后期Ⅰ染色体在两极不均等分布,以玉米单倍体为例,可观察到 5-5、4-6、3-7、2-8、1-9、0-10 等分布,但以 5-5、4-6 为多,0-10 的分布很少。有的单价体在减数第一次分裂时就发生着丝点分裂和姐妹染色单体分离,但往往不能向两极正常分配,紊乱分布在细胞中。末期Ⅰ可形成没有完整单倍染色体数的微核。如果染色体在减数第一次分裂时已发生姐妹染色单体分离,中期Ⅱ不能排列到赤道板。后期Ⅱ时染色单体移向两极。小孢子核中有各种数目的染色体,大小不一,很多小孢子有微核,一些小孢子出现双核。染色体组不平衡的小孢子很少发生有丝分裂,不能发育成花粉粒。花粉粒的育性非常低,通常为 1%～10%。

多元单倍体染色体在减数分裂过程中的表现取决于该单倍体的来源，同源多倍体的单倍体各染色体组间存在同源关系，而异源多倍体的单倍体染色体组间为异源或部分同源。多元单倍体在粗线期可能出现有交叉的同源或部分同源联会。

三、实验材料

(1)孕穗后期的水稻(*Oryza sativa*，$2n=20$)穗子。

(2)水稻(*O. sativa*)、玉米(*Zea mays*，$2n=24$)等植物单倍体与二倍体萌芽 4～6 d 的幼苗。

(3)水稻(*O. sativa*)、玉米(*Z. mays*)等植物花药单倍体植株幼穗或其固定材料。

四、实验用品

(1)超净工作台，高压灭菌锅，恒温培养箱，光照培养箱。

(2)试管，试管架，烧杯，量筒(100 mL，1 000 mL)，棉塞，吸管(1 mL，2 mL，5 mL，10 mL)，接种针，镊子，酒精灯，剪刀，无菌纸，培养皿等。

(3)培养基，2，4-D，IAA 或 NAA，6-BA，70％乙醇，福尔马林，高锰酸钾，漂白粉，15％铬酸，15％盐酸，10％硝酸，氢氧化钠，0.5％ 秋水仙碱溶液，1％ I_2-KI 溶液(各试剂的配制方法详见附录Ⅰ)。

五、实验方法与步骤

(一)水稻花药单倍体植株的诱导

1. 花粉发育时期的镜检和消毒

花粉发育时期是决定愈伤组织形成的重要因素。水稻采用单核中、晚期花粉培养比较好。此期植株外部形态特征为：剑叶已伸出叶鞘，且和下面一叶的叶枕距为 3～10 cm(因品种和气候而异)。

取花药置于载玻片上，加上一滴 15％铬酸、15％盐酸和 10％硝酸的混合液(体积比 2∶1∶1)压片镜检。可以看到细胞核被染成橙黄色，单核中、晚期的花粉已形成液泡，细胞核被挤到花粉粒边缘。

根据镜检花粉粒所在颖壳的颜色和花药在颖壳里的位置为标准，剪去较嫩和较老的小穗；把准备接种的小穗放在 10％的漂白粉的上清液里，消毒 10 min，再用无菌水冲洗 2～3 次。

2. 接种和培养

将消毒的水稻小穗，对光剪去花药上端的颖壳，用镊子将花药剥在无菌纸上，再倒入装有去分化培养基的试管内，每管接 30～40 个花药，于 28 ℃下暗培养，促使花粉粒分裂增殖，形成愈伤组织。

3. 单倍体植株的诱导

花药培养 20 d 左右，可在花药裂口处观察到淡黄色的愈伤组织形成；等愈伤组织长到 2～4 mm 时，再转到含有 NAA(或 IAA)和 6-BA 的分化培养基上，并用日光灯照明，2 周后愈伤组织分化出小植株；当植株长到 6～10 cm 时即可移栽，移栽时先将根部的培养基洗去，刚入土的幼苗需用烧杯罩住，防止因水分蒸发而死苗。

4. 染色体加倍

水稻花药培养形成的植株大多是单倍体，必须经过染色体加倍后才能结实。一般采用0.5%秋水仙碱溶液浸泡根和分蘖节，有时经秋水仙碱处理后仍是单倍体，虽能形成稻穗和花器官，但不能结实。此时可以把地上部分剪去，形成再生稻，延长生育期来提高加倍频率。

(二)单倍体与二倍体的植株、幼苗形态观察

(1)取3～4叶期的第2～3叶(注意取同一叶序相同部位)，比较气孔保卫细胞的大小和数目。

(2)观测比较单倍体和二倍体水稻(玉米)4～6 d幼苗高度、主根长、根粗、芽鞘长度等。

(三)单倍体和二倍体植物的细胞学观察与鉴定

(1)在花药培养过程中，也有部分愈伤组织、再生植株来自药壁或花丝断裂处二倍体的亲体细胞分裂，因此对再生植株进行染色体检查是必不可少的。

(2)取单倍体和二倍体水稻(玉米)4～6 d幼苗根尖，制片观察染色体数。

(3)取水稻(玉米)幼穗，制片观察减数分裂各时期染色体形态与分布特点。

(四)单倍体和二倍体植株的花粉粒育性比较观察

采用I_2-KI染色法观察统计花粉粒育性与可育花粉粒比例。

六、思考题

(1)统计花药诱导愈伤组织的频率、愈伤组织分化成单倍体植株的频率以及白化苗的产生频率。

(2)观察单倍体和二倍体植株的形态特征差异。

(3)绘制单倍体减数分裂中期Ⅰ细胞学图，描述单倍体减数分裂中期的细胞学特征并分析其形成原因。

(4)观测并分析单倍体植株的花粉粒育性。

七、参考文献

陈海强，刘会云，王轲，等. 植物单倍体诱导技术发展与创新. 遗传，2020，42(5)：466-482.

程罗根. 遗传学概论. 北京：科学出版社，2019.

刘庆昌. 遗传学. 4版. 北京：科学出版社，2020.

刘向东，李亚娟. 普通遗传学综合性实验. 北京：中国农业出版社，2011.

仇雪梅，王有武，雷忻. 遗传学实验. 武汉：华中科技大学出版社，2022.

杨大翔. 遗传学实验. 3版. 北京：科学出版社，2016.

实验 16　诱变物质的微核检测技术

一、实验目的

（1）了解诱变物质微核检测技术原理，初步掌握小鼠骨髓细胞、鸭跖草四分孢子或蚕豆根尖微核检测技术。

（2）了解诱变物质微核检测技术在生产、生活与环境检测等领域的应用。

二、实验原理

微核（micronucleus，MCN）是染色体畸变的另一种表现形式。一般认为微核是由细胞分裂后期无着丝粒断片产生的；已有实验证明，整条染色体或几条染色体也能形成微核。无着丝粒断片或落后染色体在有丝分裂过程中行动滞后，在分裂末期未能进入主核，便形成了独立于主核之外的核物质块，当子细胞进入下一次分裂间期时，它们便浓缩形成主核之外的小核，即形成微核。在分裂间期，微核呈圆形或椭圆形，游离于主核之外、大小应在主核 1/3 以下（图 3-9）。微核的折光率及细胞化学反应性质和主核一样，也具 DNA 合成能力。

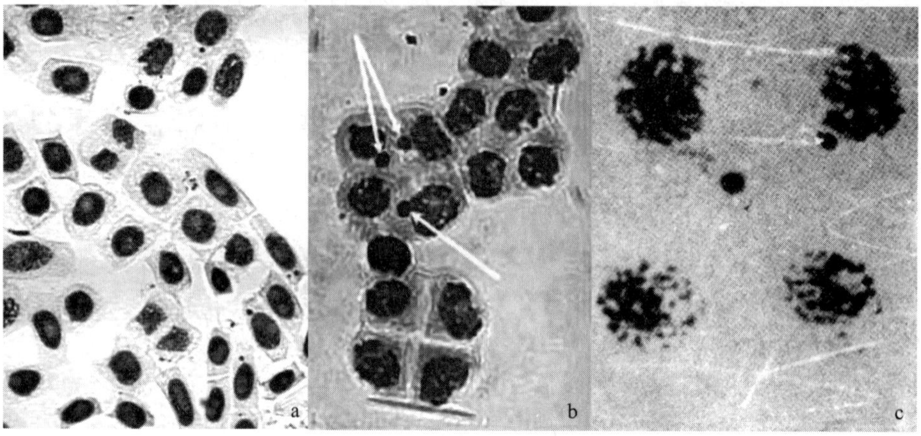

a. 蚕豆根尖细胞微核　b. 鸭跖草四分孢子微核　c. 普通小麦单体四分孢子微核

图 3-9　几种材料的微核

（四川农业大学农学院遗传室提供）

通过一定技术处理，可以在间期细胞中进行微核观察和计数。20 世纪 70 年代初，Matter 和 Schmid 等首先用啮齿类动物骨髓细胞微核率来测定怀疑具有诱变活力的化合物，并称为微核测定法。研究表明许多理化因素，如辐射、化学药剂等作用于分裂细胞而产生微核，并且微核率的大小是和用药的剂量或辐射累积效应呈正相关，这和染色体畸变的情况一样。所以可用简易的微核计数与鉴定来代替繁杂的中期畸变染色体计数以检测染色体畸变水平。

由于大量新化合物的合成、原子能的应用，各种各样工业废物的排放等都存在污染环境的可能性，欲了解这些因素对有机体潜在的遗传危害，需要一套高度灵敏、技术简单易行的测试系统来监测环境的安全性。真核类的测试系统更能直接推测诱变物质对人类或其他高等生物的遗传危害。在这方面,微核测试是一种比较理想的方法。目前,国内外不少部门已把微核测试用于辐射损伤、辐射防护、化学诱变剂、新药实验、食品添加剂的安全评价以及染色体遗传疾病和癌症前期诊断等方面。

现有微核检测系统多数是用哺乳动物的骨髓细胞或外周血细胞。其缺点是需要一定培养条件与时间、细胞同步化困难、微核率低,一般只有0.2%左右。采用高等植物花粉孢子,利用其天然同步性作为微核测试材料,可取得良好的效果。马德修用一种原产于美洲的鸭跖草(*Commelina communis*),建立四分孢子期微核率计数(MCN-in-Tetrad)的测试系统,是近年来报道的较好系统之一。该系统用低剂量的化学药物处理或辐射处理,其微核率可达10%~67%。蚕豆根尖细胞的染色体大、DNA含量高,对诱变因子反应敏感。"松滋青皮豆"是从不同蚕豆种中筛选出来的较为敏感的品种,以其为基础也建立了成熟的微核检测技术。该品种引入后在栽培繁殖时要注意不要同其他蚕豆种在一起,不喷洒农药,以保持该品种较低的本底微核率。也可用其他蚕豆品种,但是必须设置对照组。种子成熟后,晒干储藏于干燥器内或4℃冰箱内备用。

三、实验材料

(1)成年小鼠(*Mus musculus*)(雌雄均可)。

(2)鸭跖草(*C. communis*)幼嫩花序。

(3)蚕豆(*Vicia faba*)品种"松滋青皮豆"种子。

四、实验用品

1. 小鼠骨髓细胞微核检测所需实验用品

显微镜,离心机,刻度离心管,注射器,吸管,载玻片,烧杯,解剖工具。

1 mg/mL环磷酰胺溶液,生理盐水,小牛血清,甲醇,1/15 mol/L磷酸缓冲液(pH=6.8),Giemsa原液。

2. 鸭跖草四分孢子微核检测所需实验用品

显微镜,三角烧瓶(30 mL),剪刀,镊子,载玻片,盖玻片等。

Knop氏培养液:1 000 mL蒸馏水+磷酸二氢钾0.25 g+硫酸镁0.25 g+硝酸钙1.00 g+硝酸钾0.25 g+微量磷酸铁。

甲基磺酸乙酯(EMS)处理液:由培养液配成,50 mmol/L,75 mmol/L,100 mmol/L,150 mmol/L等各种处理浓度。

叠氮钠(NaN_3)处理液:由培养液配成,0.2 mmol/L,0.4 mmol/L,0.8 mmol/L等各种浓度。

硫酸二乙酯(DES)处理液:由培养液配成,50 mmol/L,100 mmol/L,150 mmol/L等各种浓度。

卡诺氏固定液,改良苯酚品红染液(配制方法见附录Ⅰ)。

3. 蚕豆根尖微核检测所需实验用品

显微镜,计数器,镊子,载玻片,盖玻片,烧杯,瓷盘等。

6 mol/L盐酸,甲醇,冰乙酸,醋酸洋红,CrO_3,NaN_3处理液,甲基磺酸乙酯(EMS)。

4. 待测物质

按照实验方案准备相应的待测物。

五、实验方法与步骤

(一)小鼠骨髓细胞微核检测

1. 微核诱发处理

按小鼠体重 40 μg/g 剂量腹腔注射环磷酰胺溶液(或待测物),处理 24～36 h,诱发微核。进行其他环境因素检测则直接按以下步骤进行操作。

2. 取材制片

(1)采用颈椎脱臼法处死小鼠,迅速剥取两根股骨,剔净肌肉等软组织,并擦净股骨上的血污。

(2)剪去股骨两端的骨骺,用注射器吸取预温到 37 ℃的生理盐水 2～3 mL,然后将针头插入股骨腔,尽量将骨髓细胞冲洗出来,置于 10 mL 试管中,把细胞团块用吸管吹打散。然后将细胞悬液转入离心管内,弃去残渣。

(3)1 000 r/min 离心 5 min,收集细胞,弃去上清液,尽可能不留残液。滴加 2～3 滴灭活小牛血清,将细胞轻轻吹打均匀。

(4)1 000 r/min 离心 5 min,收集细胞,弃去上清液,再加 1 滴灭活小牛血清,用吸管轻轻混匀。

注:以上两步中小牛血清也可用 1% 柠檬酸钠代替,但两步骤须在 15 min 内完成。

(5)滴一小滴细胞悬液在洁净的载玻片上,涂成均匀涂片,在空气中干燥。

(6)放入甲醇中固定 5～10 min,取出干燥。

(7)用 1∶10 Giemsa 染液染色 10 min,迅速用缓冲液洗片,干燥后即可观察。

(8)用滤纸及时擦干染片背面的水分,再用两层滤纸轻轻吸干留在涂面上的水分。放入二甲苯中过一下,取出后滴上少量光学树胶,盖上盖玻片进行封片。

3. 微核观测

选择细胞密度适中,铺展均匀,染色良好的地方,随机观察计数。骨髓细胞中有核的细胞均出现微核,但是在只有少量胞浆的有核细胞中,微核常很难与正常核及核的突出物相鉴别,而在无核的嗜多染红细胞的胞浆中,微核却易于辨认。因为嗜多染红细胞为骨髓细胞中一类主核刚被排出的年幼红细胞,在它完成最后一次有丝分裂后几小时,将主核排出,而由染色体断片形成的微核则保留在细胞中。因此,一般观察计数嗜多染红细胞中的微核。

嗜多染红细胞经 Giemsa 染色呈灰蓝色,成熟红细胞呈橘红色。微核大多数呈圆形或椭圆形,边缘光滑整齐,嗜染性与核质一样,呈紫红色或紫蓝色。每只动物计数 1 000～2 000 个嗜多染红细胞(全班组)。观察含有微核的嗜多染红细胞数。一个嗜多染红细胞中出现一个以上微核,仍按一个细胞计数。

4. 结果分析

根据观察统计分析嗜多染红细胞微核率,微核率以千分率表示。正常小鼠嗜多染红细胞微核率为(2.58±0.41)‰,即正常小鼠嗜多染红细胞微核率为 5‰以下,超过该值为异常。

(二)鸭跖草四分孢子微核检测

1. 诱发处理

(1)按表 3-1 在三角烧瓶中加入 Knop 培养液及相应各种浓度的处理药物或待测物质。

各处理重复 3 次，以 Knop 液作为对照。

表 3-1　诱变物质微核检测记录(MCN/100Tetrads)

处理(培养液)		重复/瓶			平均
		1	2	3	
EMS	Knop 液，50 mmol/L EMS				
	Knop 液，100 mmol/L EMS				
	Knop 液，150 mmol/L EMS				
NaN_3	Knop 液，0.2 mmol/L NaN_3				
	Knop 液，0.4 mmol/L NaN_3				
	Knop 液，0.8 mmol/L NaN_3				
DES	Knop 液，50 mmol/L DES				
	Knop 液，100 mmol/L DES				
	Knop 液，150 mmol/L DES				
Knop 液，其他待测物质					
对照 Knop 液					

(2)剪取新鲜的鸭跖草花序(长在温室中的鸭跖草都能现蕾开花，大田栽培花期也很长)，插入三角瓶(3 根/瓶)，24 ℃中光照培养 30 h。

鸭跖草的花粉母细胞在减数分裂前期对药物作用较为敏感，所以要取幼嫩的花序进行实验。各花序中间老、两边嫩，一般能找到具适合时期的花芽。

2. 取材制片(参见第一章实验 3)

分瓶收集花序以卡诺氏固定液固定 48 h 后转移到 70%乙醇中，可长期冰箱保存。

取适当大小，处于四分孢子早期的材料，改良碱性品红染色涂片观察。

3. 镜检观察与结果分析

镜检观察四分孢子及微核，统计一定数量四分孢子(100 个以上)及其中形成微核的四分孢子数；计算每 100 个四分孢子中形成微核的四分孢子数，填表并作曲线图。

(三)蚕豆根尖微核检测

1. 材料制备与处理

(1)浸种催芽：将实验用蚕豆种子按需要量放入盛有自来水的烧杯中，在 25 ℃下浸泡 24 h，此间至少换水 2 次，所换水应预温至 25 ℃。种子吸胀后，用纱布松散包裹置于瓷盘中，保持湿度，在 25 ℃恒温箱中催芽 12～24 h。待初生根长 2～3 mm 时，取发芽良好的种子，放入铺满滤纸的瓷盘中，25 ℃继续催芽，经 36～48 h，大部分初生根长至 1～2 cm，根毛发育良好，即可用于检测。

(2)用待测物处理根尖：每处理选取 6～8 粒初生根生长良好、根长一致的种子，放入盛有待测物溶液的培养皿中，浸没根尖。阳性对照可采用 CrO_3、NaN_3 或 EMS，为加强阳性效果可适当加大浓度。如 1.0 ～2.5 mol/L CrO_3，0.5～1.5 mol/L NaN_3 和 150～200 mol/L EMS 溶液。用自来水或蒸馏水作阴性对照、处理根尖 12～24 h(处理时间可视实验需要和被测液浓度而定)。

(3)根尖细胞恢复培养：处理后的种子用自来水或蒸馏水浸洗 3 次，每次 2～3 min，洗净后，再置入铺有湿润滤纸的瓷盘中，25 ℃恢复培养 22～24 h。

2. 取材、制片（参见第一章实验 1）

（1）将恢复培养后的种子，从根尖顶端，切下 1 cm 长的幼根。用卡诺氏固定液固定 24 h，固定后如果不及时制片，可换入 70%乙醇中，置于 4 ℃冰箱内保存备用。

（2）用蒸馏水浸洗 2 次，每次 5 min，吸干；加入 6 mol/L 盐酸将幼根浸没，室温下酸解 10 min，幼根软化即可。

（3）吸去盐酸，用蒸馏水浸洗 3 次，每次 1～2 min，最后浸于水中；取根置于载玻片上，截下 1～2 mm 长的根尖，滴一滴醋酸洋红染液染色 5～8 min，加盖玻片压片观察。

3. 镜检观测与结果分析

首先在低倍镜下找到分生组织区细胞分散均匀，分裂象较多的部位，再转高倍镜观察。微核大小在主核 1/3 以下，并与主核分离，着色与主核一致或稍浅，呈圆形或椭圆形。

每一处理至少观察 3 个根尖，每个根尖计数 1 000 个细胞，统计其中含微核的细胞数。根据观测结果，计算各处理与对照微核的千分率作为检测指标。并根据下述算式计算各处理的污染指数（PI）：

$$\text{污染指数}=\frac{\text{待测物处理组平均微核率}}{\text{阴性对照组平均微核率}}$$

污染指数在 0～1.5 基本没有污染；在 1.5～2 为轻度污染；在 2～3.5 为中度污染；在 3.5 以上为重度污染。

六、注意事项

各种诱发微核的处理试剂具有较强毒性，请注意使用安全，并防止污染环境。

七、思考题

（1）汇总全班数据，进行统计分析，评估待测物的污染水平。

（2）分析微核形成机制及其与染色体变异间的关系。

八、参考文献

程罗根. 遗传学概论. 北京：科学出版社，2019.

刘庆昌. 遗传学. 4 版. 北京：科学出版社，2020.

刘向东，李亚娟. 普通遗传学综合性实验. 北京：中国农业出版社，2011.

仇雪梅，王有武，雷忻. 遗传学实验. 2 版. 武汉：华中科技大学出版社，2022.

杨大翔. 遗传学实验. 3 版. 北京：科学出版社，2016.

张茂荣，黄碧捷，涂志睿，等. MCN 技术在毒性检测和环境监测中的应用研究. 绿色科技，2021，23(24)：42-45.

实验 17　植物同源多倍体的诱发与鉴定

一、实验目的

(1)了解人工诱发同源多倍体植物的原理，初步掌握秋水仙碱诱发多倍体的方法。

(2)观察同源多倍体植株(器官)形态特征与细胞学特点，初步掌握同源多倍体鉴定方法。

(3)了解同源多倍体在生物进化与植物育种中的意义。

二、实验原理

植物同源多倍性变异可能通过减数分裂与有丝分裂产生。前者可能是自然界中多倍体形成的主要途径，而人工诱发植物多倍体主要通过有丝分裂过程加倍获得，秋水仙碱是最为常用而有效的处理药剂。秋水仙碱是从百合科秋水仙属的一个种——秋水仙(*Colchicum autumnale* L.)的器官和种子中提炼出来的一种植物碱，化学分子式为 $C_{22}H_{25}NO_6$。纺锤丝的主要化学成分为蛋白质，而蛋白质分子之间由巯基形成二硫键聚合。秋水仙碱能抑制巯基，同时保持细胞活性，因此它能阻止蛋白质分子聚合，或使已构成纺锤丝的蛋白质分子间发生解聚，从而阻止分裂细胞形成纺锤丝或破坏纺锤丝。常用的有效浓度为 0.01%～1.0%，木本植物采用的浓度相对较高，可达 1.5%，而处理蔬菜或幼嫩材料等适用的浓度则较低，一般不超过 0.5%。处理方法可用水溶液浸渍、涂抹或点滴植物的分生组织，使每个复制为二的染色体不能向两极分开，同时细胞也不能分裂成两个子细胞，细胞内染色体成倍增加，形成多倍化细胞。

经加倍的细胞，如无药剂作用，仍然能进行正常的有丝分裂，由此产生的子细胞，一般来说都是多倍性细胞。从这种细胞分化而来的植株就是多倍体。由于同一组织的不同细胞有丝分裂并不同步，如果已加倍的细胞在下一次细胞分裂时再次加倍可产生更高倍数的细胞，而出现混倍性现象。由多倍体的组织分化形成的性母细胞，经减数分裂和受精结合仍产生多倍性后代。

人工诱发的同源多倍体植物主要特征为：①器官和细胞增大，如气孔、花器、花粉粒、种子、果实等部分明显增大；气孔数目减少而密度变稀；保卫细胞内叶绿体数目增加。②减数分裂过程中染色体联会分离不正常、分配不平衡，配子育性降低。

鉴定多倍体植株的方法有形态学鉴定和细胞学鉴定两种。形态学鉴定是观测叶片气孔保卫细胞、花、果实、种子的形态、花粉粒大小及育性等变异进行间接鉴定。细胞学鉴定是观测根尖、茎尖分生组织细胞染色体数目与形态结构，或花粉母细胞的染色体数目、联会配对形态。

在显微镜下观测细胞或其内含物大小时，通常需借助于目镜测微尺和镜台测微尺。一般目镜测微尺的刻度全长为 5 mm，分成 50 格或 100 格。镜台测微尺的刻度全长 1 mm，分为 100 格，每小格长度为 0.01 mm。由于使用的显微镜放大倍数不同，目镜测微尺所代表的实际长度也不同，所以使用前必须先求出目镜测微尺和镜台测微尺两者刻度间的换算值。具体方法是：在显微镜下把目镜中的目镜测微尺与放在载物台上的镜台测微尺两者的刻度线对准并重合，计数二者重合刻度线间的格数，然后按下式计算目镜测微尺每格的实际长度(μm)。

$$目镜测微尺每格(\mu m)=\frac{镜台测微尺格数\times 10}{目镜测微尺格数}$$

在使用显微镜观测标本时，移去镜台测微尺，根据目镜测微尺量出被测物体的格数，乘以换算值，即得实际长度(μm)。当变换显微镜的目镜或物镜放大倍数时，必须重新计算换算值。注意即使型号、放大倍数相同的不同台显微镜，或同一台显微镜非同一次使用，也必须分别测算其换算值。

三、实验材料

(1)玉米(*Zea mays*，$2n=20$)、大麦(*Hordeum vulgare*，$2n=14$)、黑麦(*Secale cereale*，$2n=14$)、西瓜(*Citrullus lanatus*，$2n=22$)、蚕豆(*Vicia faba*，$2n=12$)、亚洲棉(*Gossypium arboreum*，$2n=26$)等植物种子。

(2)水稻(*Oryza sativa*，$2n=24$)、大麦(*H. vulgare*)、西瓜(*C. lanatus*)等植物幼苗(或种子)，葡萄等植物植株或插条。

(3)水稻(*O. sativa*)、大麦(*H. vulgare*)、黑麦(*S. cereale*)等植物二倍体和同源多倍体的种子、叶片等植株、器官新鲜材料、标本或照片。

四、实验用品

(1)光学显微镜，目镜测微尺，镜台测微尺，恒温培养箱。

(2)剪刀，镊子，刀片，解剖针，载玻片，盖玻片，烧杯，广口瓶，培养皿，吸水纸，纱布，吸水纸等。

(3)0.05%～0.1%秋水仙碱溶液，无水乙醇，冰乙酸，1% I_2-KI 溶液，1 mol/L 盐酸，改良苯酚品红染色液，苏木精-醋酸龙胆紫(或结晶紫)，0.1%～0.2% $AgNO_3$ 等(各试剂的配制方法详见附录Ⅰ)。

五、实验方法与步骤

(一)植物根尖多倍体的诱发

(1)将供试植物种子洗净后用水浸泡 1～2 d，然后摆放在铺有湿润滤纸(或纱布)的培养皿中置于 25～28 ℃条件下发芽，芽越壮越好。当根长到 1 cm 以上时取出洗净，将水吸干。

(2)移至 0.01%～0.2%的秋水仙碱溶液中，使根部浸在药液中，根尖朝下，25 ℃条件下处理直到明显膨大为止(24～36 h)；另设一清水处理对照。处理过程中注意勿使药液干涸。

注：在处理洋葱时，必须先剪去老根，然后置于盛满水的瓶口上，待长出新的不定根后，再行处理。

(3)取出材料洗净，用卡诺氏固定液固定 1 h，以备镜检。

(二)多倍体植物的诱发

1. 种子处理(表 3-2)

(1)取蚕豆、亚洲棉等植物种子置于 0.05%～0.1%秋水仙碱溶液中(20～25 ℃)浸种 24 h，取出种子用自来水冲洗 2～3 次。

(2)将种子移至放有被 0.05%～1.0%秋水仙碱溶液润湿的吸水纸的培养皿中加盖，放入 20 ℃恒温培养箱内发芽，一般处理 2 d 就可长出幼苗。对干燥种子比浸过种的种子要多处理

1 d,种皮厚发芽慢的种子应先催芽后进行处理。由于秋水仙碱能阻碍根系发育,所以对已发芽的种子应用较低的秋水仙碱溶液处理较短的时间。

表 3-2 部分植物秋水仙碱处理诱发多倍体的方法

材料	处理部位	药剂浓度/%	处理时间	温度/℃	处理方法
黑麦	萌芽种子	0.1	3～5 h	27	用刚张口的麦芽种子浸种
小麦×黑麦	幼株	0.05	4～5 d		分蘖期中掘起幼苗,洗净根部浸于药剂中
籼稻×粳稻	幼株	0.05	10～11 d		5～6 片叶时洗净细根,在茎基用刀割一切口,不要损伤生长点
油菜	幼苗	0.5～1.0	10 d		子叶初张时滴药液于顶芽,每天 2～3 次
棉花	种苗	0.5	6 h	23～26	将种子水浸 24 h 之后,去掉种皮催芽 4 d,把种芽倒转幼根向上而嫩茎浸入药液
	幼株	0.5	6 h	23～26	将种子播于纸制营养钵中,2～3 片真叶时,将钵倒转使茎尖浸入药液
西瓜	幼苗	0.2～0.6	2～7 d		将药液滴在幼苗生长点上
马铃薯	种子	0.5			将种子放在灭过菌的盛有秋水仙碱溶液与 2% 琼脂等量混合物的培养皿中发芽,种子萌发后洗净并移植
苹果	幼枝顶芽	1.0			盆栽幼枝约高 25 cm 时,去掉小叶暴露顶芽,将秋水仙碱加入 0.65% 琼脂内,涂到芽上,保持湿润,下部副芽要去掉
甜橙	萌芽种子	0.05～0.1	72～96 h		

(3)处理后取出幼苗,用自来水缓慢冲洗以免损伤,然后将幼苗移栽到大田或盆钵内,同时播种未经处理的种子幼苗作为对照。

2. 幼苗处理

(1)水稻、大麦:取已有 5～6 片叶的水稻或大麦幼苗,洗净根部,用刀片在分蘖处割一浅伤口,然后浸入 0.05%秋水仙碱溶液中,在 20～25 ℃条件下处理 4～5 d,并保持足够的光线。处理后用水洗净幼苗进行盆栽,以未处理幼苗作对照观察比较。

(2)西瓜:先将二倍体西瓜种子浸种催芽,当胚根长到 1～1.5 cm 时,将胚根倒置于 0.2%～0.4%秋水仙碱溶液的培养皿中置于 25 ℃温度下浸渍 20～24 h,注意处理时需要用湿滤纸将根盖好,避免失水。处理后的幼苗,经水洗进行栽种或砂培。另外也可以采用田间处理幼苗的方法,即当幼苗子叶展平时,每天早晚用 0.25%或 0.4%秋水仙碱溶液滴浸生长点各一次,每次 1～2 滴,连续处理 4 d,遮阴保持湿度。以上两种方法获得四倍体西瓜,用四倍体作母本与二倍体西瓜杂交,在四倍体植株上就结出三倍体种子($3n=33$)。为了保证所结的种子是三倍体,常用具有黑条纹瓜皮色显性基因作为标记性状的 $2n$ 品种作为父本,这样在 $4n\times2n$ 的后代中,凡是长出黑条纹瓜的都是 $3n$ 植株,以区别 $4n$ 株间偶然授粉产生 $4n$ 西瓜。

3. 芽处理

选用葡萄植株或插条等果树的顶芽或腋芽生长点进行处理。将芽部固定一个蘸有 0.5%～0.7%的秋水仙碱棉球(最好外罩一塑料袋防止蒸发)连续处理 2～3 d(也可用蘸有秋水仙碱的棉球涂抹生长点)，处理后反复用清水冲洗生长点。待进一步生长后，进行观察和鉴定。

(三)多倍体鉴定

1. 植株形态特征的观察与鉴定

观察比较水稻、大麦、黑麦等植物二倍体和同源多倍体植株、穗、种子等标本或照片；比较鉴定二倍体和多倍体在形态上的主要区别。

2. 叶片气孔保卫细胞的测定

(1)保卫细胞测量：仔细撕取二倍体和同源多倍体植株的叶片下表皮，置于载玻片上，并加1～2滴1% I_2-KI溶液，盖上盖玻片。在高倍镜下用测微尺测量气孔保卫细胞的大小，分别测量10个保卫细胞的长度和宽度，取平均值。保卫细胞的形态因物种而异，双子叶植物的保卫细胞多呈肾形，单子叶植物的保卫细胞多呈哑铃形。

(2)气孔密度测定：将叶片表皮制片于显微镜下检查，计数10个视野气孔数，取平均值。用目镜测微尺量出视野直径，按公式 $S=\pi r^2$ 计算视野面积，得每平方毫米叶面积的气孔数。

(3)保卫细胞内叶绿体数目测定：取叶片下表皮于载玻片上，滴加 $AgNO_3$ 溶液，数秒后加盖玻片，在显微镜下观测保卫细胞内的叶绿体数目。

3. 花粉粒鉴定

取新鲜或已固定的二倍体和同源多倍体植株花蕾或颖花，以花粉涂抹于载玻片上，加1～2滴1% I_2-KI溶液，盖上盖玻片。镜检观察花粉粒的形态和大小是否整齐，有无畸形。测量10～20个花粉粒直径的数值，取平均值。

4. 细胞学观察与鉴定

将秋水仙碱处理和对照材料的根尖固定，按根尖压片法(参见实验1)进行解离、染色、制片。镜检进行染色体数目鉴定。

取二倍体和同源多倍体植株的花蕾或幼穗分别固定(或取已固定材料)，采用压片或涂抹制片(参见第一章实验3)。镜检进行染色体计数及染色体联会配对行为的观察。

六、注意事项

秋水仙碱为剧毒药品，具有强烈的致癌作用，在使用过程中应严格按实验室安全规程进行操作，废液应经专门回收处理以免造成环境污染。

七、思考题

(1)观察比较二倍体与多倍体在植株(器官)形态特征上的主要区别。

(2)观察比较多倍体和正常二倍体保卫细胞大小、气孔密度、保卫细胞内叶绿体数目以及花粉粒大小等特征。

(3)观察蚕豆根尖中期分裂细胞，记载其中染色体加倍及未加倍的细胞数目，综合全班(组)结果，测算秋水仙碱诱发多倍体细胞的频率。

(4)绘制你所观察到的能够计数染色体数目的多倍性细胞图像。

(5)秋水仙碱处理为什么会产生组织中细胞的混倍性(或细胞嵌合)现象?

八、参考文献

程罗根. 遗传学概论. 北京：科学出版社，2019.

刘庆昌.遗传学.4版.北京:科学出版社,2020.

刘向东,李亚娟.普通遗传学综合性实验.北京:中国农业出版社,2011.

仇雪梅,王有武,雷忻.遗传学实验.2版.武汉:华中科技大学出版社,2022.

杨大翔.遗传学实验.3版.北京:科学出版社,2016.

杨祥波,刘湘竹,曾宪伟,等.同源四倍体水稻的诱导研究.北方水稻,2019,49(6):27-29.

张美华,李慧敏,莫干辉,等.秋水仙素在诱导我国果树多倍体的应用研究进展.农业研究与应用,2023,36(1):7-15.

第四章
数量性状遗传与群体遗传分析基础

背景知识

一、数量性状及其基本遗传特征

在遗传学中，通常把生物的性状分为质量性状(qualitative trait) 和数量性状(quantitative trait)两大类。质量性状的变异表现为不连续变异，在杂种后代分离群体中，不同个体的性状表现为类别的差异，类别之间有明确的界限，类与类间无过渡类型，不易受环境条件影响。例如孟德尔的遗传实验中研究的豌豆的7对相对性状，小麦的有芒和无芒，稻米的糯与非糯等。

数量性状变异是连续的，各种变异只能以数量来表述，如植株的高度、生育期的长短、成熟期、百粒重、千粒重、单株产量等。数量性状在一个自然群体或杂交后代分离群体内，不同个体的性状表现为连续变异，很难明确分组，求出不同组之间的比例，所以不能用分析质量性状的方法分析数量性状，要借助统计学方法对这些性状进行分析，才能研究它们的遗传规律。数量性状的遗传要比质量性状复杂得多，它是由多基因控制的。据研究，控制玉米种子重量的基因有4～5对，控制玉米种子油分的基因有20对，控制玉米种子蛋白质含量的基因在20对以上。而且数量性状普遍存在基因型与环境的互作，它们的表现容易受环境的影响。同一品种在不同环境条件下，数量性状的表现会有很大的差别。因此，在研究数量性状的遗传时，往往要分析多对基因的遗传表现，并要特别注意环境条件的影响。

由于作物的许多经济性状多为数量性状，品种改良的重心是对数量性状的改良。因此，研究数量性状的遗传规律对作物育种具有非常重要的意义。

二、数量遗传研究的基本统计方法

研究数量性状一般要先对群体中每个个体的研究性状进行测量、称量或度量，然后进行统计学分析。常用的统计数有平均数和方差。

平均数反映的是数据资料集中性的特征数，通常使用的是算术平均数。计算公式如下：

$$\bar{x}=\frac{x_1+x_2+\cdots+x_i+\cdots+x_n}{n}=\frac{\sum x_i}{n}$$

式中，$\bar{x}$ 为样本平均数，x_i 为观测数据，n 为各个世代内抽样的个体数。

如果资料中存在数值相同的观测值，可用以下公式计算：

$$\bar{x}=\frac{f_1x_1+f_2x_2+\cdots+f_ix_i+\cdots+f_nx_n}{f_1+f_2+\cdots+f_n}=\frac{\sum f_ix_i}{\sum f_i}$$

式中，x_i 为每一类观测值，f_i 为该类观测值对应的个体数。

方差反映的是数据资料的离中性或变异性的特征数。计算公式如下：

$$V=\frac{\sum(x-\bar{x})^2}{n-1}\text{ 或 }V=\frac{\sum x^2-\frac{\left(\sum x\right)^2}{n}}{n-1}$$

当抽取的个体数 $n>30$ 时属于大样本，可用 n 代替上式中的分母 $n-1$。

三、性状加性-显性遗传模型与群体变异分析

1. 数量性状的加性-显性模型

在分析数量性状时，个体表型值（phenotype value，P）是个体的基因型值（genotypic value，G）在一定条件下的实际表现，是基因型与环境共同作用的结果。如果基因型与环境各自独立作用于表型，没有相互作用，个体表型值可用基因型值与环境离差（environmental deviation，E）之和表示：

$$P=G+E$$

基因型值是在表型值中由基因型决定的相应数值，是某一特定基因型所授予数量性状的特定值。环境离差指环境变化引起的表型值的变化。一般认为 E 为随机变量，做正态分布，其期望值 $E(E)=0$，即群体足够大时，正、负两方面环境作用的概率相等，环境离差为零。所以对于由同一种基因型组成的群体来说，在大量测定的情况下，其表型值的平均等于其基因型值。

基因型值还可以进一步剖分为加性效应（additive effect，A）、显性效应（dominance effect，D）和上位性效应（epistatic effect，I），即 $G=A+D+I$。

加性效应指基因位点内等位基因和非等位基因的累加效应，被认为是上下代遗传中可以固定的分量。显性效应指基因位点内等位基因之间的互作，属于非加性效应组成部分。它是能遗传而不能固定的遗传因素。上位性效应指非等位基因之间的相互作用对基因型值所产生的效应，也属于非加性效应。

将基因型值分解为加性效应和显性效应的模型称为加性-显性模型，这是数量性状描述最简单、最基本的模型。用一个模型来说明一对基因 A-a 的加性效应和显性效应。一个位点上一对基因 A-a 在群体中可形成 AA、Aa 和 aa 3 种基因型（用 AA 表示高值亲本 P_1、aa 表示低值亲本 P_2），用 $\bar{p}_1$ 表示 $P_1(AA)$ 的平均表现，$\bar{p}_2$ 表示 $P_2(aa)$ 的平均表现，$\bar{F}_1$ 表示 $F_1(Aa)$ 的平均表现。令 m 为中亲值，$m=\frac{1}{2}(\bar{P}_1+\bar{P}_2)$，亲本与中亲值的距离为 a 或者说 a 为高值亲本与低值亲本之差的一半。杂合体 F_1 与中亲值的离差为 d。把 AA 或 aa 的基因型值与中亲值之差 a 称作加性效应。把 Aa 基因型值与中亲值之差 d 称作显性效应。杂合体 Aa 在模型上的

位置不固定，它会随着 A-a 显性程度的不同而不同，其值可正可负（图 4-1）。无显性时，$\bar{F}_1=m$，$d=0$；部分显性时，$|d|<|a|$；完全显性时 $|d|=|a|$；超显性时 $|d|>|a|$。

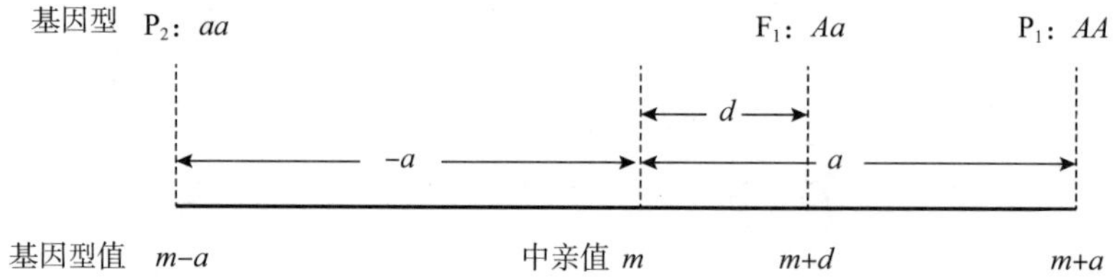

图 4-1　一对基因 *A-a* 的加性-显性效应模型示意图

如果涉及多对等位基因，把各位点基因型的加性效应值的代数和 $[a]=\sum a_+-\sum a_-$ 称为该基因型的加性效应，显性效应是各位点上基因型的显性效应值的代数和 $[d]=\sum d$。基因型值是各种基因效应的总和。其公式为 $G=A+D$，表型值相应为 $P=A+D+E$。

2. 群体变异的分解

数量性状的遗传分析是以变异为中心进行的。所以除了要估算代表群体集中性的平均数外，还要估算描述其变异性的方差。我们知道，表型是基因型与环境互作的结果。如不考虑基因型值与环境效应之间的相互影响，表型方差（V_P，phenotypic variance）可分解为基因型方差（V_G，genotypic variance）和环境方差（V_E，environmental variance）两个部分：

$$V_P=V_G+V_E$$

基因型方差可进一步分解为加性方差 V_A、显性方差 V_D、上位性方差 V_I 3 个组成部分。加性方差是指等位基因间和非等位基因间的累加作用引起的变异量。显性方差是指等位基因间相互作用引起的变异量。上位性方差是指非等位基因间的相互作用引起的变异量。因此基因型方差可以表示为：$V_G=V_A+V_D+V_I$，表型方差可进一步表示为：$V_P=V_A+V_D+V_I+V_E$，若以加性-显性模型（$P=A+D+E$）为基础，那么 $V_P=V_A+V_D+V_E$。

在数量性状的遗传分析中常常会用到 P_1、P_2、F_1、B_1、B_2 和 F_2 6 个世代的群体，P_1 和 P_2 为亲本群体，两个亲本杂交得到杂种一代 F_1，F_1 与 P_1 回交得到 B_1，F_1 与 P_2 回交得到 B_2，F_1 自交得到 F_2。群体 P_1 和 P_2 中各个个体的基因型是纯合一致的，杂种一代 F_1 群体的各个个体基因型是杂合一致的。P_1、P_2 和 F_1 这 3 个群体称为不分离群体。不分离世代群体内个体间无遗传差异，群体内个体间的表型差异是由环境引起的。因此，可用不分离世代的表型方差来估算环境方差 V_E，于是 $V_{P_1}=V_E$、$V_{F_1}=V_E$、$V_{P_2}=V_E$。也可用三者的平均值来计算，即：$V_E=\frac{1}{3}(V_{P_1}+V_{F_1}+V_{P_2})$。

F_2 群体为分离群体，假定一对等位基因，其 F_2 的遗传组成为 $\frac{1}{4}AA+\frac{1}{2}Aa+\frac{1}{4}aa$，群体的平均值为 $\frac{1}{4}a+\frac{1}{2}d+\frac{1}{4}(-a)=\frac{1}{2}d$，所以 F_2 群体的基因型方差为：

$$V_{GF_2}=\frac{1}{4}\left(a-\frac{1}{2}d\right)^2+\frac{1}{2}\left(d-\frac{1}{2}d\right)^2+\frac{1}{4}\left(-a-\frac{1}{2}d\right)^2=\frac{1}{2}a^2+\frac{1}{4}d^2$$

如果研究性状受多对基因控制，这些基因效应可累加，基因间不连锁、无互作，那么 F_2 群体的基因型方差为：

$$V_{GF_2} = \frac{1}{2}\sum a^2 + \frac{1}{4}\sum d^2 = \frac{1}{2}V_a + \frac{1}{4}V_d$$

F_2 群体的表型方差为 $V_{F_2} = \frac{1}{2}V_a + \frac{1}{4}V_d + V_E$，$F_2$ 的环境方差也可依据其遗传组成估算 $V_E = \frac{1}{4}V_{P_1} + \frac{1}{2}V_{F1} + \frac{1}{4}V_{P_2}$。

同理，两个回交群体 B_1 和 B_2 的遗传组成分别为 $\frac{1}{2}AA + \frac{1}{2}Aa$ 和 $\frac{1}{2}Aa + \frac{1}{2}aa$，群体平均值分别为 $\frac{1}{2}(a+d)$ 和 $\frac{1}{2}(-a+d)$，

B_1 群体的基因型方差 $V_{GB_1} = \frac{1}{2}a^2 + \frac{1}{2}d^2 - \frac{1}{4}(a+d)^2 = \frac{1}{4}a^2 - \frac{1}{2}ad + \frac{1}{4}d^2$

B_2 群体的基因型方差 $V_{GB_2} = \frac{1}{2}a^2 + \frac{1}{2}d^2 - \frac{1}{4}(-a+d)^2 = \frac{1}{4}a^2 + \frac{1}{2}ad + \frac{1}{4}d^2$

多位点无互作时，$V_{GB_1} + V_{GB_2} = \frac{1}{2}a^2 + \frac{1}{2}d^2 = \frac{1}{2}V_a + \frac{1}{2}V_d$

两个回交群体的表型方差之和：$V_{B_1} + V_{B_2} = \frac{1}{2}V_a + \frac{1}{2}V_d + 2V_E$

四、群体遗传分析基础

生物的每个物种都是以相对稳定遗传的群体方式存在的。遗传上的群体是指有交配关系的个体所构成的有机集合体，而不是一般个体的简单集合。它往往指生物的一个种，一个包含变异的品种或品种群，甚至一些杂交后代的特定世代。

1. 基因频率和基因型频率

基因频率和基因型频率是群体遗传组成的基本标志，在不同的群体中，相同基因的频率往往会不同，它们的变化决定了群体的遗传结构的改变。

基因型频率(genotype frequency)是指群体内某特定基因型个体占个体总数的比率。

基因频率(alleles frequency)是指某位点的某特定基因在其群体中占该位点基因总数的比率。

以一个二倍体生物，某个位点上含有两个等位基因 A-a 为例，在群体中会形成 AA、Aa 和 aa 三种基因型的个体。若 A 基因在群体出现的频率为 p，a 基因在群体出现的频率为 q；基因型 AA 在群体出现的频率为 D，基因型 Aa 在群体出现的频率为 H，基因型 aa 在群体出现的频率为 R。那么基因频率和基因型频率有如下关系式：

$$p = D + \frac{1}{2}H \qquad q = R + \frac{1}{2}H$$

2. 哈迪-温伯格(Hardy-Weinberg)定律

英国数学家 Hardy 和德国医生 Weinberg 经过各自独立的研究同时于 1908 年发现了基因频率与基因型频率的重要规律，称为 Hardy-Weinberg 定律，它是群体遗传学和数量遗传学

的一个重要理论基石。

在自然界，无论动植物一种性别的任何一个个体有同样的机会与其相反性别的任何一个个体交配，这种交配称为随机交配。在一个大的随机交配群体中，如果没有改变群体基因频率的因素(突变、迁移和选择)的干扰，群体的基因频率和基因型频率将保持不变，这个群体就被称为处于平衡状态中。即不论原初群体中的 D、H 和 R 为何值，经一代随机交配，群体组成即达到遗传平衡，具有 $D=p^2$，$H=2pq$，$R=q^2$；以后的随机交配世代，D、H 和 R 都保持不变。

实验 18 性状遗传率估算与杂种优势测定

一、实验目的

(1)理解数量性状遗传率(heritability)的意义和杂种优势的概念。

(2)掌握遗传率和作物杂种优势的估算方法。

(3)能够以 6 个世代的性状数据表为对象,估计性状的遗传率、测定性状杂种优势。

(4)熟练运用数量性状遗传分析的基本方法。

二、实验原理

1. 遗传率

遗传率(heritablity)是表示数量性状遗传过程中遗传决定和环境影响相对重要性的数量指标,是遗传方差与非遗传方差的相对重要性,对制定育种方案有重要指导意义。遗传率的概念和应用是数量遗传学对动植物育种最重要的贡献之一。

遗传率的概念有广义遗传率和狭义遗传率之分。

广义遗传率(broad-sense heritability)是指基因型方差在总的表型方差中所占的比例,以 h_B^2 表示。

$$广义遗传率\ h_B^2=\frac{基因型方差}{表型方差}\times 100\%=\frac{V_G}{V_P}\times 100\%$$

狭义遗传率(narrow-sense heritability),即基因加性方差在总的表型方差中所占的比例,以 h_N^2 表示。

$$狭义遗传率\ h_N^2=\frac{加性方差}{表型方差}\times 100\%=\frac{V_A}{V_P}\times 100\%$$

加性效应是从基因效应中剔除显性效应和上位效应后剩余的部分,在世代传递中是可以稳定遗传的,因此狭义遗传率在育种上具有重要意义。

遗传率的高低是性状本身的特征,有的性状遗传率高,有的性状遗传率低。一般而言,株高、抽穗期、开花期、成熟期、每荚粒数、油分、蛋白质含量和棉花衣分等性状具有较高的遗传率;千粒重、抗倒伏性、分指数、主茎节数和每穗粒数等性状具有中等的遗传率;穗数、穗长、行粒数、每株荚数以及产量等性状的遗传率较低。对于遗传率比较高的性状,可在杂种早期世代进行选择;对于遗传率比较低的性状,则要在高世代进行选择才能得到较好的选择效果。同时遗传率又是群体的特征,由于遗传率是方差的比值,而 V_G、V_A、V_D 均受群体遗传组成的影响,不同的群体其基因频率不同,因而同一性状在不同群体中遗传率是变化的。

2. 杂种优势

杂种优势(heterosis)是指两个遗传组成不同的亲本杂交产生的杂种第一代,在生长势、生活力、繁殖力、抗逆性、产量和品质等方面比其双亲优越的现象。

杂种优势是生物界的一种普遍现象,凡是能进行有性繁殖的生物,都能见到杂种优势现象，较多的见于种内不同品种（品系）间的 F_1 代，但在种间也可能发生。同时杂种优势又是一种非常复杂的生物学现象，它的表现受双亲基因互作和与环境条件互作的影响。并不是任何两个亲本杂交产生的杂种或者杂种的所有性状都表现优势，有些杂种与亲本水平相当，无明显优势；有些不但没有优势，甚至还表现劣势。

关于杂种优势的理论很多，主要包括显性假说（dominance hypothesis）和超显性学说（overdominance hypothesis）两种。显性假说由 Bruce 于 1910 年首先提出，1917 年 Jones（1890—1963 年）又进行补充完善的。这一假说的基本论点是：杂交亲本的显性基因大都是有利于生物的生长发育的，而隐性基因则一般都对生物的生长发育产生不利影响；通过杂交，使双亲的显性基因全部集中在杂种里，杂种优势是对生物生长发育有利的显性基因之间相互补充的结果；由于显性基因的效应遮盖了隐性基因的不利作用，所以生物在总体性状上表现出超过双亲的生长发育和生理功能方面的优势。超显性假说又称为等位基因异质结合假说，是 1908 年由 G. H. Shall 提出的，受到 East 和 Hull 等的支持。超显性假说的基本论点是：杂合等位基因间以及非等位基因之间，是复杂的互作关系，而不是显、隐性关系。杂合等位基因间的互作比纯合等位基因的作用大。杂种优势是由双亲杂交的 F_1 基因型的异质结合所引起的等位基因间相互作用的结果。F_1 中处于杂合状态的位点越多，生物在生长发育和生理功能方面所体现的杂种优势就越大。显性学说和超显性学说都能找到有利证据，都在一定程度上解释了杂种优势产生的原理。但是这两种学说对杂种优势现象的解释都不够完善。这两个假说都只考虑了细胞核基因互作，没有涉及母本细胞质基因及核质基因间的关系。实际上许多正反交实验说明，细胞质的效应有时是相当明显的。

此外，关于杂种优势的解释还有上位性假说、核质互补假说和遗传平衡假说等。在生理生化水平上，发现线粒体互补、叶绿体互补以及杂种酶与杂种优势有关。因此，杂种优势的遗传学机制还有待于进一步分析。

杂种优势具有如下特点：①杂种优势并不是某一两个性状所单独体现出来的，而是整个生物体的许多性状的综合表现突出。②杂种优势的大小，大多数都取决于双亲性状之间的相对差别和相互补充效应。基本规律是，在一定的范围内，杂交体系中双亲之间在亲缘关系、生态类型和生理特性方面的差异越大，它们之间相对性状的优劣性就能够彼此给予补偿，所获得的差异就小，其相对性状的优劣性不能有效互补，杂交品种（品系）的优势就较弱。③生物杂种优势的大小与双亲基因型组成方面的高度纯合也具有密切的关系，与环境条件的综合作用也分不开。

本实验以两种最常见的农作物——小麦和玉米为研究材料，进行杂交实验研究。通过小麦抽穗期和玉米籽粒含油量的调查，得到数据，计算遗传率并分析和评估杂种优势。

三、实验材料

（1）为研究玉米（*Zea mays* L.，$2n=20$）籽粒含油量的遗传，以 P_1 和 P_2 两个玉米自交系杂交获得杂种一代 F_1，F_1 与 P_1 回交得到 B_1，F_1 与 P_2 回交得到 B_2，F_1 自交得到 F_2，将 P_1、P_2、F_1、B_1、B_2 和 F_2 6 个世代的种子完全随机实验设计种于田间，收获后测定各世代籽粒含油量（%），得到表 4-1 中的数据。

表 4-1 玉米各世代籽粒含油量

世代	平均籽粒含油量 $\bar{x}$/%	表型方差 V_P
P_1	15.96	1.97
P_2	1.13	0.21
F_1	8.47	1.27
F_2	9.17	54.30
B_1	14.33	26.70
B_2	12.84	37.70

(2)为研究小麦(*T. aestivum*, $2n=6x=42$)抽穗期的遗传，以两个小麦品种(品系)为亲本 P_1 和 P_2，杂交获得杂种一代 F_1，F_1 与 P_1 回交得到 B_1，F_1 与 P_2 回交得到 B_2，F_1 自交得到 F_2。将 P_1、P_2、F_1、B_1、B_2 和 F_2 6 个世代的种子完全随机实验设计种于田间，从某一选定日期开始，调查抽穗日期，得到各世代的抽穗期，如表 4-2 所示。

表 4-2 小麦各世代的抽穗期

世代	平均抽穗日期 $\bar{x}$	表型方差 V_P
P_1	13.0	11.04
P_2	27.6	10.32
F_1	18.5	5.24
F_2	21.2	40.35
B_1	15.6	17.35
B_2	23.4	34.29

四、实验用品

计算器或计算机。

五、实验方法与步骤

(一)遗传率的估算

1. 广义遗传率的估算

在估算 F_2 的广义遗传率时，可采取不分离(基因型一致)世代(P_1、P_2 和 F_1 群体)表型方差均数作为其环境方差：

$$V_E = \frac{1}{4}V_{P_1} + \frac{1}{2}V_{F_1} + \frac{1}{4}V_{P_2}$$

因此

$$h_B^2 = \frac{V_{GF_2}}{V_{F_2}} \times 100\% = \frac{V_{F_2} - V_E}{V_{F_2}} \times 100\% = \frac{V_{F_2} - (\frac{1}{4}V_{P_1} + \frac{1}{2}V_{F_1} + \frac{1}{4}V_{P_2})}{V_{F_2}} \times 100\%$$

2. 狭义遗传率的估算

F_2狭义遗传率的估算，可以利用两个回交一代(B_1和B_2)和F_2代的表型数据。

$$h_N^2 = \frac{V_{AF_2}}{V_{F_2}} \times 100\% = \frac{2V_{F_2} - (V_{B_1} + V_{B_2})}{V_{F_2}} \times 100\%$$

(二)杂种优势的测定

1. 杂种一代优势程度的估计

针对数据表中的数据，套用下列运算公式，分别计算玉米和小麦杂交一代(F_1)的杂种优势程度。

(1)中亲优势：杂种一代平均值(F_1)超过双亲平均值(MP)的百分率。

$$中亲优势(\%) = \frac{F_1 - MP}{MP} \times 100\%$$

(2)超亲优势：杂种一代平均值(F_1)超过双亲中较好亲本的平均值(HP)百分率。

$$超亲优势(\%) = \frac{F_1 - HP}{HP} \times 100\%$$

有些性状在F_1可能表现出超低值亲本(LP)的现象，成为负向的超亲优势。

$$负向超亲优势(\%) = \frac{F_1 - LP}{LP} \times 100\%$$

计算后可将杂种优势归为4类：当F_1值大于HP值时，称为超亲优势；当F_1值小于HP值而大于MP值时，称为中亲优势或部分优势；当F_1值小于MP值而大于LP值时，称为负向中亲优势或负向部分优势；当F_1值小于LP值时，称为负向超亲优势或完全负向优势。

2. 杂种显性度的度量

(1)势能比：表示显性程度相对大小的参数，指一对杂合基因的显性效应d与一对纯合基因的加性效应a的比值。

假定在个体中所有基因对的a值大小相等，而且方向相同，同时各杂合基因对的作用值d也大小相等且方向相同，则势能比可以下列公式计算：

$$势能比 = \frac{[d]}{[a]} = \frac{md}{ma} = \frac{\sum d}{\sum a} = \frac{\bar{F}_1 - \frac{1}{2}(\bar{P}_1 + \bar{P}_2)}{\frac{1}{2}(\bar{P}_1 + \bar{P}_2)}$$

式中，m表示基因的对数；$[d]$表示各基因显性效应之和；$[a]$表示各基因加性效应之和；$\bar{P}_1$和$\bar{P}_2$分别表示亲本平均值。

分析：①势能比在±0.05～±0.5，表示无显性；②势能比在±0.6～±0.95，表明为正负部分显性；③势能比在±0.96～±1.05，表明为正负完全显性；④势能比＞＋1.06或势能比＜－1.05，表示为正负超显性。

(2)平均显性度：测定势能比时的两个条件为a值大小相等、方向相同，同时d值也大小相等、方向相同。一般是不能很好满足的。如果各个d的方向不同，则$\sum d$有可能等于零，因而势能比为零，但这是正负抵消的结果，不能说明没有显性效应；同理，$\sum a$ 也可能等于零，使得势能比为零，这是不合逻辑的。为此，设计了如下估算公式来求平均显性度：

$$\text{平均显性度} = \sqrt{\frac{\sum d^2}{\sum a^2}} = \sqrt{\frac{V_d}{V_a}}$$

其中可根据 P_1、P_2、F_1、F_2、B_1 和 B_2 的表型值，按如下公式计算。

$$V_a = 2V_{AF_2} = 2 \times [2V_{F_2} - (V_{B_1} + V_{B_2})]$$

$$V_d = 4(V_{GF_2} - \frac{1}{2}V_a) = 4\left(V_{F_2} - V_E - \frac{1}{2}V_a\right) = 4\left[V_{F_2} - \left(\frac{1}{4}V_{P_1} + \frac{1}{2}V_{F_1} + \frac{1}{4}V_{P_2}\right) - \frac{1}{2}V_a\right]$$

分析：①平均显性度＝0，表示无显性；②0＜平均显性度＜1，表明部分显性；③平均显性度＝1，表明完全显性；④平均显性度＞1，表明超显性。

显性与优势实际上是生物同一种遗传现象的不同程度的表现，显性度的衡量对于分析作物遗传基因的性质和育种价值具有重要意义。

六、思考题

(1)广义遗传率和狭义遗传率的区别和所反映的实际指标是什么？

(2)广义遗传率和狭义遗传率哪个能更准确地表达性状遗传的可能性？

(3)什么是杂种优势？影响杂种优势大小的因素有哪些？

七、参考文献

刘庆昌. 遗传学. 4 版. 北京：科学出版社，2020.

王建康，李慧慧，张鲁燕. 基因定位与育种设计. 2 版. 北京：科学出版社，2020.

王建康. 数量遗传学. 北京：科学出版社，2017.

肖层林，张海清，麻浩. 植物杂种优势原理与利用. 北京：高等教育出版社，2015.

祝水金. 遗传学实验指导. 3 版. 北京：中国农业出版社，2018.

Dukamo B H, Gedebo A, Tesfaye B, et al. Genetic diversity of Ethiopian durum wheat (*T. turgidum* subsp. *durum*) landraces under water stressed and non stressed conditions. Heliyon, 2023, 9(7): e18359.

Fang C, Wang Z, Wang P, et al. Heterosis derived fromnonadditive effects of the BnFLC homologs coordinates early flowering and high yield in rapeseed (*Brassica napus* L.). Front Plant Sci. 2022, 15(12): 798371.

Rasheed A, Ilyas M, Khan T N, et al. Study of genetic variability, heritability, and genetic advance for yield-related traits in tomato (*Solanum lycopersicon* MILL.). Front Genet. 2023, 4(13): 1030309.

实验 19　群体遗传平衡与基因频率测算

一、实验目的

(1)理解孟德尔群体遗传平衡的含义。

(2)掌握遗传平衡群体基因频率、基因型频率的估算方法和群体遗传平衡检验的条件。

(3)能够分析参试群体的遗传平衡状态。

二、实验原理

假设二倍体生物某一位点有一对等位基因 A 和 a,A 基因在群体出现的频率为 p,a 基因在群体出现的频率为 q;基因型 AA 在群体出现的频率为 D,基因型 Aa 在群体出现的频率为 H,基因型 aa 在群体出现的频率为 R。那么在一个随机交配群体中,基因频率和基因型频率的关系是:$D=p^2$,$H=2pq$,$R=q^2$。1908 年,英国数学家 Hardy 和德国医生 Weinberg 分别独立证明了这一事实:在一个不发生突变、迁移和选择的无限大的随机交配群体中,基因频率和基因型频率在世代繁衍中将保持恒定,这就是 Hardy-Weinberg 平衡定律。无论一个基因位点具有几个等位基因,它们在群体中都遵循 Hardy-Weinberg 定律所描述的遗传组成变化规律。这说明任何一物种的所有个体,只要能随机交配,基因频率很难发生变化,物种能保持相对稳定性。

人类的很多性状在婚配时是不进行选择的,所以对这些性状而言,人类是随机交配的群体。根据遗传平衡定律,可以对人类群体进行基因频率的分析,从而了解不同民族的基因频率和基因型频率以及控制不同性状的基因的分布情况。

人类性状的遗传可以分为单基因控制和多基因控制两大类。为调查和计算方便,在本实验中我们只研究单基因控制的性状。

1. 常染色体上的一对等位基因控制的性状

人类常染色体上单基因性状遗传的实例见表 4-3。

表 4-3　人类常染色体上单基因性状遗传的实例

性状	显性	隐性
耳垂	与脸颊分离	紧贴脸颊
卷舌状	能	不能
眼睑形状	有皱褶(双眼皮)	无皱褶(单眼皮)
发式	卷发	直发
发旋	逆时针方向	顺时针方向
酒窝	有	无
拇指弯曲	挺直	拇指第一节向指背弯曲
美人尖	有	无
多指(趾)症	六指(趾)	五指(趾)

续表 4-3

性状	显性	隐性
白化症	正常肤色	皮肤白化
习惯用手	惯用右手	惯用左手

对于这些性状，群体达到平衡状态时，群体中隐性性状个体的频率为 $R=q^2$，显性性状个体的频率为 $D+H=p^2+2pq$。

2. 常染色体上一个位点上的复等位基因控制的性状

人类的 ABO 血型由一个位点上的 3 个复等位基因：I^A、I^B 及 i 控制，其中 I^A 和 I^B 分别对 i 为显性。基因型为 I^AI^A 或 I^Ai 者，血型为 A 型；基因型为 I^BI^B 或 I^Bi 者，血型为 B 型；基因型为 ii 者，血型为 O 型；基因型为 I^AI^B 者，血型为 AB 型。

在 ABO 血型系统中，A 抗原只能和抗 A 结合，B 抗原只能和抗 B 结合。因此，可以利用已知的 A 型标准血清（抗 B 血清）和 B 型标准血清（抗 A 血清）对未知血型进行鉴定，这就是最基本的验血方法。如果某种血液的红细胞在 A 型标准血清中发生了凝集反应，则这种血液就是 B 型血；如果血液里的红细胞在 B 型标准血清中发生了凝集反应，则这种血液就为 A 型血；在两种标准血清中均发生凝集反应者为 AB 型血，相反，在两种标准血清中均不发生凝集反应，就是 O 型血。

若人群中 I^A 的频率为 p，I^B 的频率为 q，i 的频率为 r，那么在平衡群体中 A 型的基因型频率为 p^2+2pr，B 型为 q^2+2qr，AB 型为 $2pq$，O 型为 r^2。

3. X 染色体上的伴性遗传基因控制的性状

人类性染色体上单基因性状遗传的实例见表 4-4。

表 4-4　人类性染色体上单基因性状遗传的实例

性状	显性	隐性
红绿色盲	正常	无法区别红绿两色
食指长短	较无名指长	较无名指短
血友病：缺少凝血因子出血不容易止住	正常	容易出血不止

对 X 染色体上基因控制的性状进行分析时，要把人类群体分成男性和女性两个小群体进行。男性中显性基因频率 p_X 等于显性基因型频率，隐性基因频率 q_X 等于隐性基因型频率，而女性群体中基因型频率和基因频率的关系与常染色体上一样，$p_{XX}=D+1/2H$，$q_{XX}=R+1/2H$。群体达到平衡状态的标志是 $p_X=p_{XX}$，$q_X=q_{XX}$。

本实验对参与实验的全体人员的下列性状进行调查：耳垂、卷舌、眼睑、发式、发旋、色盲、食指长短、ABO 血型。根据所调查的实际数据，先分别计算出控制所研究的各性状的等位基因频率和基因型频率，然后运用遗传平衡定律对该实验人群做进一步的群体遗传学分析。

三、实验材料

参试人群的各种相关性状。

四、实验用品

1. 器具

双凹载玻片，滴管，记号笔，采血针，吸管，棉球，小离心管，牙签，显微镜，色盲测试卡，计算机。

2. 药品

A 型血和 B 型血标准血清，70%乙醇，0.9%生理盐水等。

五、实验方法与步骤

1. 耳垂性状的群体遗传分析

耳垂性状受单基因座(F-f)的控制：有耳垂为显性性状(基因型为 FF 或 Ff)，记为[F]；无耳垂为隐性性状(基因型为 ff)，记为[f]。

统计本次实验所有参与者的耳垂性状测试结果，并据此计算基因频率。

2. 卷舌性状的群体遗传分析

卷舌性状受单基因座(T-t)的控制：能够将舌的两侧在口腔中向上卷起呈“U”状者称为“卷舌者”，受显性基因 T 控制，表型记为[T]；不能将舌的两侧在口腔中向上卷起呈“U”状者称为“非卷舌者”，对应于隐性基因纯合型 tt，表型记为[t]。

统计本次实验所有参与者的卷舌性状测试结果，并据此计算基因频率。

3. 眼睑性状的群体遗传分析

对眼睑性状的遗传方式的报道还不确定，相应基因和性状的关系还有争议。一般认为，眼睑性状也受单基因座(E-e)的控制，其中双重睑(俗称“双眼皮”)受显性基因控制，为显性性状，记为[E]；而单重睑(俗称“单眼皮”)为隐性性状，记为[e]。

统计本次实验所有参与者的眼睑性状测试结果，并据此计算基因频率。

4. 发式性状的群体遗传分析

人类的发式有卷发和直发两种基本类型，受单基因座位(H-h)的控制。其中直发为隐性性状，记为[h]；而卷发则是显性性状，记为[H]。

统计本次实验所有参与者的发式性状测试结果，并据此计算基因频率。

5. 发旋性状的群体遗传分析

发旋性状指的是在人的头顶稍后方的中线处有一螺旋纹，其螺旋的方向受单基因(A-a)的控制：螺纹旋向为顺时针方向是显性性状，记为[A]；螺纹旋向为逆时针方向是隐性性状，记为[a]。

统计本次实验所有参与者的发旋性状测试结果，并据此计算基因频率。

6. 色盲性状的群体遗传分析

红绿色盲为伴性遗传病，表现为患者不能区分红色和绿色。决定此病的红绿色盲基因是隐性的，位于 X 染色体。男性患者的基因型为 X^cY，而女性患者的基因型为 X^cX^c，女性基因型为 X^CX^c、X^CX^C 表现为正常。用红绿色盲测定卡测试所有参试者。

统计本次实验所有参与者的红绿色盲性状测试结果，据此分别计算男性群体色盲基因频率 q_X 和女性群体中的色盲基因频率 q_{XX}，如果 $q_X = q_{XX}$ 则该群体是一个遗传平衡群体。

7. 食指长短性状的群体遗传分析

食指与无名指之间的长短关系也表现为伴性遗传，控制基因位于 X 染色体上。食指短于无名指是隐性性状，食指长于无名指是显性性状。检查的方法是在白纸上画一横线，手掌向下放于纸上，使中指尖方向与横线垂直，无名指尖与横线相齐，看此时食指指尖是在横线的上方还是下方。

统计本次实验所有参与者的食指长短测试结果。据此分别计算男性群体中食指短于无名的基因频率 q_{X} 和女性群体中的该基因频率 q_{XX}，并判断群体是否遗传平衡群体。

8. ABO 血型的检测群体遗传分析

(1)准备标准血清：取一洁净的双凹载玻片，在其两端分别用记号笔标记："A"和""B"以及受试者的姓名。然后分别用洁净的吸管吸取 A 型标准血清和 B 型标准血清各 1 滴，滴入相应的凹槽内。

(2)采集血样：用 70%乙醇棉球对耳垂或无名指末端进行消毒，待乙醇干后用无菌采血针刺破皮肤，用无菌吸管取血液一滴加入盛有 0.3～0.5 mL 0.9%生理盐水的小离心管中。用吸管轻轻吹打所获得的血液-生理盐水混合液，制成约 5%红细胞的生理盐水血悬液。

(3)凝集实验：分别在载玻片的凹槽内滴入 1 滴上述生理盐水血悬液(注意滴管末端不得触及标准血清)，立即用牙签搅拌混合液体，使之尽快充分混匀。

(4)结果观察：在室温条件下，每隔数分钟将玻片凝集实验体系轻轻晃动数次，以便凝集反应能够加速进行。10～30 min 后，仔细观察实验体系中是否发生了凝集反应。

混匀的血滴如逐渐变透明并出现红色颗粒，表明红细胞已凝集。有时红细胞因比重关系下沉团聚，但摇动玻片后仍呈混浊状，则不算凝集，如分辨困难可在显微镜下观察确定。

红细胞与 A 型标准血清发生凝集为 A 血型；红细胞与 B 型标准血清发生凝集则为 B 血型；红细胞与 A 型标准血清与 B 型标准血清中都发生凝集则为 AB 血型；红细胞与 A 型标准血清与 B 型标准血清中都不发生凝集则为 O 血型。列表统计本次实验所有参与者的 ABO 血型测试结果。

(5)ABO 血型基因频率的计算：$r=\sqrt{\bar{O}}$，$p=1-\sqrt{\bar{B}+\bar{O}}$，$q=1-\sqrt{\bar{A}+\bar{O}}$，其中 $\bar{A}$、$\bar{B}$、$\bar{O}$ 分别是 A 型、B 型和 O 型的实际观察频率。

(6)群体遗传平衡的检验：假设调查群体是一个遗传平衡群体，检测各基因型的理论预期值与实际测得值之间的吻合程度进行验证。可用 χ^2 检验。公式如下：

$$\chi^2=\sum\frac{(O-E)^2}{E}$$

式中，O 为实际观察值，E 为预期理论值(表 4-5)。

表 4-5　ABO 血型基因群体遗传平衡

表型	A	B	AB	O
实际观察值(O)				
预期理论值(E)				
χ^2				

求出的 χ^2 值若小于 $\chi^2_{0.05}=7.81$，df=3，则说明预期理论值与实际观察值吻合，即该群体是

一个遗传平衡群体。否则,该群体没有达到遗传平衡。

六、注意事项

实验中调查分析他人的性状时,要取得对方同意,并尊重每个人的隐私权。

七、思考题

(1)结合实验结果,判断参试人群对哪些性状是平衡群体,对哪些性状不是平衡群体,说明什么问题?

(2)影响群体遗传平衡的因素有哪些?

八、参考文献

刘庆昌.遗传学.4版.北京:科学出版社,2020.

仇雪梅,王有武,雷忻.遗传学实验.2版.武汉.华中科技大学出版社,2022.

王建康,李慧慧,张鲁燕.基因定位与育种设计.2版.北京:科学出版社,2020.

徐刚标.植物群体遗传学.北京:科学出版社,2009.

张文霞,辛广伟,戴灼华.遗传学实验指导.2版.北京:高等教育出版社,2019.

祝水金.遗传学实验指导.3版.北京:中国农业出版社,2018.

Bernardo R. Breeding for quantitative traits in plants. 3rd ed. Woodbury: Stemma Press,2020.

实验 20 植物数量性状综合遗传分析

一、实验目的

(1)理解植物数量性状的特征和遗传规律。

(2)掌握统计分析数量性状遗传实验数据的方法及估算遗传率和杂种优势表现程度的方法。

(3)能够对小麦和玉米的株高、百粒重等性状的数据进行测定和统计分析,估算遗传率和杂种优势表现的程度。

(4)熟练运用数量性状遗传分析的方法。

二、实验原理

数量性状在生物界是普遍存在的,如株高、穗位高、单株产量、穗长、穗粗、千粒重等。数量性状变异是连续的,在一个自然群体或杂交后代分离群体内,不同个体的性状表现为连续变异,很难明确分组,求出不同组之间的比例,所以不能应用分析质量性状的方法分析数量性状,而要借助统计学方法对这些性状进行分析。

研究数量性状时,通过测量、称量可以得到性状的观测值,把这些数值记录下来,获得初步的结果。但这样的资料是散乱无序的,没有经过系统化的整理,不能把该性状的变异特性展现出来。我们可以利用统计学的方法,对数据进行分组归类,制作次数分布表和次数分布图,进而计算其平均数和方差等特征数,描述数量性状变异的特点。

三、实验材料

(1)玉米(*Zea mays* L., $2n=20$):两个玉米自交系 P_1、P_2 及其杂种 F_1,F_1 与 P_1 回交得到 B_1,F_1 与 P_2 回交得到 B_2,F_1 自交得到 F_2,生产中广泛应用的品种作为对照 CK。

(2)小麦(*T. aestivum* L., $2n=42$):两个小麦品种(品系)P_1、P_2 及其杂种 F_1,F_1 与 P_1 回交得到 B_1,F_1 与 P_2 回交得到 B_2,F_1 自交得到 F_2,生产中广泛应用的品种作为对照 CK。整个生长期采用同样的栽培管理措施。

四、实验用品

测量尺,天平,铅笔,记录纸,计算机。

五、实验方法与步骤

1. 播种和田间操作

选择土壤肥力条件均匀一致的实验地,分别在当年种植上述玉米和小麦实验材料。其中不分离世代(P_1、P_2、F_1)和对照种(CK)各播种 5~10 行;回交一代 B_1、B_2 和杂种二代 F_2 各种 20~30 行。同一种作物(玉米或小麦)的实验材料的不同世代,从播种到收获整个生长期采用一致的栽培管理措施。

在实验田里观察两个玉米自交系或两个小麦亲本品种(或品系)及其杂种 F_1 的生长势、发育能力和各种性状,分析比较亲本和后代 F_1 之间在各个可测量的性状方面的不同表现及其表现程度。按照作物生长规律,适时安排工作进度。

2. 抽样及性状调查

在小麦抽穗或玉米抽雄之前,从亲本和 F_1 群体中各随机选择 30 个植株,从 B_1 和 B_2 群体中各随机选择 50 个植株,从杂种 F_2 群体中随机选择 100 个植株,分别对这些入选植株进行挂牌和编号。根据农时和作物生长发育情况,在适当的时期对所选择的各种性状进行调查分析。

玉米材料调查株高、穗位高、穗上叶叶长、穗上叶叶宽、穗长、穗粗、单穗粒重、百粒重等性状。性状记录如下标准进行。

(1)株高:乳熟期主茎自地面至雄穗顶部的高度(cm)。

(2)穗位高:乳熟期主茎自地面至上部有效雌穗着生节的高度(cm)。

(3)穗上叶叶长:乳熟期主茎最上部有效雌穗之上的第一片叶从叶舌到叶尖的长度(cm)。

(4)穗上叶叶宽:乳熟期主茎最上部有效雌穗之上的第一片叶叶中部的宽度(cm)。

(5)穗长:玉米果穗从基部到顶部的总长度(cm)。

(6)穗粗:玉米果穗穗中部的直径(cm)。

(7)单穗粒重:称取单个风干果穗上籽粒的质量(g),

(8)百粒重:随机测量 100 粒完整风干籽粒的质量(g),重复 2 次,二者误差在 1%以内时,求其平均数。

小麦材料调查抽穗期,测量旗叶长、旗叶宽、株高、穗长、株粒重、百粒重等性状。性状记录按如下标准进行。

(1)抽穗期:穗部顶端小穗(不包括芒)露出剑叶的日期或叶鞘中上部裂开见小穗的日期。

(2)旗叶长:旗叶叶片基部到叶尖的距离(cm)。

(3)旗叶宽:旗叶叶片最宽处的距离(cm)。

(4)株高:在成熟前调查的从地面起至麦穗的顶端(不包括芒)的距离(cm)。

(5)穗长:自穗颈节量至穗顶(不包括芒)的长度(cm)。

(6)株粒重:指一株小麦的所有穗脱粒后全部种子(包括秕子)的干重(g)。

(7)百粒重:指 100 粒干重子(要将被抽样的种子混摊均匀,不要有意避开枇子)称其质量(g),重复 2 次,二者误差在 1%以内时,求其平均数。

3. 数据整理及计算

将调查得到的数据输入计算机中,把各世代的调查数据按性状在 Excel 中整理好。

(1)利用 FREQUENCY 函数制作次数分布表:在 Excel 中制作次数分布表时要先对数据进行排序,以了解全部数据的变动范围;进一步选择全部数据的分组组数;然后确定分组的组限,并输入各组的上限值,放置为一列;最后插入 FREQUENCY 函数。

FREQUENCY 函数的语法形式为:FREQUENCY(data_array,bins_array),其中在 data_array 区域选择用来编制次数分布的数据也就是调查得到的原始数据,bins_array 区域选择自己输入的那一列上限值。选好后,按"Ctrl +Shift"组合键,同时按"回车"键,可得到次数分布表。通过次数分布表观察数量性状的分布特点。

(2)利用图表向导制作次数分布图:Excel 提供"图表向导"工具,帮助创建折线图、条形图、柱形图等适合数据信息和分析目的的各种图表。绘制统计图时,打开"图表向导"按照提示中 4 个步骤的指令进行操作。

第 1 步选择“图表类型”，可选择折线图或柱形图，每种类型的图表都有两种以上的子类型，选中所需要的图形以及它的子图形，单击“下一步”按钮。

第 2 步“图表数据源”，选定刚才利用 FREQUENCY 函数求出的次数分布表中的次数列，这时会生成一个预览图，再点击“系列”在“分类轴标志”区域内选择次数分布表中组限值。若预览图表看上去很合适，则表示所选数据区正确。单击“下一步” 按钮。

第 3 步“图表选项”，为选定的图表设置某些标准选项。如 x 轴、y 轴代表的变量含义等，修改这些设置时，随时查看预览图表可以帮助我们确定设置是否合适。单击“下一步” 按钮。

第 4 步“图表位置”，可以将图表放置在工作表中，或者单独置于一张新的图表工作表中，单击“完成”按钮。

通过制作的次数分布表和次数分布图可形象地观察到数量性状的分布特点。

(3)利用 AVERAGE 函数，求其平均数：均值函数(AVERAGE)是应用比较广泛的一种平均数函数，它能够计算一组数据的算术平均数。其语法结构为：AVERAGE(number1，number2，…)。其中，number1，number2，…为要计算平均数的 1～30 个参数。在 number1 区域中选择调查数据，即可计算出其平均数。

(4)利用 VARP、VAR 函数，求方差：在 Excel 中用于计算方差的函数有两个，总体方差函数(VARP)用来计算总体中相对于均值的离散程度，样本方差函数(VAR)用来计算样本中相对于均值的离散程度，用法同 AVERAGE 函数。

利用求出的平均数和方差完成表 4-6。

表 4-6 各世代的性状表现

世代	性状 1		性状 2		性状 3	
	平均数 $\bar{x}$	方差 V	平均数 $\bar{x}$	方差 V	平均数 $\bar{x}$	方差 V
P_1						
P_2						
F_1						
F_2						
B_1						
B_2						
CK						

①遗传率的估算

广义遗传率的估算：在估算 F_2 的广义遗传率时，可采用不分离世代(P_1、P_2 和 F_1 群体)表型方差的均数估算其环境方差：

$$V_E=\frac{1}{4}V_{P_1}+\frac{1}{2}V_{F_1}+\frac{1}{4}V_{P_2}$$

因此

$$h_B^2=\frac{V_{GF_2}}{V_{F_2}}\times 100\%=\frac{V_{F_2}-V_E}{V_{F_2}}\times 100\%=\frac{V_{F_2}-\left(\frac{1}{4}V_{P_1}+\frac{1}{2}V_{F_1}+\frac{1}{4}V_{P_2}\right)}{V_{F_2}}\times 100\%$$

狭义遗传率的估算：F_2狭义遗传率的估算，可以利用两个回交一代（B_1和B_2）和F_2代的表型方差。

$$h_N^2=\frac{V_{AF_2}}{V_{F_2}}\times 100\%=\frac{2V_{F_2}-(V_{B_1}+V_{B_2})}{V_{F_2}}\times 100\%$$

②杂种优势的测定

运用下述运算公式，分别计算两种作物的各性状杂交一代（F_1）的杂种优势程度。

中亲优势：杂种一代平均值（F_1）超过双亲平均值（MP）的百分率。

$$中亲优势(\%)=\frac{F_1-MP}{MP}\times 100\%$$

超亲优势：杂种一代平均值（F_1）超过双亲中较好亲本的平均值（HP）百分率。

$$超亲优势(\%)=\frac{F_1-HP}{HP}\times 100\%$$

超标优势：杂种一代平均值（F_1）超过当地推广品种（CK）的平均值百分率。

$$超标优势(\%)=\frac{F_1-CK}{CK}\times 100\%$$

六、注意事项

数量遗传分析是以数据统计为基础的，故在种植区划、性状调查及结果记录上要准确，性状调查的时间、标准要一致，实验结果要完整。

七、思考题

（1）结合本次实验的数据，分析玉米和小麦的杂种F_1和双亲在各个性状上的表现有何差异，哪些性状有明显的优势。

（2）结合遗传率分析的结果，说明哪些性状适宜在早期世代进行选择，哪些性状适宜在高世代进行选择。

八、参考文献

李立会，李秀全. 小麦种质资源描述规范和数据标准. 北京：中国农业出版社，2006.

刘庆昌. 遗传学. 4版. 北京：科学出版社，2020.

马寨璞，石长灿. 基础生物统计学. 北京：科学出版社，2018.

宁海龙. 田间试验数据的计算机分析. 北京：科学出版社，2018.

石云素. 玉米种植资源描述规范和数据标准. 北京：中国农业出版社，2006.

王建康，李慧慧，张鲁燕. 基因定位与育种设计. 2版. 北京：科学出版社，2020.

祝水金. 遗传学实验指导. 3版. 北京：中国农业出版社，2016.

Bernardo R. Breeding for quantitative traits in plants. 3rd ed. Woodbury: Stemma Press, 2020.

实验 21 遗传连锁图谱可视化

一、实验目的

(1)巩固两点测验和三点测验定位方法。

(2)学习并掌握使用 MapChart 绘制遗传连锁图谱。

二、实验原理

分子遗传连锁图谱是指基因或标记在染色体上的相对位置与遗传距离。通过连锁图谱可以大致了解基因和标记之间的相对位置,了解哪些基因更靠近着丝粒,哪些更靠近端粒等。连锁图谱的构建是很多遗传研究的基础,使用的标记越多,遗传连锁图谱的分辨率就越高。

两点测验和三点测验是基因定位中常用的基本方法,两点测验以两个基因位点为基本单位,通过一次杂交和一次测交的结果,计算两个基因间的重组值,从而进行基因定位。基因在染色体上排列,同一条染色体上的不同基因有各自的位置,基因与基因之间也有一定的顺序和距离。基因之间的距离用交换值来表示,只要准确地估算出交换值,并确定基因在染色体上的位置,就可以把它们按顺序标记在染色体上。三点测验是利用三对连锁基因杂合体,通过一次杂交和一次测交,同时确定 3 个基因位点在染色体上的位置。三点测验用于测定同一染色体上基因排列顺序以及各个基因的相对距离。当在某一连锁群中发现一个新的位点 C 时,可在 C 与同一连锁群上的 2 个已知位点 A、B 作三点测验,便能确定 C 在连锁图上的位置。基于重组率,推断各基因座之间的相对位置。较低的重组频率意味着基因座更接近,而较高的重组频率则表示基因座之间的距离更远。

MapChart 2.32 软件是基于 MS-Windows® 平台的免费遗传连锁图谱绘制修饰软件(https://www.wur.nl/en/show/mapchart.htm),由荷兰瓦赫宁根大学的 Voorrips 教授开发,该软件可使遗传连锁图可视化。制成的图表由一系列代表连锁群或染色体的垂直条组成,垂直条上展示了不同位点的遗传距离和位置。MapChart 从文本文件中读取经 JoinMap® 软件计算分子标记连锁距离后的排列信息,而后绘制图表。除了标记的连锁距离可以展示外,MapChart 还可以展示每条染色体上的 QTL 定位信息。

三、实验材料

模拟的连锁群数据和 MapChart 2.32 软件。

四、实验用品

Windows 系统台式电脑或笔记本电脑(32 位或 64 位)。

五、实验方法与步骤

下载 MapChart 软件和许可证(license),并将软件安装在电脑指定盘符下,将下载好的许可证复制粘贴至软件安装目录下;桌面快捷图标为 。

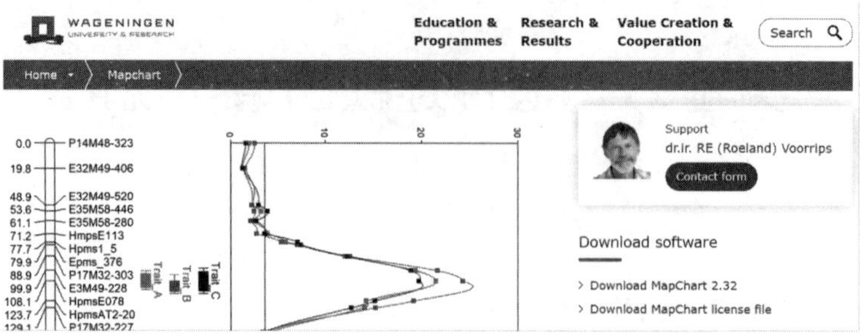

打开，从导入数据开始，使用 MapChart 进行遗传图谱可视化的过程如下。

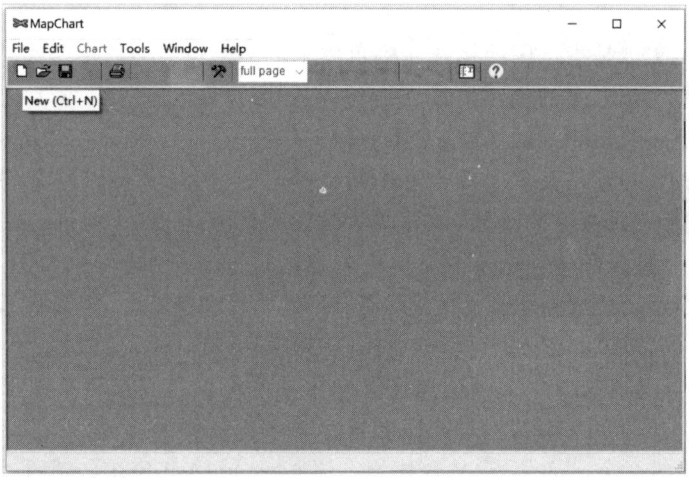

(1)数据收集和整理：绘制遗传连锁图谱所需数据包含基因座或标记的名称(marker name)、标记所属连锁群(linkage group，LG)或染色体以及连锁距离(position)等信息。其中，标记顺序由作图软件 JoinMap® 依据重组率确定，连锁距离需从每个连锁群的第一个标记开始记为 0，升序排列。一般数据格式如下。

```
Group a
    Marker 1    0.000
    Marker 2    6.600
    Marker 3    9.000
         ……
Group b
    Marker 4    0.000
    Marker 5    6.600
    Marker 6    9.000
         ……
Group c
    Marker 7    0.000
    Marker 8    6.600
    Marker 9    9.000
```

……

Group d

Marker 10 0.000

Marker 11 6.600

Marker 12 9.000

(2)导入数据:启动 MapChart 软件,在 MapChart 菜单栏中选择“文件”(File),点击“New”,弹出一个文本界面,将整理好的文本数据粘贴至软件新建文本处(Data),当数据格式无误时,点击“Data”右侧的“Chart”按钮,可查看绘制好的遗传连锁图谱。MapChart 支持多种数据格式,如文本文件、Excel 文件等。根据数据文件类型选择相应的选项。

(3)遗传连锁图谱修饰调整:根据 Example 文件中的图谱样式和图表选项(Tools)来呈现所需遗传连锁图谱样式。图谱样式在软件安装时在安装目录下出现 Example 文件夹,该文件夹中包含 5 个可供选择的图样;每种图样还可根据个人喜好,利用“Tools”中的修改选项进行修饰。

两个连锁群的图谱样式如下图所示:

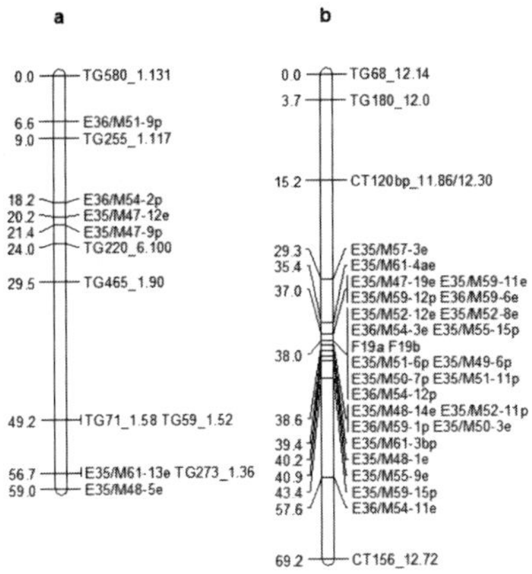

在“Tools”中选择“Chart options”,即可对图形进行垂直条、标记字体、页面大小等进行修饰,达到对图谱可视化的需求目的。“Chart options”的可调整项如下图所示:

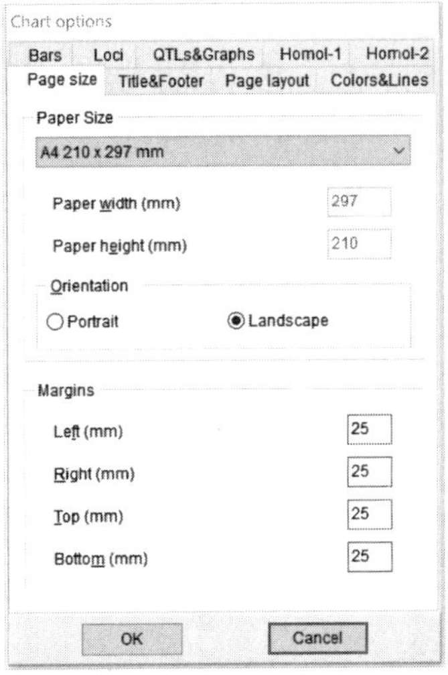

(4)图片导出:绘制完成的遗传连锁图谱可通过软件工具栏中的Chart选项中Copy page、Export Metafiles和Export Bitmaps导出。如下图所示:

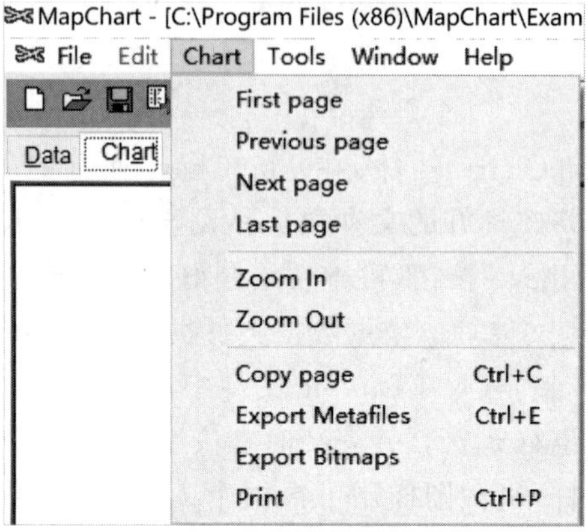

以上是从导入数据开始到遗传图谱可视化的一般步骤。具体的操作和选项可能会因软件版本和数据格式而有所不同。

六、注意事项

(1)使用MapChart绘制遗传连锁图谱时,各连锁群遗传标记应按遗传距离从小到大排列。

(2)当连锁群遗传标记遗传距离过大,可通过Chart option中的Bars调整连锁群整体长度。

(3)绘制出的遗传连锁图谱可通过软件内部参数调整,使结果更加美观。

七、思考题

(1)连锁群输出选项中Metafiles和Bitmaps有何不同?

(2)当绘制出的遗传图谱所包含连锁群数目远大于染色体时应做何解释?

八、参考文献

Kelly L W. Gene mapping. In:Encyclopedia of bioinformatics and computational biology. San Diego:Academic Press,2019,2:242-250.

Li S,Yang G,Yang S,et al. The development of a high-density genetic map significantly improves the quality of reference genome assemblies for rose. Scientific Reports,2019,9:5985.

Lin Y,Jiang X J,Hu H Y,et al. QTL mapping for grain number per spikelet in wheat using a high-density genetic map. The Crop Journal,2021,9(5):1108-1114.

Lobo I,Shaw K,Morgan H. Genetic recombination,and gene mapping. Nature Education,2008,1(1):205.

Seldin M F. Linkage map. In:Brenner's encyclopedia of genetics. 2nd ed. San Diego:Academic Press,2013:255-257.

Voorrips R E. MapChart:Software for the graphical presentation of linkage maps and QTLs. Journal of Heredity,2002,93:77-78.

第五章
分子遗传操作与基因工程技术基础

背景知识

自从 1953 年 Watson 和 Crick 提出脱氧核糖核酸(DNA)的双螺旋结构模型，阐明核酸是遗传信息携带者以来，开辟了分子遗传学的新纪元，利用分子手段对遗传物质及遗传性状进行直接分析已经成为可能。20 世纪 50 年代 DNA 半保留模型的提出，60 年代遗传密码的破译和质粒的发现，70 年代重组 DNA 技术的发明、异源基因在大肠杆菌中的表达以及 DNA 序列测定技术的发明，使人类对基因的理解达到了前所未有的程度。20 世纪 80 年代 DNA 体外扩增(聚合酶链反应，PCR)技术的发明以及人类基因组计划完成，其他生命体基因组工程相继实施完成，使人类对分子遗传学的研究从单个基因走向基因组，更使分子遗传学的发展成为生命科学中最具有活力、最具发展潜力和最具有挑战性的研究方向。

基因工程又称重组 DNA 技术，是指在体外将不同来源的 DNA 分子进行重新组合，并使它们在适当的宿主细胞中实现增殖表达的遗传操作。从技术操作来看，基因工程一般是指在分子水平上进行操作，然后在细胞水平上进行表达，从而实现一定的性状(包括形态、生理和生化特征)表现；是以分子遗传学为理论基础，综合了分子生物学和微生物遗传学的现代方法和手段，用于改造生物遗传特性的一门新兴技术。因此，也将基因工程技术称为基因操作。其主要特点是：第一，不受亲缘关系的限制，即打破了物种界限，可以把不同种类生物的遗传物质重新组合在一起，从而提高了生物变异率，空前地加快了产生新性状的速度。第二，定向地改变生物的遗传性状，利用基因工程技术可以有目的地取得某基因，并将该基因引进原本没有这种基因的生物，从而改变后者的遗传特性。第三，增加目的基因剂量，目的基因在供体细胞中原本是单拷贝的，通过基因工程技术引进宿主后使单拷贝基因成为多拷贝，大大增加了基因剂量，大幅度提高了基因产物的水平。

1973 年，斯坦福大学的 Cohen 等把 *E. coli* 两种质粒 pSC101 和 R-6-5DNA 片段在体外重组，引进 *E. coli* 筛选转化子，第一次完成了基因操作，这标志着基因工程的诞生。1983 年先后有 3 个实验室利用农杆菌作为媒介独立实现了植物的转基因。至此人们看到了转基因技术的巨大的潜在应用前景和在理论研究方面的价值，纷纷将大量的人力和物力投入到这一领域，使转基因的研究发展非常迅猛，获得了一大批非常具有价值的转基因动植物材料。仅仅 30 年左右的时间，分子遗传学经历了从大胆的科学假说，到经过大量的实验研究，从而建立了本学科的理论基础。基因工程无论在基础理论研究领域还是在生产实际应用方面，都以惊人的速度飞快发展着，并且不断取得惊人的成就：大量基因相继被发现，基本弄清了原核及真核生物基因的结构特征和调控机制，人类基因组计划和其他多种生物体基因组计划顺利完成，利用转基因微生物甚至转基因动物植物成批量的生产生长素、干扰素、抗生素等药物。总之，基因工程在科学研究、医药、工农业生产等多方面都有着广泛的应用，为基础研究和生产实际提供了强有力的技术支持。

基因工程是在生物化学、分子生物学和分子遗传学等学科的研究成果基础上逐步发展起来的。基因工程研究的发展大致可分为以下 3 个阶段：①基因工程的准备阶段。1944 年，美国微生物学家 Avery 等通过肺炎双球菌的转化研究，证明 DNA 是基因载体。从此之后，人们对 DNA 分子构型开展了广泛研究，至 1953 年 Watson 和 Crick 建立了 DNA 分子的双螺旋模型。在此基础上进一步研究了 DNA 的遗传信息，1958—1971 年先后确立了中心法则，破译了 64 种密码子，成功地揭示了遗传信息的流向和表达问题。以上研究成果为基因工程问世提供了理论上的准备。20 世纪 60 年代末 70 年代初，限制性内切核酸酶和 DNA 连接酶等的发现，使 DNA 分子进行体外切割和连接成为可能。1972 年首次构建了一个重组 DNA 分子，提出了体外重组的 DNA 分子是如何进入宿主细胞，并在其中进行复制和有效表达等问题。经研究发现，质粒分子(plasmid DNA)是承载外源 DNA 片段的理想载体，病毒、噬菌体的 DNA(或 RNA)也可改建成载体。至此，为基因工程问世在技术上做好了准备。②基因工程问世。在理论上和技术上有了充分准备后，于 1973 年，Cohen 等首次完成了重组质粒 DNA 对大肠杆菌的转化，同时与人合作，将非洲爪蟾含核糖体基因的 DNA 片段与质粒 pSC101 重组，转化大肠杆菌，转录出相应的 mRNA。此研究成果表明基因工程已正式问世，不仅宣告质粒分子可以作为基因克隆载体，能携带外源 DNA 导入宿主细胞，并且证实真核生物的基因可以转移到原核生物细胞中，并在其中实现功能表达。③基因工程的迅速发展阶段。自基因工程问世以来的这三十几年是基因工程迅速发展的阶段。不仅发展了一系列新的基因工程操作技术，构建了多种供转化(或转导)原核生物和动物、植物细胞的载体，获得了大量转基因菌株，而且于 1980 年首次通过显微注射培育出世界上第一个转基因动物——转基因小鼠，1983 年采用农杆菌介导法培育出世界上第一例转基因植物——转基因烟草。基因工程基础研究的进展，推动了基因工程应用的迅速发展。如果说 20 世纪八九十年代是基因工程基础研究趋向成熟，应用研究初露锋芒的阶段，那么 21 世纪将是基因工程应用研究的鼎盛时期，农、林、牧、渔、医的很多产品上都会打上基因工程的标记。

基因工程问世以来，科技工作者始终十分重视基础研究，包括构建一系列克隆载体和相应的表达系统，建立不同物种的基因组文库和 cDNA 文库，开发新的工具酶，探索新的操作方法等，各方面取得了丰硕的研究成果，使基因工程技术不断趋向成熟。①基因工程的发展与克隆载体构建密切相关。可以认为构建克隆载体是基因工程技术路线中的核心环节。Ti 质粒的发现以及成功构建了 Ti 质粒衍生的克隆载体后，植物基因工程研究随之就迅速发展起来。动物病毒克隆载体的成功构建，使动物基因工程研究也有一定的进展。至今已构建了数以千计的克隆载体。但是构建新的克隆载体仍是今后研究的重要内容之一。尤其是适合用于高等动植物转基因的表达载体和定位整合载体还必须大力发展。②用作基因工程的受体可分为两类，即原核生物和真核生物。原核生物大肠杆菌是早期被采用的最好受体系统，以大肠杆菌为受体建立了一系列基因组文库和 cDNA 文库，以及大量转基因工程菌株，开发了一批已投入市场的基因工程产品。酵母菌不仅是外源基因(尤其是真核基因)表达的受体,建立了一系列工程菌株,而且成为当前建立人和高等动物、植物复杂基因组文库的受体系统。真核生物单细胞小球藻和衣藻也被用于研究外源基因表达的受体系统。③基因工程研究的基本任务是开发人们特殊需要的基因产物,即目的基因。近年来,利用PCR技术直接从生物基因组中扩增出目的基因。对于较小的目的基因也可用人工化学合成。现在已获得的目的基因大致可分为三大类:第一类是与医药相关的基因;第二类是抗病、虫害和恶劣生境的基因;第三类是编码具有特殊营养价值的蛋白或多肽的基因。④基因工程工具酶包括DNA聚合酶、限制性内切核酸酶、修饰酶和连接酶等。限制性内切核酸酶用于有规律地切割DNA,把提供的DNA原材料切割成具有特定末端的DNA片段。现已从不同生物中发现和分离出上千种限制性内切核酸酶,基本上可满足按不同目的切割各种DNA分子的需要。DNA连接酶用于连接各种DNA片段,使不同基因重组。现在常用的DNA连接酶只有两种,即大肠杆菌DNA连接酶和T_4 DNA连接酶。DNA聚合酶用于人工合成DNA小片段以及含基因的较大的DNA片段,还用于制备DNA探针。

在基因工程技术中,供体、受体、载体是重组DNA技术的三大基本元件。基因工程是指重组DNA技术的产业化设计与应用,包括上游技术和下游技术两大组成部分。上游技术指的是基因重组、克隆和表达的设计与构建(即重组DNA技术);而下游技术则涉及基因工程菌或细胞的大规模培养以及基因产物的分离纯化过程。基因工程是利用重组技术,在体外通过人工"剪切"和"拼接"等方法,对各种生物的核酸(基因)进行改造和重新组合,然后导入微生物或真核细胞内进行无性繁殖,使重组基因在细胞内表达,产生出人类需要的基因产物,或者改造、创造新的生物类型。基因工程要素包括外源DNA、载体分子、工具酶和受体细胞等。一个完整的、用于生产目的的基因工程技术程序包括的基本内容有:①外源目标基因的分离、克隆以及目标基因的结构与功能研究。这一部分的工作是整个基因工程的基础,因此又称为基因工程的上游部分;②适合转移、表达载体的构建或目标基因的表达调控结构重组;③外源基因的导入;④外源基因在宿主基因组上的整合、表达及检测与转基因生物的筛选;⑤外源基因表达产物的生理功能的核实;⑥转基因新品系的选育和建立,以及转基因新品系的效益分析;⑦生态与进化安全保障机制的建立;⑧消费安全评价。

基因工程技术已广泛应用于医、农、牧、渔等产业,甚至与环境保护也有密切的关系。研究成果最显著的是基因工程药物,转基因植物的研究也取得了喜人的成果。应用重组DNA技术培育具有改良性状的粮食作物的工作已初见成效。这方面的工作按其发展水平可以分为三个不同的阶段:第一阶段,主要集中于有重要农业经济意义的目的基因的分离与改造;第二阶段的主要目标是培育出具有改良的重要经济性状的工程植株;第三阶段的发展方向是培育出具有生物反应器功能的工程植株。

在本部分系列实验中,以DNA技术为主线,共安排了8个实验,各个实验具有一定相关性,其中PCR、(植物、质粒)DNA提取和纯化、DNA酶切和目的片段的回收以及重组质粒的筛选是重组DNA技术的关键与核心,是基因工程和结构与功能基因组学研究的基本实验技术,通过这几个实验的学习,可以培养学生分子遗传学实验的基本功,为将来从事分子遗传学研究打下坚实基础。

实验 22　植物总 DNA 的提取及纯化

一、实验目的

（1）理解 CTAB 法提取植物组织 DNA 的原理。

（2）掌握 CTAB 法提取植物组织 DNA 的方法。

二、实验原理

DNA 是最重要的信息分子，是分子生物学的主要研究对象，因而 DNA 分子的分离纯化是一项最基本的研究技术。植物体的根、茎、叶、种子等部位都可用于提取基因组总 DNA，叶片的纤维、淀粉含量相对较少，且冷冻后易于研磨，因此叶片是最常用的提取 DNA 的材料。与动物细胞相比，植物细胞具有细胞壁，因此提取时必须研磨，以破碎细胞壁。而且植物细胞内多糖、多酚类物质含量较高，不易除去，给植物基因组 DNA 的分离工作带来了困难。

由于植物细胞有细胞壁且细胞内高含量的多糖物质，一般的提取真核细胞基因组 DNA 的方法用在植物细胞上并不十分有效。十六烷基三乙基溴化铵（cetyltriethylammonium bromide，CTAB）法是常用的提取植物细胞基因组 DNA 的方法。CTAB 是一种去污剂，可溶解细胞膜，它能与核酸形成复合物，在高盐溶液中（0.7 mol/L NaCl）CTAB-核酸复合物是可溶的，当降低溶液盐浓度到一定程度（0.3 mol/L NaCl）时，从溶液中沉淀出来，通过离心就可将 CTAB-核酸的复合物与蛋白质、多糖类物质分开。最后通过乙醇或异丙醇沉淀 DNA。由于 DNA 不溶于 CTAB 而溶于乙醇或异丙醇，从而被分离出来。由于 DNA 结构较不稳定，在较剧烈的物理、化学因素及酶的作用下很容易降解，在制备 DNA 时应防止过酸、过碱及其他能引起核酸降解的因素的作用。在提取过程中，为了防止组织中广泛存在的核酸降解酶的作用，全部过程应在低温下（0 ℃左右）操作，必要时还需要加入抑制剂以抑制酶的作用。柠檬酸盐、氟化物、砷酸盐、乙二胺四乙酸钠、皂土均可抑制 DNA 酶的活性。

植物 DNA 的提取程序应包括以下 3 项：①必须破碎或消化细胞壁释放出细胞内容物；②必须破坏细胞膜及核膜，使 DNA 释放到提取缓冲液中，常用 CTAB 一类的去污剂使细胞膜崩解；③DNA 粗提物中往往含有大量 RNA、蛋白质、多糖等杂质，可利用氯仿、RNase 等除去。一旦 DNA 释放出来，其剪切破坏的程度必须要降到最低。CTAB 法提取植物 DNA，方法比较简单，适用于大多数植物。虽然得到的 DNA 纯度不是很高，但仍能满足限制性内切核酸酶分析或 PCR 扩增的要求。

DNA 保存溶液中应避免重金属、苯酚与醚的氧化物存在，因为上述因素会促使磷酸二酯键的断裂；由化学断裂或是辐射引起的自由基等也会引起磷酸二酯键的断裂。此外，还要避免受到紫外线的照射，因为 320 nm 波长的紫外线会引起少量 DNA 的交联，260 nm 波长的紫外线还会导致 TT 二聚体形成，所有上述因素都会造成 DNA 的生物活性（如转化）或遗传性状的改变，保存时应加以注意。经酚或醚抽提的 DNA 长期保存前应经过沉淀或透析等处理；保存液中应加入 EDTA 以螯合重金属离子；置于低温冰箱中保存还能防止受到紫外线等的照射。常用的 DNA 可溶于 TE，4 ℃或－20 ℃保存；以前曾认为超螺旋 DNA 经反复冻融会引起

DNA 的断裂,现经实验发现这种处理并未增加断裂的概率,所以除了反复解冻的麻烦外,无论何种构型的 DNA 都可保存于−20 ℃,特别是经一步法等简单方法抽提的 DNA 更应保存于−20 ℃,可防止其中未完全去除的 DNA 酶的降解作用。不常用的 DNA 可以干粉形式保存于−20 ℃,待用时加入 TE 溶解,待沉淀的 DNA 也可于−20 ℃保存于沉淀条件的乙醇溶液中,这时特别要防止重金属离子的污染。

三、实验材料

(1)植物的根、茎、叶、愈伤组织等新鲜的组织材料。

(2)−80 ℃冻存的植物材料。

四、实验用品

1. 仪器和器具

研钵和杵子,离心管,量筒,液氮,电热恒温水浴箱,台式高速离心机,高压灭菌锅,移液器,Eppendorf 管,吸管,枪头,电泳装置等。

2. 试剂和药品

2×CTAB 溶液(如下配制,灭菌备用。灭菌前呈黏稠状,灭菌后变成清亮的溶液)

CTAB(质量浓度)	2%
Tris-HCl	100 mmol/L (pH 8.0)
EDTA	20 mmol/L (pH 8.0)
NaCl	1.4 mol/L
PVP	1%(聚乙烯吡咯烷酮,polyvinylpyrrolidone)
β-巯基乙醇	2%(用前加入)

CTAB(−)抽提缓冲液

Tris-HCl	50 mmol/L (pH 8.0)
EDTA	10 mmol/L (pH 8.0)
NaCl	0.7 mol/L

CTAB(+)抽提缓冲液

Tris-HCl	50 mmol/L (pH 8.0)
EDTA	10 mmol/L (pH 8.0)
NaCl	0.7 mol/L
CTAB(质量浓度)	2%
β-巯基乙醇	40 mmol/L

DNA 洗液:10 mmol/L 乙酸铵,75%乙醇。

TE 溶液:高压灭菌。

pH 7.4:10 mmol/L Tris-HCl(pH 7.4),1 mmol/L EDTA(pH 8.0)

pH 7.6:10 mmol/L Tris-HCl(pH 7.6),1 mmol/L EDTA(pH 8.0)

pH 8.0:10 mmol/L Tris-HCl(pH 8.0),1 mmol/L EDTA(pH 8.0)

无水乙醇或异丙醇,3 mol/L 乙酸钠(pH 5.2),75%乙醇,Tris 平衡酚(配制方法详见附录Ⅰ)。

氯仿-异戊醇(体积比 24∶1):从核酸样品中去除蛋白质时常常使用等体积混合的平衡酚-氯仿-异戊醇(体积比 25∶24∶1)。其中的氯仿可使蛋白质变性并有助于水相与有机相的分离。异戊醇则有助于消除抽提过程中出现的泡沫。氯仿和异戊醇在使用前均无须处理,放于不透光的棕色试剂瓶中,表面覆盖一层 0.1 mol/L Tris-HCl (pH 8.0) 缓冲液,4 ℃下可保存1 个月。

RNase A:100 mg/mL。

五、实验方法与步骤

(一)大量法

(1)将植物组织洗净,用 75%乙醇表面消毒 4~5 min,用去离子水冲洗 3 次。

(2)新鲜植物材料 10 g 用液氮速冻,置于液氮冷却的研钵内迅速研磨,将粉末转移到50 mL离心管中,然后加入 20 mL 预热至 65 ℃的 2×CTAB 抽提缓冲液。轻轻转动离心管,混匀,然后置于 60 ℃水浴处理 60~90 min。

(3)混合物冷却至室温后,加入等体积的氯仿-异戊醇,颠倒离心管使管内混合均匀。在25 ℃下 12 000 r/min 离心 10 min 分相,收集上层水相(上清液)。

(4)水相中加入 RNase A 溶液至 5 mg/mL,颠倒混匀,37 ℃反应 30 min。

(5)加入 2/3 体积的异丙醇,混匀,室温放置 30 min 沉淀 DNA。

(6)用玻璃棒将 DNA 钩出(或离心收集 DNA),在 DNA 洗液中浸泡 30 min。倾去洗液,待洗液中的乙醇成分挥发后,沉淀重溶于数倍体积 TE 中。

(7)DNA 溶液加入等体积的氯仿-异戊醇混合液混匀,离心,进一步去除蛋白质成分。

(8)收集上层水相,加入 1/10 体积的 3 mol/L 乙酸钠(pH 5.2),再加入 2 倍体积的无水乙醇,−20 ℃条件下静置 30 min 或者过夜,以充分沉淀 DNA。

(9)离心收集沉淀,75%乙醇洗涤,干燥,重溶于 TE 或无菌水。

(二)微量法

(1)取幼嫩的植物组织材料 0.3 g 以内,用蒸馏水冲洗干净,再用灭菌 ddH_2O 冲洗 2 次,放于 Eppendorf 管中,加入约 400 μL 预冷的 CTAB(−)抽提缓冲液,用微型研磨棒研碎植物材料,保持冰浴。加入 500 μL 65 ℃预热的 CTAB(+)抽提缓冲液,混匀后置于 65 ℃水浴中保温60 min,并不时轻轻颠倒试管。

(2)待冷至室温后加 450 μL 氯仿-异戊醇,轻轻地颠倒混匀至溶液呈乳浊状,室温下12 000 r/min 离心 10 min,转移上清液至另一新管中,加入 RNase A 溶液至 5 mg/mL,处理30 min。

(3)加入 2 倍体积的无水乙醇或等体积异丙醇,颠倒混合均匀。室温 12 000 r/min 离心10~15 min 回收 DNA 沉淀。

(4)弃上清液,用 DNA 洗液浸泡 1 h。倾去洗液,风干(为防止产物损失,可先离心 5 min,将浸泡松动的 DNA 沉淀压实,再弃去洗液)。溶于适量的灭菌 ddH_2O 或 TE 缓冲液中。

(5)上述方法得到的 DNA 一般可以用于 Southern 印迹杂交、RFLP 和 PCR 等分析。由于所用材料的不同,得到的 DNA 产量及质量均不同,有时 DNA 中含有酚类和多糖类物质,会影响酶切和 PCR 的效果。所以获得基因组 DNA 后,均需检测 DNA 的产量和质量。用紫外分光光度计在 260 nm、280 nm 波长分别读数。其中 260 nm 读数用来估计样品中 DNA 的浓度，OD_{260}/OD_{280}的值用于估计 DNA 的纯度。DNA 溶液稀释 20～30 倍后，测定OD_{260}/OD_{280}比值，明确 DNA 的含量和质量。

双链 DNA 含量$=OD_{260}\times 50(\mu g/mL)\times$比色时的稀释倍数

单链 DNA 含量$=OD_{260}\times 30(\mu g/mL)\times$比色时的稀释倍数

对标准样品来说，当浓度为 1 μg/mL 时，DNA 钠盐的$OD_{260}=0.02$；当$OD_{260}=1$时，dsDNA 浓度约为 50 μg/mL；ssDNA 浓度约为 37 μg/mL；寡核苷酸浓度约为 30 μg/mL(由于底物不同有差异)。

当 DNA 样品中含有蛋白质、酚或其他小分子污染物时，会影响 DNA 吸光度的准确测定。一般情况下同时检测同一样品的OD_{260}、OD_{280}和OD_{230}，计算其比值来衡量样品的纯度。

DNA 的纯度根据OD_{260}/OD_{280}值判断，符合要求、纯度高的纯化 DNA 其OD_{260}/OD_{280}在 1.6～1.8。

核酸纯度判断的一般标准如下：

$1.6<OD_{260}/OD_{280}<1.8$　　表明为纯 DNA

$OD_{260}/OD_{280}<1.6$　　表明蛋白质含量超标

$OD_{260}/OD_{280}>1.9$　　表明样品中含有 RNA

若样品不纯，则比值发生变化，此时无法用分光光度计法对核酸进行定量。可采用琼脂糖凝胶电泳检测分子量，取 2～5 μL 样品在 0.7%琼脂糖胶上电泳，检测 DNA 的分子大小(图 5-1)。

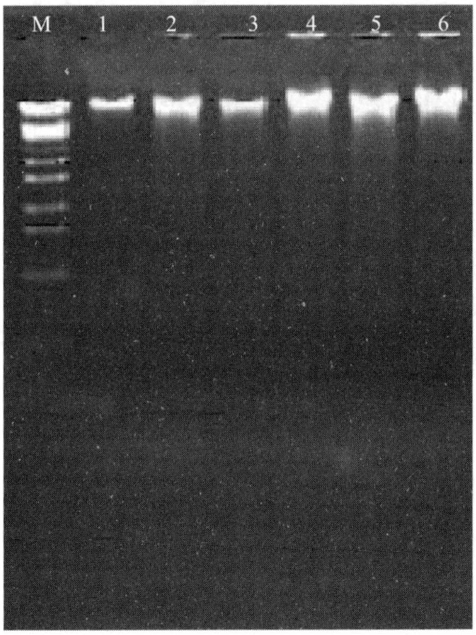

M 为分子量标准；1～6 为番茄叶片提取物

图 5-1　番茄基因组 DNA 电泳图谱

(沈阳农业大学姜晶提供)

六、注意事项

(1)CTAB 溶液在低于 15 ℃时会析出沉淀，因此在加入冷冻的植物材料前必须预热。

(2)选用幼嫩植物组织,可减少淀粉类的含量。植物材料含有大量酚类化合物,与DNA共价结合,使DNA呈棕色,并抑制DNA的酶解反应。为防止此情况出现,可在加入2×CTAB的同时加入2%～5%的巯基乙醇,或者加入亚精胺(100 μL DNA加5 μL 0.1 mol/L的亚精胺)。

(3)如果DNA沉淀呈白色透明状而且溶解后呈黏稠状,说明DNA含有较多的多糖类物质,可以在取材前将植物放暗处24 h,以达到去除淀粉的目的。

(4)沉淀DNA用75%乙醇清洗2次或更多次,以除去DNA中含有的多糖或盐类。

(5)注意乙醇一定要吹干,否则电泳点样时样品上漂。

(6)若样品用于PCR扩增时,最好用灭菌的双蒸水溶解,以免TE缓冲液中的成分影响PCR。

(7)电泳检测DNA时条带呈弥散状说明样品已降解。样品降解可能有两种情况:机械振动过于剧烈;操作过程中DNase污染。在提取DNA的各个操作过程中要避免剧烈振荡,提取液及用品要高温高压灭菌。另外,使用吸头吸取过程中应避免产生气泡,吸头应剪去尖部,避免反复冻融DNA。

七、思考题

(1)CTAB提取缓冲液中,每种成分的作用是什么?

(2)无水乙醇和异丙醇沉淀DNA各有什么优点?

(3)计算实验中DNA样品的浓度。

(4)如何去除DNA粗提物中的杂质?

(5)如何防止DNA样品降解?

八、参考文献

顾红雅,瞿礼嘉,明小天,等.植物基因与分子操作.北京:北京大学出版社,1995.

林忠旭,杨细燕.植物生物技术综合实验.北京:科学出版社,2021.

左开井,潘琪芳,连红莉.植物分子生物学实验手册.上海:上海交通大学出版社,2021.

实验23 质粒DNA的提取及纯化

一、实验目的

(1)理解SDS碱裂解法及煮沸裂解法提取质粒的原理。

(2)掌握SDS碱裂解法及煮沸裂解法提取质粒的技术方法。

(3)掌握琼脂糖凝胶电泳的技术。

二、实验原理

细菌质粒是一类双链、闭环的DNA,大小范围从1 kb至200 kb以上不等。各种质粒都是存在于细胞质中、独立于细胞染色体之外的自主复制的遗传成分,通常情况下可持续稳定地处于染色体外的游离状态,但在一定条件下也会可逆地整合到寄主染色体上,随着染色体的复制而复制,并通过细胞分裂传递到后代。

在基因工程中,质粒是携带外源基因进入细菌和植物细胞中扩增和表达的重要媒介物,这种基因运载工具,在植物遗传工程中有着极为广泛的应用前景,而质粒DNA的分离提取是植物遗传工程中经常使用的最基本的工作,质粒DNA的提取效率和纯度直接影响植物遗传工程中实验的成功与否,如酶切、连接、大肠杆菌的转化、PCR扩增等。细菌质粒是最常用的基因工程载体,它的提取可以分为以下三步:细菌培养物的生长,细菌的收集和裂解,质粒DNA的纯化。细菌培养物是通过在含有适当浓度抗生素的液体培养基中接种一含有所提质粒的宿主菌的单菌落,37 ℃,150～250 r/min摇瓶培养过夜获得的。对松弛型的质粒,可以在细菌生长的对数后期加入氯霉素抑制宿主菌蛋白的合成和染色体DNA的复制来增加拷贝数。但目前所用的质粒载体如pUC系列,采用强的改进型的pMB1复制子,拷贝数能达到几百个,因此不用进行后期的氯霉素处理即可获得高产量的质粒。细菌的收集可以采用离心的方法,为了防止细菌排出的代谢废物影响质粒的纯度可以用液体培养基或生理盐水洗1～2次。细胞裂解的方法很多,如去污剂法、煮沸法、碱变性法等。这些方法各有利弊,要根据质粒的性质、宿主菌的特性及后续的纯化方法等多种因素加以选择。粗提质粒为了满足一些实验的要求还需要进一步纯化,氯化铯-溴化乙锭密度梯度离心纯化质粒DNA是可靠经典的方法。

细菌质粒的提取常采用碱裂解法、煮沸法、一步提取法以及在碱裂解法基础上的试剂盒法等。碱裂解法提取质粒是根据共价闭合环状质粒DNA与线性染色体DNA在拓扑学上的差异来分离它们。在pH介于12.0～12.5这个狭窄的范围内,线性的DNA双螺旋结构解开而被变性,尽管在这样的条件下,共价闭环质粒DNA的氢键会断裂,但两条互补链彼此相互盘绕,仍会紧密地结合在一起。当加入pH 4.8的乙酸钾高盐缓冲液恢复pH至中性时,共价闭合环状的质粒DNA的两条互补链仍保持在一起,因此复性迅速而准确,而线性的染色体DNA的两条互补链彼此已完全分开,复性就不会那么迅速而准确,它们缠绕形成网状结构,通过离心,染色体DNA与不稳定的大分子RNA,蛋白质-SDS复合物等一起沉淀下来而被除去。

煮沸法利用高温破坏细菌细胞,同时利用溶菌酶酶解细菌细胞。把细菌悬浮于含有聚乙二醇辛基苯基醚(Triton X-100)、溶菌酶(消化细胞壁)的缓冲液中,然后加热到100 ℃,使其裂解。加热破坏了细胞壁,还有助于解开 DNA 链的碱基对,并使蛋白质和染色体 DNA 变性。但是闭环质粒 DNA 配对虽被破坏,但是链彼此不会分离,当温度下降恢复成超螺旋。离心除去变性的染色体 DNA 和蛋白质,从上清液中回收质粒 DNA。

多数公司生产的商品化的质粒提取试剂盒多采用在碱裂解法的基础上通过特殊的吸附柱来纯化质粒 DNA 的方法。经碱裂解获得的含质粒的上清液和高盐的结合缓冲液混合后,加到能高效、专一吸附 DNA 的特殊硅基质填充的离心吸附柱中,再用洗涤缓冲液通过离心洗去蛋白、盐等杂质,最后用洗脱缓冲液将质粒 DNA 洗脱下来。在提取液中含有 RNase A,可以在提取纯化过程中除去 RNA,而不用另外单独加 RNase A 除去 RNA。该方法由于不用苯酚、氯仿抽提,减少了对质粒 DNA 的破坏,而且纯度很高,超螺旋结构占 80%～90%。

凝胶电泳不仅可分离不同相对分子质量的 DNA,也可以分离相对分子质量相同但构型不同的 DNA 分子。例如某些质粒 DNA 有 3 种构型:超螺旋的共价闭合环状质粒 DNA(covalently closed circular DNA,cccDNA);开环质粒 DNA(即共价闭合环状质粒 DNA 1 条链断裂);线状质粒 DNA (open circular DNA,ocDNA),即共价闭合环状质粒 DNA 2 条链发生断裂(linear DNA,lDNA)。这 3 种构型的质粒 DNA 分子在凝胶电泳中的迁移率不同。琼脂糖凝胶电泳是一个基于电荷基团之间不同吸引力的性质而区分不同分子的技术。由于 DNA 的脱氧骨架上连接着的磷酸基团而带有负电荷,它将在一个电场中向着正极迁移。琼脂糖是琼脂的高度纯化形式,它在凝胶状态时可以形成一个网络结构让 DNA 通过。由于 DNA 片段大小不同,它们通过琼脂糖的速度也有所不同,大片段 DNA 通过的速度要慢而小片段 DNA 通过的速度要快。这些不同的迁移速率就使我们可以根据相对分子质量的不同而区分出由不同大小 DNA 片段所组成的混合物。通过一个特定 DNA 的相对分子质量可以大致确定其所含核苷酸数目。注意,其他因素也可能影响 DNA 的迁移速率,如质粒 DNA 是线状、环状还是超螺旋在电泳后呈 3 条带,超螺旋质粒 DNA 泳动最快,其次为线状 DNA,最慢的为开环质粒 DNA。

三、实验材料

大肠杆菌 JM109(或 DH5α)含有 pUC18(或 pGEM)。

四、实验用品

1. 仪器和器具

恒温培养箱,恒温摇床,台式离心机,高压灭菌锅,旋涡混合器、Eppendorf 管,移液器,枪头,电泳装置,紫外核酸检测仪。

2. 试剂和药品

溶液Ⅰ:含 50 mmol/L 葡萄糖,25 mmol/L Tris-HCl (pH 8.0),10 mmol/L EDTA (pH 8.0)。配制方法: 200 mmol/L 葡萄糖 25 mL, 250 mmol/L EDTA 4 mL, 1 mol/L Tris-HCl (pH 8.0) 2.5 mL,加 ddH_2O 定容至 100 mL,高压蒸汽灭菌后,储存于 4 ℃,临用时再加 200 mg 溶菌酶。

溶液Ⅱ(现用现配):含 0.2 mol/L NaOH 和 1% (质量浓度)SDS。配制方法:10 mol/L NaOH 4 mL, 20% SDS 10 mL,加 ddH_2O 定容至 100 mL。

溶液Ⅲ:60 mL 5 mol/L 乙酸钾,11.5 mL 冰乙酸,28.5 mL 水,pH 4.8,高压蒸汽灭菌后,

4 ℃保存。

STET：0.1 mol/L NaCl，10 mmol/L Tris-HCl (pH 8.0)，1 mmol/L EDTA (pH 8.0)，5% Triton X-100。

溶菌酶溶液：10 mg/mL，用 10 mmol/L Tris-HCl (pH 8.0)配制。

LB 培养基：10 g 胰蛋白胨，5 g 酵母提取液，10 g NaCl。溶于 800 mL 水中，用 NaOH 调 pH 至 7.5 后，用水定容至 1 L。高压灭菌。

TE 缓冲液：10 mmol/L Tris-HCl (pH 8.0)，1 mmol/L EDTA。

3 mol/L 乙酸钠(pH 5.2)(各试剂的配制方法详见附录Ⅰ)。

五、实验方法与步骤

(一)SDS 碱裂解法

(1)在 5 mL 含相应抗生素的 LB 培养基中接种一单菌落，于 37 ℃剧烈振荡培养过夜。

(2)将 5 mL LB 培养物倒入 Eppendorf 管中，用微量离心机于 4 ℃、12 000 r/min 离心30 s。离心结束后尽可能吸干培养液。

(3)将细菌沉淀重悬于 100 μL 用冰预冷的溶液Ⅰ中，剧烈振荡。必须使细菌沉淀在溶液Ⅰ中完全分散，将两个微量离心管的管底部互相接触，同时进行涡旋振荡，可使沉淀迅速分散。

(4)加 200 μL 新配制的溶液Ⅱ，盖紧管口，快速颠倒离心管 5 次，以混合内容物，切勿振荡。将离心管置于冰上 3～5 min。

(5)加 150 μL 用冰预冷的溶液Ⅲ，盖紧管口，温和振荡 10 s，使溶液Ⅲ在黏稠的细菌裂解物中分散均匀，然后将管置于冰上 3～5 min。4 ℃、12 000 r/min 离心 10 min，将上清液转移到另一离心管中。

(6)加等体积酚-氯仿，振荡混合有机相和水相，然后 4 ℃、12 000 r/min 离心 10 min，将上清液转移到另一离心管中。

(7)用 2 倍体积的无水乙醇或 2/3 体积的异丙醇沉淀双链 DNA。温和振荡混匀，于 −20 ℃放置 20 min。用微量离心机于 4 ℃、12 000 r/min 离心 10 min，收集沉淀的核酸。弃去上清液，加 1 mL 70%冷乙醇于沉淀中并将盖紧的离心管轻轻旋转洗沉淀。此步骤重复 2～3 次。

(8)将开口的试管置于室温的超净工作台中，打开风机，使乙醇挥发，直至试管内没有可见的液体存在。

(9)用 TE 溶液或灭菌双蒸水溶解核酸，温和振荡几秒钟。样品可以储存于−20 ℃。

(10)质粒的琼脂糖凝胶电泳

①准备凝胶，配制 2%的琼脂糖凝胶。随后，混匀溶液并加热至沸腾，混合液开始呈现白色混浊，当其变清澈时就可以使用。

②封好胶槽后，放置好电泳梳子。尽量将梳子放于靠近胶槽的一端的位置，并且注意梳子的底部不能接触到槽面。琼脂糖倾注并且凝固后，则可以拔出梳子，所留下的梳孔可以用于加入 DNA 样品。

③待加热的琼脂糖凝胶冷却至 60 ℃左右，加 EB 母液(10 mg/mL)至终质量浓度为 0.5 μg/mL(注意：EB 为强诱变剂，操作时戴手套)，轻轻摇匀，倒入胶槽中，并且确保凝胶中没有气泡。注意，在插入梳子的时候要轻柔，以防止产生气泡。加热的凝胶凝固需要大约

15 min。

④一旦凝胶凝固，将胶条撕去，将凝胶置于电泳槽中，加入电泳缓冲液覆盖凝胶（大约1 cm）。将凝胶在缓冲液中静置1～2 min，拔取梳子。

⑤用微量移液器取5 μL质粒DNA，与2 μL的10×上样缓冲液混合，将混合液加入梳孔中，盖上电泳槽盖。将黑色电极线插入负极，红色电极线插入正极，将电极线的另一端插入电泳仪的输出端口。注意，DNA带负电荷，因此正极应该位于远离点样孔的一端。

⑥在200 V的条件下电泳5 min，让DNA样品汇集在梳孔壁处，随后调整到75 V进行随后的电泳。依据胶块大小的不同，电泳过程的时间也有差别。增加电压会缩短电泳的时间，但同时也会降低DNA条带的分辨率并且增加缓冲液的温度。

⑦将胶块放于紫外透射仪上进行观察。为了减少暴露于紫外线下，紫外透射仪放置于一个有机玻璃罩后，戴上有机玻璃安全防护眼镜，打开透射仪电源进行观察。与DNA交联的溴化乙锭会发出橙色的荧光（图5-2）。如果没有紫外透射仪，也可以用手持式紫外观测仪代替。

（二）大量提取法

（1）在含有抗生素的30 mL LB培养基中接种一单菌落，37 ℃ 150 r/min摇培至对数晚期，然后转到500 mL的LB培养基中剧烈摇瓶培养过夜，此时也可以加入氯霉素以增加质粒的拷贝数。

（2）取500 mL菌液于离心管中，4 000 r/min离心15 min收集菌体，弃去上清液，重悬于10 mL冰预冷的溶液Ⅰ中。

（3）加1 mL新配制的溶菌酶溶液（10 mg/mL，溶于10 mmol/L Tris-HCl pH 8.0）。

（4）加入20 mL新配制的溶液Ⅱ，盖紧盖子，缓缓颠倒离心管数次，以充分混匀内容物。于室温放置5～10 min。此时溶液发稠。

（5）加入15 mL冰预冷的溶液Ⅲ，温和振荡数次，置于冰上10 min。此时溶液出现白色沉淀。

（6）4 000 r/min离心10 min，转上清液于另一管中，用等体积的酚-氯仿抽提一次，1 000 r/min离心2 min，吸上清液于另一管中。加入2/3体积异丙醇混匀，室温沉淀10 min。

（7）5 000 r/min离心15 min回收质粒DNA。70%乙醇洗一次后，空气中干燥。加适量的无菌水或TE溶解。

（8）琼脂糖凝胶电泳检测质粒的完整性。若需要，可以进一步纯化质粒DNA以达到转化、重组的要求。

注：小量提取往往不能满足大量分析需要，可以用“中量提取法”即50 mL菌液用2 mL溶液Ⅰ，4 mL溶液Ⅱ和3 mL溶液Ⅲ处理后直接用等体积的氯仿抽提，然后分装小离心管沉淀分析用。这样既节省时间又便于分析。

（三）煮沸裂解法

（1）将细菌沉淀（收获细菌的步骤同碱裂解法1～3步）重悬于350 μL STET中。

（2）加25 μL新配制的溶菌酶溶液，盖上离心管盖，轻微涡旋混合几秒钟。将离心管放入沸水浴中时间精确为40 s。

（3）在室温下用微量离心机于室温以12 000 r/min离心10 min。转移上清液于一洁净离心管中或用无菌牙签从微量离心管中去除细菌碎片。

（4）在上清液中加入40 μL 3 mol/L乙酸钠（pH 5.2）和420 μL异丙醇，振荡混匀溶液，于室温放置 5 min。用微量离心机于 4 ℃、12 000 r/min 离心 5 min，回收核酸沉淀。

(5)小心吸去上清液，加入 70%冷乙醇洗沉淀 1～2 次。将开口的试管置于室温使乙醇挥发，直至试管内没有可见的液体存在。

(6)用 TE 溶液或灭菌双蒸水溶解核酸，温和振荡几秒钟，储存于－20 ℃。

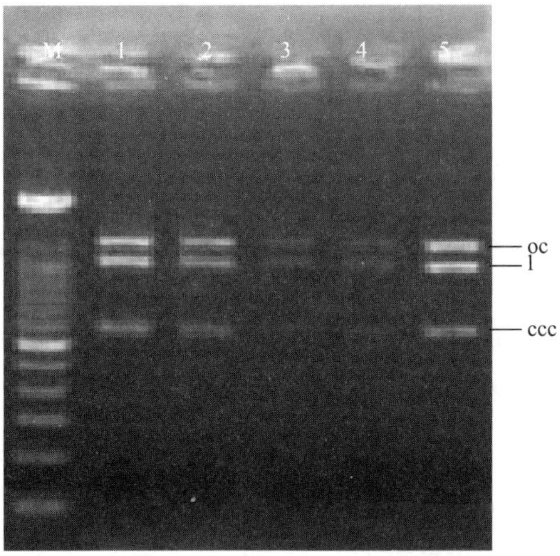

oc：开环质粒；l：线型质粒；ccc：超螺旋质粒

图 5-2　分子量相同构型不同的质粒 DNA 的琼脂糖凝胶电泳图谱

(沈阳农业大学姜晶提供)

六、注意事项

(1)为确保培养物通气良好，摇菌时试管不宜盖紧，培养物应在剧烈振动下培养。

(2)未从细菌沉淀中除去所有培养液的后果是质粒不能被限制酶切割或不能完全切割，因为培养液中的细胞壁成分抑制多种限制酶活性。

(3)碱裂解法提取质粒 DNA 时，应确保离心管的整个内壁均与溶液Ⅱ接触。

(4)省略酚-氯仿抽提这一步骤可能会导致获得不能被限制酶切割的 DNA。在抽提 DNA 时，为了混合均匀，必须剧烈振荡容器数次，这时在混合液内易产生气泡，气泡会阻止相互间的充分作用。加入异戊醇能降低分子表面张力，所以能减少抽提过程中的泡沫产生。一般采用氯仿与异戊醇体积比为 24∶1。也可以采用酚、氯仿与异戊醇体积比为 25∶24∶1(不必先配制，可在临用前把一份酚加入一份体积比为 24∶1 的氯仿、异戊醇即成)，同时异戊醇有助于分相，使离心后的上层水相，中层变性蛋白相以及下层有机溶剂相维持稳定。

(5)70%乙醇漂洗核酸沉淀时要特别小心，因为有时候沉淀并不紧贴管壁。

(6)如果用干燥器或真空干燥的方法干燥 DNA 沉淀，在某些情况下它会变得难以溶解并且可能变性，将沉淀在室温下干燥 10～15 min 对于乙醇挥发来说足够了，而且不会引起 DNA 脱水。

(7)煮沸法提取 DNA 时，延长超螺旋 DNA 暴露于热的时间会使其不可逆变性，所产生的环状卷曲 DNA 不能被限制酶切割，而且它在琼脂糖电泳中的迁移率为正常超螺旋 DNA 的 2

倍,难以被溴化乙锭染色。从细菌中用裂解法提质粒时可能看到微量的这种 DNA。但如果将裂解液在 100 ℃精确地放置所推荐的时间,可使环状卷曲 DNA 的量减为最小。

(8)在离心机中放置离心管时,最好按一定顺序将离心管的塑料柄朝外,这样沉淀总是聚集在离转头中心最远的离心管内壁。知道 DNA 沉淀在什么地方,可以较容易地找到可见的沉淀,也就能有效地溶解看不见的沉淀。

(9)煮沸法中添加溶菌酶有一定限度,浓度高时细菌裂解效果反而不好。

七、思考题

(1)使用碱裂解法提取质粒 DNA 时,溶液Ⅰ、溶液Ⅱ、溶液Ⅲ的作用是什么?加入后,又分别产生哪些现象?

(2)列举碱裂解法提取质粒 DNA 的哪些步骤会影响 DNA 的产量和纯度?

(3)提取质粒的一般原理是什么?

(4)不同的提取方法有何优缺点?

(5)图示电泳检测结果并分析。

八、参考文献

魏群.分子生物学实验指导.4 版.北京:高等教育出版社,2021.

杨建雄.生物化学与分子生物学实验技术教程.3 版.北京:科学出版社,2014.

左开井,潘琪芳,连红莉,等.植物分子生物学实验手册.上海:上海交通大学出版社,2021.

M. R. 格林,J. 萨姆布鲁克.分子克隆实验指南.4 版.贺福初,译.北京:科学出版社,2017.

实验 24 植物基因组目的基因的 PCR 扩增技术

一、实验目的

(1)理解 PCR 的基本原理和实验技术过程。

(2)掌握 PCR 操作的基本技术。

(3)熟练 PCR 扩增仪的编程和使用。

二、实验原理

核酸研究已有 100 多年的历史,20 世纪 60 年代末至 70 年代初人们致力于研究基因的体外分离技术,Korana 于 1971 年最早提出核酸体外扩增的设想:“经过 DNA 变性,与合适的引物杂交,用 DNA 聚合酶延伸引物,并不断重复该过程便可克隆 tRNA 基因。”1985 年美国 PE-Cetus 公司人类遗传研究室的 Mullis 等发明了具有划时代意义的聚合酶链反应。其原理类似于 DNA 的体内复制,只是在试管中给 DNA 的体外合成提供合适的条件——模板 DNA、寡核苷酸引物、DNA 聚合酶、合适的缓冲体系、DNA 变性与复性及延伸的温度与时间。Mullis 最初使用的 DNA 聚合酶是大肠杆菌 DNA 聚合酶Ⅰ的 Klenow 片段,其缺点是:①Klenow 酶不耐高温,90 ℃会变性失活,每次循环都要重新加;②引物链延伸反应在 37 ℃下进行,容易发生模板和引物之间的碱基错配,其 PCR 产物特异性较差,合成的 DNA 片段不均一。此种以 Klenow 酶催化的 PCR 技术虽较传统的基因扩增具备许多突出的优点,但由于 Klenow 酶不耐热,在 DNA 模板进行热变性时,会导致此酶钝化,每加入一次酶只能完成一个扩增反应周期,给 PCR 技术操作程序添了不少困难。这使得 PCR 技术在一段时间内没能引起生物医学界的足够重视。1988 年初,Keohanog 改用 T_4 DNA 聚合酶进行 PCR,其扩增的 DNA 片段很均一,真实性也较高,只有所期望的一种 DNA 片段。但每循环一次,仍需加入新酶。1988 年 Saiki 等从温泉中分离的一株水生嗜热杆菌(*Thermus aquaticus*)中提取到一种耐热 DNA 聚合酶。此酶具有以下特点:①耐高温,在 70 ℃下反应 2 h 后其残留活性大于原来的 90%,在 93 ℃下反应 2 h 后其残留活性是原来的 60%,在 95 ℃下反应 2 h 后其残留活性是原来的 40%;②在热变性时不会被钝化,不必在每次扩增反应后再加新酶;③大大提高了扩增片段特异性和扩增效率,增加了扩增长度(2.0 kb)。由于提高了扩增的特异性和效率,所以其灵敏性也大大提高。为与大肠杆菌多聚酶Ⅰ的 Klenow 片段区别,将此酶命名为 *Taq* DNA 聚合酶(*Taq* DNA polymerase)。此酶的发现使 PCR 技术被广泛地应用。

PCR 技术具有特异、敏感、产率高、快速、简便、重复性好和易自动化等突出优点;能在一个试管内将所要研究的目的基因或某一 DNA 片段于数小时内扩增至十万倍乃至百万倍,使肉眼能直接观察和判断;可从一根毛发、一滴血甚至一个细胞中扩增出足量的 DNA 供分析研究和检测鉴定。它在短短的数年时间内即被广泛地应用于目的基因扩增与分离、医疗诊断、基因突变与检测等众多领域,并已普及到各个实验室。PCR 技术的特异性依赖于与靶序列两端互补的寡核苷酸引物。PCR 由变性—退火—延伸 3 个基本反应步骤构成:①模板 DNA 的变性,即模板 DNA 经加热至 93 ℃左右一定时间后,使模板 DNA 双链或经 PCR 扩增形成的双链 DNA 解离，使之成为单链，以便它与引物结合，为下轮反应做准备；②模板 DNA 与引物的退火(复性)，即模板 DNA 经加热变性成单链后，温度降至 55 ℃左右，引物与模板 DNA 单链的互补序列配对结合；③引物的延伸，即 DNA 模板-引物结合物在 *Taq* DNA 聚合酶的作用下，以 dNTP 为反应原料，以靶序列为模板，按碱基配对与半保留复制原理，合成一条新的与模板 DNA 链互补的半保留复制链重复循环变性—退火—延伸过程，就可获得更多的"半保留复制链"，而且这种新链又可成为下次循环的模板。每完成一个循环需 2～4 min，2～3 h 就能将待扩目的基因扩增放大几百万倍。因此，PCR 技术的原理是将欲扩增的 DNA 作为模板，以与模板正链和负链互补的两种寡聚核苷酸作为引物，经过模板 DNA 的变性、模板与引物结合复性及在 DNA 聚合酶作用下发生引物链延伸反应的三步循环来扩增两引物间的 DNA 片段。每一循环的 DNA 产物经变性后又成为下一个循环的模板 DNA。重复上述变性—复性—引物延伸的过程就可以获得更多的"半保留复制链"，并且新链又可成为下次循环的模板。这样，目的 DNA 的数量将以 2^n 指数形式累积，经过 25～30 个周期之后，DNA 的扩增倍数为 $(1+X)^n$，这里 X 是扩增效率，n 为 PCR 循环次数。每完成一次循环周期需要 2～3 min，1～2 h 就能将所需基因放大几百万倍。

典型的 PCR 体系由如下组分组成：DNA 模板、反应缓冲液、dNTP、$MgCl_2$、两个合成的 DNA 引物、耐热 *Taq* DNA 聚合酶。

PCR 是 DNA 体外合成的反复循环的指数扩增过程，由于 PCR 时间长、温度高，许多因素不可避免地影响 PCR 结果，所以，在具体的实验中，还要依据 PCR 标准反应条件对其反应条件进行必要的优化。

(1)用于 PCR 扩增的 *Taq* DNA 聚合酶：PCR 中通常使用的 DNA 聚合酶是耐高温的 *Taq* DNA 聚合酶。它是从水生嗜热菌(*Thermus aquaticus*，能在 70～75 ℃下生长)YT 菌株中提纯的天然酶，具有依赖于聚合作用的 $5'\rightarrow3'$ 的外切核酸酶活性，但缺乏 $3'\rightarrow5'$ 的外切核酸酶活性，因此在聚合反应中，一旦发生错配，*Taq* DNA 聚合酶是不能识别的。*Taq* DNA 聚合酶的合成速率取决于温度、Mg^{2+} 浓度、去污剂、模板的二级结构、dNTP、引物浓度等。

(2)用于 PCR 扩增的引物：引物是与模板 DNA 的某个区域具有碱基互补特异性的短的单链 DNA 片段。引物的优劣直接关系到 PCR 的特异性和成功与否。PCR 引物一般长达 20～27 个核苷酸，这样短的寡核苷酸，在聚合反应温度(通常是 72 ℃)下不会形成稳定的杂合体。引物浓度通常是 1 μmol/L，这一浓度足以完成 30 个循环的扩增反应，更高的浓度可能导致异位引导，其结果是出现意外的非靶序列的扩增。反之，如果引物浓度不足，则 PCR 的效率极低。引物与扩增产物之间的关系可归纳为：扩增产物浓度越高，所需引物浓度越高；扩增产物片段越长，所需引物浓度越低。

(3)用于 PCR 扩增的 dNTP：dNTP 有 4 种，即 dATP、dGTP、dCTP、dTTP，这 4 种脱氧核苷三磷酸(dNTP)的浓度通常每种都是 50～200 μmol/L。过高的浓度会导致聚合酶将其错误掺入，降低 *Taq* DNA 聚合酶的忠实性。最适 dNTP 浓度与以下因素有关：扩增产物的长度、Mg^{2+} 的浓度、引物浓度、反应强度(即产物的产量)。dNTP 可定量地与 Mg^{2+} 结合，因此反应中的 dNTP 的含量又影响了游离 Mg^{2+} 的浓度。

(4)用于 PCR 的缓冲液：用于 PCR 的标准缓冲液含：50 mmol/L KCl、10 mmol/L Tris-HCl(pH 8.3 于室温)、1.5 mmol/L $MgCl_2$。其中，$MgCl_2$ 的浓度对扩增专一性和扩增量具有重大影响：Mg^{2+} 能增强酶蛋白的稳定性而且是维持酶活性的重要辅因子；能增加 dsDNA 的

T_m 值，提高了融合温度；能与游离的 dNTP 形成可溶性复合物，有利于 dNTP 的掺入。Mg^{2+} 浓度过高，通常会导致非特异性扩增产物的累积；而浓度过低时则会降低扩增量。这主要是因为 Mg^{2+} 对 *Taq* DNA 聚合酶的活性和专一性的影响所致。Mg^{2+} 浓度高则 *Taq* DNA 酶的活性加强而专一性则降低。通常 Mg^{2+} 的最佳浓度为 1.5 mmol/L 左右，但有时需采用不同的 Mg^{2+} 浓度。建议设置一组反应时，Mg^{2+} 浓度从 0.5～5 mmol/L 进行梯度实验，找到最佳的 Mg^{2+} 浓度。

(5)DNA 样品：含有靶序列的 DNA 可以单链或双链形式加入 PCR 混合液。虽然 DNA 的大小并不是关键的因素，但当使用极高分子质量的 DNA(如基因组 DNA)时，如用切点罕见的限制酶(如 *Sal* Ⅰ或 *Not* Ⅰ)先行消化，则扩增效果更好。闭环靶序列 DNA 的扩增效率略低于线状 DNA，因此用质粒作为模板时最好先将其线状化。模板的纯度将影响 PCR 的效率。一般情况下，DNA 的标准用量为 100～500 ng。

(6)PCR 的温度和时间：PCR 的进行是在 3 种温度下保温样品。这 3 种温度对应于一次循环中的 3 个步骤：变性、复性和延伸。变性时温度不够是导致 PCR 失败的一个常见原因。使反应达到链完全分离时的温度非常重要，在多数情况下 94 ℃已经足够了。温度一旦达到就应冷却至复性温度。复性时的温度取决于引物的长度和 GC 含量。对 GC 含量约 50%，长 20 个碱基的寡核苷酸引物来说，55 ℃是一个很好的起点温度，可以在此基础上进行调整。

这项技术从开始诞生到现在，不断发展和简化，现已完全实现了自动化，已生产出各种型号的 PCR 仪。由于引物的长短和碱基的组成不同，所需的复性温度和时间存在差异。现已衍生了许多相关的方法，如随机扩增多态性 DNA(random amplified polymorphic DNA，RAPD)、随机引物 PCR(arbitrary primed PCR，AP-PCR)、DNA 扩增指纹(DNA amplification fingerprint，DAF)、扩增片段长度多态性(amplified fragment polymorphism，AFLP) 等。

三、实验材料

含有目的片段的 DNA。

四、实验用品

1. 仪器和器具

PCR 仪，Eppendorf 管，移液器，枪头，电泳装置，紫外核酸检测仪。

2. 试剂和药品

DNA 模板，对应目的基因的特异引物。

10×PCR 缓冲液：含 100 mmol/L Tris-HCl (pH 8.2)，0.5 mol/L KCl 和 0.1% Triton X-100。

2.5 mmol/L dNTP 混合物：用 pH 7.5 的 TE 缓冲液分别配制 4 种 dNTP 的 10 mmol/L 母液。再取等量的 4 种 10 mmol/L 的 dNTP 混合，即为 2.5 mmol/L dNTP 混合液。分装为 1.5 mL 小管中，−20 ℃冻存。

Taq DNA 酶。

五、实验方法与步骤

(1)在冰浴中，按以下顺序将各成分加入一无菌 0.2 mL 或 0.5 mL 离心管中。

10×PCR 缓冲液	5 μL
dNTP 混合物(2.5 mmol/L)	4 μL

引物 1(20 μmol/L)	1 μL
引物 2(20 μmol/L)	1 μL
Taq DNA 酶(2 U/μL)	1 μL
DNA 模板(50 ng/μL 至 1 μg/μL)	1 μL
加 ddH_2O 至	50 μL

视 PCR 仪有无热盖,不加或添加液体石蜡。

(2)调整好反应程序。将上述混合液稍加离心,立即置于 PCR 仪上,执行扩增。一般在 93～95 ℃预变性 3～5 min,进入循环扩增阶段:变性—退火—延伸(如 93 ℃、40 s;58 ℃、30 s;72 ℃、60 s),循环 25～35 次,最后在 72 ℃保温 7～10 min。

(3)结束反应,PCR 产物置于 4 ℃待电泳检测或－20 ℃长期保存。

(4)PCR 的电泳检测:如在反应管中加有液体石蜡,需用 100 μL 氯仿进行抽提反应混合液,以除去液体石蜡;或将枪头插入管底吸即可。否则,直接取 5～10 μL 电泳检测。PCR 产物应为一条明显的、单一的条带(图 5-3)。

(5)实验条件的优化:PCR 体系中的任何一个成分,对其结果都是非常重要的。现在试剂生产厂家一般都供应成套的反应体系(Kit),使实验结果比较有保障。但仍有很多因素需要实验者在操作中加以注意。

①$MgCl_2$浓度:在不同的引物-模板系统,最适合的 $MgCl_2$浓度也不相同,直接影响到 PCR 能否成功。通常最适 $MgCl_2$浓度为 1.5 mmol/L、3.0 mmol/L 或 4.5 mmol/L,实验者往往需做预备实验来选定。

②起始:*Taq* DNA 聚合酶在室温下也具有一些活性,因此,在非严谨型退火条件下,可由引物与模板在低互补序列甚至仅在 3′端有几个核苷酸互补的条件下合成出新的 DNA 链,这种链由于带有引物末端,在以后的循环中就会作为模板合成新的后代,不仅产生了非特异条带,而且由于竞争底物和酶而使特异性反应效率大大降低。解决的办法一般有热起始法,0 ℃冷却操作和用抗体反向封闭酶的活性。

热起始法就是在第一步变性和退火之后再加 *Taq* DNA 聚合酶。其缺点是需要再次打开反应管,很不方便,并增加了污染的机会。在 0 ℃冰浴中操作比较方便,但在从 0 ℃加热到 94 ℃过程中可能会发生错误的合成。抗体反向封闭 *Taq* DNA 聚合酶是最方便和有效的。由于在热循环开始前 *Taq* DNA 聚合酶一直被其特异性抗体封闭着,不会引发任何合成反应。而于 94 ℃加热 5 min 后抗体变性,DNA 聚合才能开始。

③热循环参数:热循环中每一步温度改变都要求尽快达到设定温度。加温或降温时间过长不仅浪费时间,而且影响酶的活性。国产的水浴式 PCR 仪在这一点上具有优越性。进口 PCR 仪变温时间很不一样,当然越短越好。变性这一步要确保 DNA 的两条链完全分开。DNA 变性反应是很快的。标准程序中设置变性 1 min 是为了确保反应管内温度达到 94 ℃。一般 PCR 仪上都放一个对照管,加 100 μL 水,以便插入探头测定管内温度。如果超过 95 ℃,*Taq* DNA 聚合酶的活性会急剧下降。退火时引物稳定地退火到模板上是很关键的。GC 含量较低(＜50%)的引物可能需要低于 55 ℃才能完全退火,但这又会增加非特异性 PCR 产物。GC 含量较高的引物需要较高的退火温度。实验者可以做预备实验自行确定。延伸时 72 ℃的延伸温度接近 *Taq* DNA 聚合酶的最适温度(75 ℃),然而,又防止了引物从模板上脱落。事实上,引物的延伸从退火时即开始了,因 *Taq* DNA 聚合酶在 55 ℃或更低温度时仍具有部分

活性。延伸的时间取决于目的序列的长短，一般 500 bp 以下时 1 min，500 bp 以上时 3 min。

④引物选择：这个因素是最难预料的，有时设计的引物可能根本不能用。为增大成功的把握，要注意以下几点。

A. 一般考虑：最佳引物应能有效地结合到目的序列上，尽可能不与其他部位结合。两个引物之间的距离可长达 10 kb，但超过 3 kb 后合成效率大为降低，距离太短不易获得足够的序列资料。引物设计应能显示 PCR 产物的特异性，最后在产物序列中含有特异的内切酶切点。

B. 与模板的互补：多数 PCR 用的引物都要求与模板序列完全互补。但有时要有意改变其中某些碱基，如基因工程的突变，引入新内切酶位点；或者缺乏确切的 DNA 序列资料，就会在引物中包括有不配对的碱基。最好把它们置于引物的 5′端，靠近 3′端会影响引物的延伸。在只有氨基酸序列资料或克隆不同种属的同一基因时，常会应用简并寡核苷酸引物，但 PCR 后会得到多种产物，对这些产物逐一鉴定是很费精力的，应尽量使引物的 3′端简并性低一些。

C. 引物长度：作为引物的寡核苷酸一般为 20～30 个碱基长，最低不能少于 16 个，再长不一定有利，反而会因引物间的退火影响结果。

D. 引物序列：尽量使引物的 GC 含量与模板相近，序列中要避免出现连续多个嘌呤或嘧啶，以防止形成不利的二级结构。最好应用有关的计算机程序先检查一下二级结构的可能性。

E. 引物二聚体：当两个引物的 3′端 DNA 序列互补时，就会发生退火，然后聚合酶就会把引物延伸到另一引物的末端，因而形成引物的二聚体。这对特异的 PCR 造成不良影响。因此要防止两个引物的 3′端含有互补序列。如果仍有二聚体出现，改变 $MgCl_2$ 浓度可使其含量大大低于目的产物。

⑤模板：模板的纯度及量对反应有重要影响。残留在模板制剂中的许多成分会影响 PCR 的效率，如尿素、SDS、乙酸钠、琼脂糖凝胶中的某些成分、血红蛋白等。模板的量应足以使 PCR 产物在 EB 染色的琼脂糖电泳胶中看到，通常 100 ng 染色体 DNA 足以查出单一拷贝的基因(图 5-3)。模板量太大，会由于 DNA 制剂中的污染物影响 PCR 效率，并且会出现更多的非特异性产物。

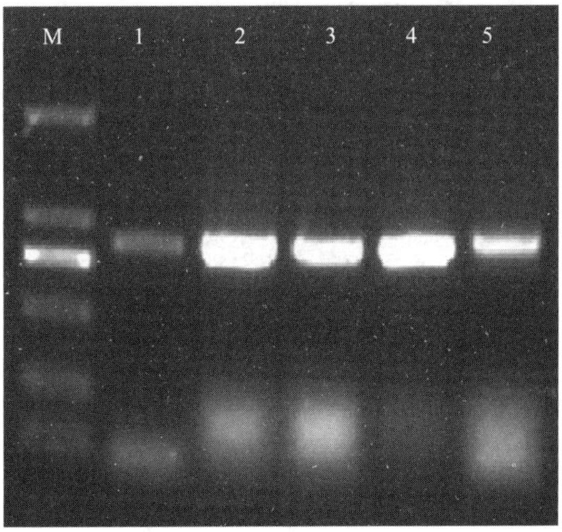

图 5-3　不同品种番茄果实特异性启动子 2A11 PCR 扩增的电泳检测

(沈阳农业大学姜晶提供)

六、注意事项

(1)PCR 应该在一个没有 DNA 污染的干净环境中进行。最好设立一个专用的 PCR 实验室。

(2)纯化模板所选用的方法对污染的风险有极大影响。一般而言,只要能够得到可靠的结果,纯化的方法越简单越好。

(3)PCR 的样品应在冰浴上化开,并且要充分混匀。所有试剂都应该没有核酸和核酸酶的污染。操作过程中均应戴一次性手套。

(4)操作多份样品时,制备反应混合液,先将 dNTP、缓冲液、引物和酶混合好,然后分装,这样既可以减少操作,避免污染,又可以增加反应的精确度。最后加反应模板,加入后盖紧反应管。

(5)操作时设立阳性对照和空白对照,既可验证 PCR 的可靠性,又可以协助判断扩增系统的可信性。

(6)尽可能用可替换或可高压处理的加样器。加样器最容易受到产物气溶胶或标本 DNA 的污染,因此最好使用可替换或高压处理的加样器。如没有这种特殊的加样器,至少 PCR 操作过程中加样器应该专用,不能交叉使用,尤其是 PCR 产物分析所用加样器不能拿到其他两个区。

(7)重复实验,验证结果,慎下结论。

七、思考题

(1)简述 PCR 扩增的原理。

(2)PCR 中引物设计应遵循哪些原则?

(3)PCR 的特异性表现在哪几个方面?影响 PCR 特异性的因素有哪些?

(4)在反应循环结束后为什么还要进行一次 72 ℃延伸反应?

八、参考文献

黄立华,王亚琴,梁山,等. 分子生物学实验技术——基础与拓展. 北京:科学出版社,2017.

C. W. 迪芬巴赫,G. S. 德维克斯勒. PCR 技术实验指南. 种康,瞿礼嘉,译. 北京:化学工业出版社,2006.

C. W. 迪芬巴赫,G. S. 德维克斯勒. PCR 技术实验指南. 黄培堂,俞炜源,陈添弥,译. 北京:科学出版社,2003.

M. R. 格林,J. 萨姆布鲁克. 分子克隆实验指南(译著). 4 版. 北京:科学出版社,2017.

实验 25　植物基因组限制性内切酶酶切及片段的回收技术

一、实验目的

(1)理解限制性内切核酸酶的特性及作用。

(2)掌握限制性内切酶的酶解方法及酶解效率的检测方法。

(3)理解几种回收 DNA 酶切片段的方法。

(4)掌握低熔点琼脂糖凝胶中回收目的 DNA 片段的方法。

二、实验原理

限制性内切核酸酶(restriction endonuclease),简称限制酶,是一类能识别双链 DNA 分子中特异核苷酸序列的 DNA 水解酶,主要存在于原核细胞中,具有重要的生物学功能。到目前为止,已从 3 500 种不同微生物中发现了大约 400 种限制酶,所有这些酶都以双链 DNA 作为底物,需要镁离子作为辅因子,有特异的识别序列,但不同酶有许多差别,根据这些差别,可将限制酶命名为Ⅰ型、Ⅱ型、Ⅲ型。Ⅰ型和Ⅲ型酶在同一蛋白质分子中兼有切割和修饰(甲基化)作用且依赖于 ATP 的存在。Ⅰ型酶结合于识别位点并随机切割识别位点不远处的 DNA,而Ⅲ型酶在识别位点上切割 DNA 分子,然后从底物上解离。但绝大多数(93%)限制性内切核酸酶都属于Ⅱ型,Ⅱ型由两种酶组成:一种为限制性内切核酸酶(限制酶),它切割某一特异的核苷酸序列;另一种为独立的甲基化酶,它修饰同一识别序列。Ⅱ型中的限制性内切核酸酶在分子克隆中得到了广泛应用,它们是重组 DNA 的基础。绝大多数Ⅱ型酶识别长度为 4~6 个核苷酸的回文对称特异核苷酸序列,有少数酶识别更长的序列或简并序列。Ⅱ型酶切割位点在识别序列中,有的在双重对称轴处切割,产生平末端的 DNA 片段,如 *Sma* Ⅰ:5′-CCCGGG-3′;有的切割位点在对称轴一侧,产生带有单链突出末端的 DNA 片段称黏性末端,在有利于形成碱基配对的条件下,彼此可黏合在一起。根据突出单链的位置不同,又可分成 5′和 3′黏性末端。限制酶在双重对称轴的 3′侧切割,产生 3′突出的末端,如 *Pst* Ⅰ;限制酶在双重对称轴的 5′末端,如 *EcoR* Ⅰ。

5′······G/AATTC······3′
3′······.CTTAA/G······5′
↓ *EcoR* Ⅰ
5′······G　　AATTC······3′
3′······CTTAA　　G······5′
(5′黏性末端)

5′······CTGCA/G······3′
3′······G/ACGTC······5′
↓ *Pst* Ⅰ
5′······CTGCA　　G······3′
3′······G　　ACGTC······5′
(3′黏性末端)

5′······CCC/GGG······3′

3′······GGG/CCC······5′

↓ *Sma* Ⅰ

5′······CCC　　GGG······3′

3′······GGG　　CCC······5′

（平末端）

限制性内切核酸酶的命名原则是：第一个字母代表这个生物属名的第一个字母，第二和第三个字母代表种名的前两个字母。在有些情况下，限制性内切核酸酶的命名还需要再加上第四个字母或数字来区别同一物种的不同株系。罗马字母代表从这个生物中发现的限制性内切核酸酶编号。比如，*EcoR* Ⅰ来自大肠杆菌 *E. coli*（Eco），株系 RY13(R)，第一个从大肠杆菌中被发现的限制性内切核酸酶（Ⅰ）。限制性内切核酸酶切割后产生的 5′末端是磷酸根，3′末端是羟基。用限制性内切核酸酶切割得到的 DNA 片段称限制片段。每种限制酶都需要特定的缓冲液，以使酶解反应在最适条件下进行。影响酶切反应的因素有很多，主要有 DNA 的纯度、DNA 甲基化程度、缓冲液系统和温度等。

1. DNA 纯度

限制酶酶解反应的效率很大程度上取决于 DNA 的纯度。DNA 制品中的污染（如蛋白质、酚、氯仿、乙醇、EDTA、SDS、高盐浓度）均能抑制酶解活性。小量快速提取制备的 DNA 样品往往存在这种情况。这种抑制可通过增加酶的量（10～20 U/μg DNA），增大反应体积以稀释可能的抑制物或延长反应时间来加以克服。有些 DNA 样品被 DNase 污染，因 DNase 的活性依赖 Mg^{2+}，所以这样的 DNA 样品在储存的缓冲液（含 EDTA）中是稳定的。但一旦加缓冲液，它们迅速被 DNase 降解，因此污染了 DNase 的 DNA 样品必须重新纯化才能使用。消化基因组 DNA 时，加入终浓度为 1～2.5 mmol/L 的多聚阳离子亚精胺可改善酶切效果，其作用是结合带负电的污染物。消化超螺旋或病毒 DNA 较线状 DNA 需要更大量的酶（20 倍以上）。

2. DNA 甲基化程度

大肠杆菌的绝大多数菌株含有两种甲基化酶：dam 甲基化酶和 dcm 甲基化酶。dam 甲基化酶可在 5′-GATC-3′序列中的腺嘌呤 N_6 位置上引入甲基，dcm 甲基化酶可在 5′-CCAGC-3′或 5′-CCTGG-3′ 序列中的胞嘧啶 C_5 位置上引入甲基。限制性内切酶识别序列碱基一旦发生甲基化后，会使限制酶活力受到限制。这种甲基化作用可使限制性内切酶识别序列受到保护，免受切割；会产生新的特异酶切位点，利用上述甲基化酶类的特性可进一步在基因克隆中加以应用。

3. 缓冲液条件

典型的限制酶缓冲液成分包括：$MgCl_2$、NaCl/KCl、Tris-HCl、2-巯基乙醇（2-ME）或二硫苏糖醇（DTT）和牛血清白蛋白（BSA）。二价阳离子（一般为 Mg^{2+}）对于酶切是必需的；Tris-HCl 对维持适当的 pH 是需要的；巯基试剂可稳定限制酶，但也可稳定潜在的污染物。有些酶类对 Na^+ 和 K^+ 浓度敏感，而有些酶在较高的离子强度范围内仍然有活性。每种限制酶均有其最佳缓冲液，许多酶在几种缓冲液中均能保留大部分活性。许多厂商为每种限制酶推荐 4 种缓冲液，这些缓冲液在购买酶时由厂商提供，也可单独购买或者实验室自行配制 10×酶切缓冲液，于-20 ℃储存可达1年以上。

各厂商推荐的缓冲体系不完全相同。一般建议购买哪家公司的酶就使用该公司与此配套的缓冲液进行酶解反应。

限制酶的星号活性是指酶反应条件改变时，酶不能识别其特异序列，而在新的识别位点上切割DNA，如*EcoR* Ⅰ，正常识别序列GAATTC，而星号识别序列为AATT。造成星号活力的主要因素有：①酶量/DNA值过高，超过10 U/μg DNA；②甘油浓度过高（超过5%）；③反应系统中二价离子的改变，如Mg^{2+}被Mn^{2+}、Cu^{2+}、Zn^{2+}等代替，*EcoR* Ⅰ和*Hind* Ⅲ等均容易出现星号活性；④低的离子强度＜25 mmol/L；⑤高pH（＞pH 8）；⑥有机溶剂如DMSO、乙醇、乙二醇、二甲基乙酰胺、二甲基甲酰胺的存在。星号活性的出现将干扰实验结果的分析，操作中要注意上述因素。

载体及目的DNA片段经酶切后，如果无多余的片段（如目的片段或载体单切）可以直接酚-氯仿抽提后乙醇沉淀回收直接连接用。但大多数会有多余片段（如载体双酶切后有插入片段但要回收空载体，多个目的DNA片段选择其一克隆），必须电泳分离后回收目的片段。回收的方法既有传统的方法，这些方法基于降低凝胶的熔点以释放DNA，然后通过酚-氯仿抽提后乙醇沉淀回收，也有公司生产的商品化的试剂盒可用。这些试剂盒多采用凝胶裂解液（如含有降低熔点的NaI）融化凝胶释放DNA，采用特殊的硅胶树脂吸附DNA后，用洗液洗去杂质，最后用洗脱液洗出DNA。

回收的DNA分子，根据目的不同，可用于连接重组、序列分析、制备探针等后续工作。重组质粒DNA的构建：外源DNA与质粒载体分子的连接过程就是重组质粒DNA的构建。重组的DNA在连接酶的作用下，在有Mg^{2+}、ATP的连接缓冲液中，将分别经限制性内切酶酶切的载体分子与外源DNA分子进行连接。DNA重组的方法主要有黏性末端连接法和平末端连接法。目前常用的DNA连接酶有两种：T_4噬菌体DNA连接酶和大肠杆菌DNA连接酶。其中T_4噬菌体DNA连接酶以ATP为能源，大肠杆菌DNA连接酶以NAD为能源。这两种连接酶都有将两个带有相同黏性末端的DNA分子连在一起的功能，同时T_4噬菌体DNA连接酶还可将平末端的双链DNA分子连接在一起。但后者的连接效率比黏性末端的连接效率低，在实验过程中，可通过提高T_4噬菌体DNA连接酶浓度或增加DNA浓度来提高平末端的连接效率。以T_4噬菌体DNA连接酶为例，其催化DNA连接反应的过程为：T_4噬菌体DNA连接酶与ATP先形成酶-AMP复合物；该复合物再结合到5′-磷酸基团和3′-羟基切口的DNA上，使DNA腺苷化；产生新的磷酸二酯键，从而把切口封起来。37 ℃时连接反应的酶活性最高，但在此温度下，黏性末端的氢键结合不稳定。所以一般采用折中温度，即12～16 ℃，连接12～16 h（甚至过夜），这样既可最大限度地发挥连接酶活性，又兼顾短暂DNA碱基配对结构的稳定。

三、实验材料

PCR扩增产物，质粒载体DNA。

四、实验用品

1. 仪器和器具

恒温水浴锅，Eppendorf管，移液器，枪头，解剖刀片，台式高速冷冻离心机，水平琼脂糖凝胶电泳装置，稳压稳流电泳仪，紫外透射仪。

2. 试剂和药品

EcoR Ⅰ(15 U/μL)及酶切缓冲液。

T_4 DNA 连接酶及其缓冲液。

5×TBE 电泳缓冲液，也可用 TAE。

6×电泳载样缓冲液：0.25%溴酚蓝，40%(质量浓度) 蔗糖水溶液，储存于 4 ℃。

溴化乙锭(EB)(EB 溶液母液：将 EB 配制成 10 mg/mL，用铝箔或黑纸包裹容器，储存于室温)。

Glassmilk kit：裂解缓冲液，漂洗液。

酚-氯仿，无水乙醇，70%乙醇。

TE 或灭菌 ddH_2O。

0.8%低熔点琼脂糖(各试剂的配制方法详见附录Ⅰ)。

五、实验方法与步骤

(一)DNA 酶切反应

单酶单 DNA 样品的消化只需要简单地将酶和 DNA 样品放在合适的反应缓冲液中温育，其中 DNA 和酶的量、缓冲液的离子强度、温育温度和时间都依具体的反应而改变。

(1)将清洁干燥并经灭菌的 Eppendorf 管编号，用微量移液器按以下体系分别加入微量离心管中并用微量离心机瞬时离心，使溶液集中在管底。

小量单酶切反应体系：

质粒 DNA	<1 μg
10×缓冲液	2 μL
限制酶	1 μL
ddH_2O	补足体积至 20 μL

按顺序加入 ddH_2O、质粒 DNA、缓冲液，最后加入酶。加入酶液后应尽量保持低温，以保证酶的活性。稍离心，混合。以推荐的温度(一般为 37 ℃)温育 1 h。

(2)加入 0.5 μL 0.5 mol/L EDTA(终浓度为 12 mmol/L)也可终止反应，因为其可螯合酶切所需要的镁离子。在 65 ℃温育 10 min 很多酶可被不可逆地灭活，也可用来终止反应。如果酶具热抗性，则可通过酚抽提和乙醇沉淀或通过硅基质悬浮法去除酶蛋白，以此来终止酶切，纯化 DNA。

(3)琼脂糖凝胶电泳分析鉴定是否酶解彻底。

(4)目的基因片段的回收：目的基因片段的回收有多种方法，常用的有冻融法、Glassmilk 法、低熔点琼脂糖法、DEAE-纤维素膜法、透析袋洗脱法。每种方法各有利弊，如 DEAE-纤维素膜法适用于 0.5～5 kb 的 DNA 片段，操作起来相对简便，回收 DNA 的纯度比较高；透析袋洗脱法对于大于5 kb 的片段最为有效，但操作起来不方便；低熔点琼脂糖法的优点在于酶促反应可直接在溶化的凝胶中进行，但这种方法重复性比较差。在实验中可根据实际需要选择其中的 1～2 种方法进行操作。此外可选用试剂盒回收 DNA，具体方法参照试剂盒使用说明书。下面简单介绍几种从凝胶中回收 DNA 的常用操作方法。

①低熔点胶法：将已经电泳确定的可回收的酶切产物在合适浓度的回收用琼脂糖凝胶进

行电泳。电泳前换用新的电泳缓冲液 10×TAE(10×Tris-乙酸)。

当溴酚蓝迁移至足够距离时(至少 2 cm 以上),在长波紫外灯下观察,用清洗过的刀片在目的片段前切下与目的片段同长,宽度适当(一般 2 cm 左右)的胶块。

注:不要忘记在胶下垫一个新的塑料手套防止污染;小心不要将回收胶切裂,同时注意与目的带相邻的切面要尽量平整。

将切好的回收胶块放在回收胶槽内,在切去胶块处加入低熔点琼脂糖胶,待其凝固后将其小心放回电泳槽继续进行电泳。注意,低熔点琼脂糖凝胶块与原回收胶块的交界面易断裂。

待目的带完全进入低熔点琼脂糖胶后,在长波紫外灯下用清洗过的刀片切下含有所需 DNA 带的凝胶条,置于新的灭菌的 1.5 mL Eppendorf 管中,加 300 μL TE。

65 ℃水浴 10 min 或更长时间使胶块完全融化。立即加入等体积(300～350 μL) Tris-HCl 饱和酚(pH 8.0),摇晃混匀。12 000 r/min 离心 5 min。

小心将水相移到另一 1.5 mL Eppendorf 管中,加入 2.5～3 倍体积(780 μL 即可)预冷无水乙醇。注意不要吸入下层杂质及酚相,12 000 r/min 离心 5 min。

置于液氮中 3 min,取出后可于－20 ℃放置 2～3 min。注意防止管子爆裂。12 000 r/min 离心 10 min。

迅速弃上清液,一般在管底会有针尖大小的沉淀物,小心用无水乙醇清洗后置于恒温器上干燥(55 ℃)5～10 min 至无乙醇气味,再加入 20 μL ddH_2O 溶解。

取 20 μL 电泳定量后－20 ℃储存备用。

②冻融法:电泳后直接切下凝胶中目的条带后加 200 μL TE,再加 2 倍体积酚,在液氮中冻 2 min,再 65 ℃水浴中融化 10 min,这样重复数次。

12 000 r/min 离心 5 min,取上清液加 2 倍体积 100%冰乙醇－20 ℃沉淀过夜。

离心回收 DNA,70%乙醇洗一次后溶于适量的 TE 或无菌水中,电泳检测回收效果。

③Glassmilk 法:电泳后直接切下凝胶中目的条带后,放入 Eppendorf 管中,加入 3 倍体积的凝胶裂解液,混匀后置于 60 ℃水浴 5 min,以融化凝胶。

加入 10 μL Glassmilk 混匀,室温放置 5 min 后,8 000 r/min 离心 1 min,弃去上清液。

加入 125 μL 漂洗液,8 000 r/min 离心 30 s,弃去上清液。重复 2 次。

沉淀中加入适量无菌水混匀后 60 ℃水浴 5 min,1 500 r/min 离心 2 min,回收上清液,取 5～10 μL 电泳检测。

(5)根据实验目的不同,目前主要有两种方法获得重组质粒 DNA 分子:一种是在 T_4 DNA 连接酶的作用下,将纯化的外源目的基因的 PCR 产物与质粒载体(如 T 载体)直接连接;另一种是先将纯化的外源目的基因与质粒载体分别用相同的限制性内切酶进行切割,然后在连接酶作用下将产生的黏性末端或平末端进行连接,其步骤简述如下。

①在 0.2 mL 或 0.5 mL 的 PCR 管中,将回收的 DNA 片段与质粒载体 DNA 按照物质的量为 2∶1 或 3∶1 的比例混合。

②加入 1 μL 的 10×T_4 DNA 连接酶缓冲液和 1 U 的 T_4 DNA 连接酶,补充无菌水至总体积 10 μL,瞬时离心以将混合液收集管底。

③将离心管置于 12～16 ℃下(可根据购买试剂盒中说明选择温度)进行连接反应 12 h 以上(16 ℃反应过夜更好)。

④反应后的连接液可以立即用来转化感受态大肠杆菌等受体细胞,或保存于－20 ℃下

备用。

(二)双酶切反应

当两个酶反应条件相同时,可参照小量单酶切反应进行,把两种酶同时加到反应管中。当反应条件不同时,需分别进行酶解反应。按照从低温到高温、低盐到高盐的顺序进行。如果所用的两种酶对温度的要求不同,那么要求低温的酶先消化,反应结束后加入第二个酶,升高温度继续进行消化反应。如果所用的两种酶对盐的浓度要求不同,在低盐缓冲液中加入第一个酶,反应结束后,补加 1/10 体积的高盐缓冲液,加入第二个酶再消化。或者在低盐消化结束后,抽提 DNA,再用高盐缓冲液消化。电泳检测步骤同上。

六、注意事项

(1)酶活力通常用酶单位(U)表示,酶单位的定义是:在最适反应条件下,50 μL 的反应缓冲液中完全降解 1 μg λDNA 的酶量为一个单位。确定限制酶单位的具体操作方法是分别向 1 μg 的底物中加入一系列的酶(1 U 左右),当电泳观察到酶切片段的条带不再发生变化时说明已作用完全,完全切割的最少酶量定义为 1 U 的酶量。许多实验制备的 DNA 不像 λDNA 那样易于降解,需适当增加酶的使用量。酶量过大(酶∶DNA≥25 U/μg)时,有产生所谓星号活性的可能,即在识别序列以外的位点进行切割。此外,反应体系中甘油的质量分数大于 12%,以及缺少 NaCl 和存在 Mn^{2+} 等情况下,都有可能出现星号活性。应尽量减少限制性内切核酸酶离开冰箱的时间,以免活性降低。

(2)市场销售的酶一般浓度很大,为节约起见,使用时可事先用酶反应缓冲液(1×)进行稀释。另外,酶通常保存在 50%的甘油中,实验中,应将反应液中甘油浓度控制在 1/10 以下,否则,酶活性将受到影响。酶切时所加的 DNA 溶液体积不能太大,否则 DNA 溶液中其他成分会干扰酶反应。

(3)当微量的污染物进入限制性内切核酸酶储存液中时,会影响其进一步使用,因此在吸取限制性内切核酸酶时,每次都要用新的吸管头(Tip)。

(4)观察 DNA 离不开紫外透射仪,可是紫外线对 DNA 分子有切割作用。从胶上回收 DNA 时,应尽量缩短光照时间并采用长波长紫外灯(300～360 nm),以减少紫外线切割 DNA。紫光灯下观察时应戴上防护眼镜或有机玻璃面罩,以免损伤眼睛。

(5)EB 是强诱变剂并有中度毒性,配制和使用时都应戴手套,并且不要把 EB 洒到桌面或地面上。凡是沾染了 EB 的容器或物品必须经专门处理后才能清洗或丢弃。当 EB 太多,胶染色过深,DNA 带看不清时,可将胶放入蒸馏水中冲泡,30 min 后再观察。

(6)要注意酶切时加样的次序,一般次序为水、缓冲液、DNA 各项试剂,最后才加酶液。取液时,Tip 要从溶液表面吸取,以防止 Tip 沾去过多的液体与酶,待用的内切酶要放在冰浴内,用后盖紧盖子,立即放回－20 ℃冰箱,防止限制性内切酶的失活。

(7)凡用在酶切反应中的一切塑料器皿(Eppendorf 管,Tip 等),都要新的,最后用双蒸水清洗,湿热灭菌,置于 50 ℃温箱中烘干,使用前打开包装,用镊子夹取,不直接用手去拿,严防手上杂酶污染。

(8)当样品在 37 ℃与 65 ℃保温时,要注意防止盖子未盖严密使水汽进入管内,使反应溶液体积大量增加,造成实验失败;防止由于标签脱落,分不清样品类型;由于温差,往往在盖上有水汽,因样品酶切完毕或中间取样电泳要离心 2 s,以集中体积内溶液。

(9)计算提取率:回收前样品中,往往含有非目的 DNA 片段、引物、dNTP 等,所以不能用测回收前后吸光度的方法计算回收率;可将回收前后 DNA 片段一起电泳,使用凝胶成像系统拍照后,用配套的软件进行电泳条带灰度对比。一般来讲,DNA 片段越大,和固相基质的结合力越强,就越难洗脱,回收率就低;DNA 的量越少,相对损失越大,回收率越低。

(10)在电泳过程中,DNA 会与大分子的多糖紧密地结合在一起,凝胶的种类和质量不同,DNA 与之结合力也不同,只有凝胶充分溶解,DNA 才能充分释放,否则,凝胶将与 DNA 一起沉淀下来,洗脱后将影响回收结果的纯度。增加电泳时的上样量,切胶时尽量只切有条带的胶,减小切胶体积;加洗脱液之前,将柱子在室温放置几分钟(大约需 10 min),以使乙醇充分挥发;最后少加一些洗脱液,尽量减少回收体积,一般用 30～50 μL 洗脱液洗脱(不能太少,否则无法浸湿膜,反而不利于洗脱);洗脱液滴在膜中央,以充分洗脱结合在膜上的 DNA。

七、思考题

(1)什么是限制性内切核酸酶,有何特点?

(2)酶切反应中,是不是酶用量越多、反应时间越长,酶解越彻底?为什么?

(3)酶解反应中应注意哪些问题?

(4)纯化回收 DNA 的目的是什么?

(5)还有哪些方法可以回收纯化 DNA 片段?

八、参考文献

黄立华,王亚琴,梁山,等.分子生物学实验技术——基础与拓展.北京:科学出版社,2017.

杨建雄.生物化学与分子生物学实验技术教程.3 版.北京:科学出版社,2014.

左开井,潘琪芳,连红莉,等.植物分子生物学实验手册.上海:上海交通大学出版社,2021.

M. R. 格林,J. 萨姆布鲁克.分子克隆实验指南.4 版.贺福初,译.北京:科学出版社,2017.

实验 26 感受态细胞的制备及目标 DNA 的转化

一、实验目的

(1)理解 $CaCl_2$ 法制备 *E. coli* 感受态细胞原理与方法。

(2)掌握 $CaCl_2$ 法制备 *E. coli* 感受态细胞及目标 DNA 的两种转化技术方法。

二、实验原理

在原核生物中,转化是一个较普遍的现象。细胞间转化是否发生,一方面取决于供体菌与受体菌两者在进化过程中的亲缘关系;另一方面还与受体菌是否处于一种感受状态有着很重要的关系。所谓的感受态,即指受体(或者宿主)最易接受外源 DNA 片段并实现其转化的一种生理状态,它是由受体菌的遗传性状所决定的,同时也受菌龄、外界环境因子的影响。cAMP 可以使感受态水平提高 10 000 倍,而 Ca^{2+} 也可大大促进转化的作用。细胞的感受态一般出现在对数生长期,新鲜幼嫩的细胞是制备感受态细胞和进行成功转化的关键。

在基因克隆技术中,转化(transformation)特指将质粒 DNA 或以其为载体构建的重组 DNA 导入细菌体内,使之无性繁殖并高效表达外源基因,获得新的遗传特性的一种方法。它是微生物遗传、分子遗传、基因工程等研究领域的基本实验技术之一。受体细胞经过一些特殊方法(如电击法、$CaCl_2$ 等化学试剂法)处理后,使细胞膜的通透性发生变化,成为能允许外源 DNA 分子通过感受态细胞,进入细胞的 DNA 分子通过复制、表达实现遗传信息的转移,使受体细胞出现新的遗传性状。

大肠杆菌在自然条件下很难进行转化,其主要原因是转化因子的吸收较为困难。在转化实验中,通常先采用人工的方法制备感受态细胞,代表性的方法之一是 Ca^{2+} 诱导法。感受态细胞形成后,细胞生理状态会发生改变,出现各种蛋白质和酶,负责供体 DNA 的结合和加工等。细胞表面正电荷增加,通透性增加,形成能接受外来 DNA 分子的受体位点等。

Ca^{2+} 诱导 DNA 对大肠杆菌细胞的转化过程为:①在 0 ℃的 $CaCl_2$ 低渗溶液中,细菌细胞发生膨胀,同时 $CaCl_2$ 使细胞膜磷脂层形成液晶结构,促使细胞外膜与内膜间隙中的部分核酸酶解离开来,诱导大肠杆菌形成感受态。②Ca^{2+} 能与加入的 DNA 分子结合,形成抗 DNA 酶(DNase)的羟基-磷酸钙复合物,并黏附在细菌细胞膜的外表面上。当 42 ℃热刺激短暂处理细菌细胞时,细胞膜的液晶结构发生剧烈扰动,并随之出现许多间隙,为 DNA 分子提供进入细胞的通道。Ca^{2+} 处理的感受态细胞,其转化率一般能达到 $(0.5\sim2)\times10^7$ 转化子/μg 质粒 DNA,可以满足一般的基因克隆实验。此方法简单、快速、稳定、重复性好,菌株适用范围广,感受态细菌可以在 −70 ℃保存,因此被广泛用于外源基因的转化。

除化学法转化细菌外,还有电击转化法,电击法不需要预先诱导细菌的感受态,依靠短暂的电击,促使 DNA 进入细菌,转化率最高能达到 $10^9\sim10^{10}$ 转化子/μg 闭环 DNA。因操作简便,越来越为人们所接受。与制备化学方法进行转化的感受态细胞相比,制备电转化的感受态细胞要容易得多。细菌简单地生长至对数中期,冷却离心后,用冷却的水或缓冲液充分洗净以降低细胞悬浮液的离子强度,而后再用含 15%甘油的冰冷缓冲液悬浮。当细菌受到短时间高压电击时 DNA 可立即被导入。

由于大肠杆菌细胞很小，导入 DNA 需要较高的电场强度（12.5～15 kV/cm），将少量的高密度菌液置于紧密连接电极的特制小杯内进行电击，可以实现理想的转化率。电击转化与温度有关，最好在 0～4 ℃进行。在室温中电击，转化率可降低 100 多倍。

当 DNA 浓度较高（1～10 μg/mL）和电脉冲的持续时间与强度使仅有 30%～50%的细菌存活时，可以达到最高的转化效率。在此条件下，可有 80%之多的存活细菌被转化。在 DNA 浓度较低时（约 10 pg/mL），也可以获得较高的转化率（菌落数/μg 摄入质粒 DNA）。此时，大多数的转化菌是由单一的质粒分子进入一个细菌形成的。而在高浓度 DNA 时，转化菌则是由一个以上的质粒分子共转化所形成的。

本实验提供两种转化方法，一种以 *E. coli* DH5α 菌株为受体细胞，并用 $CaCl_2$ 处理使其处于感受态，然后与 pBlueScript (pBS) 质粒共保温，实现转化。由于 pBS 质粒带有氨苄青霉素抗性基因（Amp^R），可通过 Amp 抗性来筛选转化子。如受体细胞没有转入 pBS，则在含 Amp 培养基上不能生长。能在 Amp 培养基上生长的受体细胞（转化子）肯定已导入了 pBS。转化子经扩增后，可提取质粒 DNA，进行酶切、电泳等进一步鉴定。另一种同样以 *E. coli* DH5α 菌株为受体细胞，在对数生长中期收集冷却、离心，用冷却的水充分洗净以降低细胞悬浮液的离子强度，而后再用含 15%甘油的冰冷缓冲液悬浮。对处理过的细菌进行短时间高压电击导入目标 DNA，然后涂布在含有 20 mmol/L $MgSO_4$ 和适当抗生素的 SOB 固体培养基，转化子经扩增后，可提取质粒 DNA，进行酶切、电泳等进一步鉴定。

三、实验材料

DH5α 菌株，100 mg/mL Amp^- 抗生素，pBS 质粒 DNA。

四、实验用品

1. 器具

恒温摇床，电热恒温培养箱，高速离心机，超净工作台，低温箱，恒温水浴锅，制冰机，分光光度计，电击仪，微量移液枪及吸头，无菌离心管。

2. 试剂

LB 固体培养基：胰蛋白胨 10 g，酵母粉 5 g，NaCl 5 g，琼脂 13 g。在三角瓶中依次将上述配方加入 1 L 双蒸水中并高压灭菌。待培养基降温至 50 ℃，取出培养基并轻轻旋转以使溶解的琼脂均匀分布于整个培养基溶液中，根据需要加入氨苄青霉素，然后可直接从三角瓶中倒出培养基铺制平板。90 mm 直径的培养皿需 30～50 mL 培养基。培养基完全凝结后，倒置平皿并储存于 4 ℃备用。

LB 培养液：胰蛋白胨 10 g，酵母粉 5 g，NaCl 5 g，100 mg/mL 氨苄青霉素（ampicillin）1.5 mL。在三角瓶中将胰蛋白胨 10 g，酵母粉 5 g 以及 NaCl 5 g 溶于 1 L 双蒸水中并高压灭菌。待冷却至 50 ℃，向溶液中加入 1.5 mL 100 mg/mL 的氨苄青霉素。然后储存于 4 ℃备用。

氨苄青霉素（Amp）母液：100 mg/mL。

0.1 mol/L $CaCl_2$ 溶液：称取 1.11 g 无水 $CaCl_2$，溶于 50 mL 双蒸水中，定容至 100 mL，高压灭菌。

含15%甘油的0.1 mol/L $CaCl_2$：称取1.11 g无水$CaCl_2$，溶于50 mL双蒸水中，加15 mL甘油，定容至100 mL，高压灭菌。

GYT培养液(15%甘油，0.125%酵母粉，0.25%蛋白胨)，含有20 mmol/L $MgSO_4$和适当抗生素的SOB固体培养基。

五、实验方法与步骤

(一)用$CaCl_2$法制备和转化感受态 *E. coli*

(1)从活化的37 ℃培养16～20 h的LB平板上挑取DH5α单菌落(直径2～3 mm)，接种于10 mL LB液体培养基中，37 ℃振荡培养12 h左右，直至对数生长后期。将该菌液以1∶50的比例接种于100 mL LB液体培养基中，37 ℃振荡培养2～3 h，至OD_{600}=0.5左右。

(2)将上述培养液转入50 mL离心管中，共2管，置于冰上10 min，然后于4 ℃，4 000 r/min离心10 min。

(3)弃去上清液，将离心管倒置1 min以使残留的培养液流尽，每管用20 mL冰冷的0.1 mol/L $CaCl_2$溶液悬浮两管菌体沉淀。冰上放置25 min后，于4 ℃下4 000 r/min离心10 min。

(4)弃去上清液，将管倒置1 min以使残留的培养液流尽，每管加入预冷的2 mL的0.1 mol/L $CaCl_2$溶液(含15%甘油)，冰上放置5 min后，即成感受态细胞。这些细胞可立即使用，也可分装后置于液氮中快速冷冻后于−70 ℃保存。

(5)从−70 ℃冰箱中取200 μL已制备好的感受态细胞，置于冰上，室温下使其解冻。用无菌吸头往离心管中加入pBS质粒DNA溶液(含量不超过50 ng，体积不超过10 μL)，轻轻旋转以使内容物混匀，冰上放置30 min左右。

注意：分别做两个对照，阴性对照：以同体积的无菌双蒸水代替DNA溶液，其他操作与下面步骤相同。正常情况下此组在含抗生素的LB平板上应无菌落出现。

阳性对照：以同体积的无菌双蒸水代替DNA溶液，但涂平板时只取5 μL菌液涂布于不含抗生素的LB平板上，此组正常情况下应产生大量菌落。

(6)将离心管于42 ℃水浴锅中热击90 s，热击过程不要摇动离心管，热击后迅速置于冰上冷却2～3 min。向离心管中加入1 mL LB液体培养基(不含Amp)，混匀后置于37 ℃转速低于50 r/min的摇床振荡培养1 h，使细菌恢复正常生长状态，并表达质粒编码的抗生素抗性基因(Amp^R)。

(7)将上述菌液摇匀后取100 μL涂布于含Amp的筛选培养基平板上，正面向上放置30 min。待菌液完全被培养基吸收后倒置培养皿，37 ℃培养16～18 h。

(8)计算转化率：统计每个培养皿中的菌落数。

转化后在含抗生素的平板上长出的菌落即转化子，根据此皿中的菌落数可计算出转化子总数和转化频率，公式如下。

转化子总数=菌落数×稀释倍数×转化反应原液总体积/涂板菌液体积

转化频率(转化子数/mg质粒DNA)= 转化子总数/质粒DNA加入量(mg)

感受态细胞总数 = 阳性对照菌落数×稀释倍数×菌液总体积/涂板菌液体积

感受态细胞转化效率 = 转化子总数/感受态细胞总数

本实验方法也适用于其他 *E. coli* 受体菌株的不同质粒 DNA 的转化。但它们的转化效率并不一定相同。有的转化效率高,需将转化液进行多梯度稀释涂板才能得到单菌落平板,而有的转化效率低,涂板时必须将菌液浓缩(离心),才能较准确地计算转化率。

记录转化后每个培养皿中菌液形成情况,计算转化率。

(二)电击转化

(1)从新鲜的琼脂板上挑取一个大肠杆菌单菌落,接种于含 5 mL LB 培养液的试管中,于 37 ℃振荡培养(300 r/min 的摇床),过夜培养。

(2)接种两份 2.5 mL 的过夜培养物分别到盛有 50 mL 预热 LB 培养液的 100 mL 锥形瓶中,于 37 ℃振荡培养(300 r/min),每隔 20 min 测量一次 OD_{600}。

(3)当 $OD_{600}=0.5$ 时,迅速将培养物置于冰浴中 15～30 min,不时缓慢摇匀以保证内容物充分冷却。同时将离心管置于冰上冷却,为下一步做准备。

(4)将细菌转移至冰冷的 50 mL 离心管中,于 4 ℃用 4 000 r/min 离心机离心 10 min,倒去培养液,回收细胞。用 40 mL 预冷的灭菌双蒸水悬浮沉淀。

(5)4 ℃下 4 000 r/min 离心 10 min,倒去上清液回收细胞,用 25 mL 冰冷的 15%甘油悬浮沉淀。

(6)4 ℃下 4 000 r/min 离心 10 min,倒去上清液回收细胞,用 10 mL 冰冷的 15%甘油悬浮沉淀。

(7)4 ℃下 4 000 r/min 离心 10 min,小心倒去上清液,用巴斯德吸管吸去壁上残留的液体。加 1 mL 冰冷的 GYT 培养液悬浮沉淀。将制备好的细胞冻存于－70 ℃备用。

注:转化时首先要设置阳性对照和阴性对照。阴性对照:以同体积的无菌双蒸水代替 DNA 溶液,其他操作与下面相同。此组正常情况下在含抗生素的 LB 平板上应无菌落出现。阳性对照:以同体积的无菌双蒸水代替 DNA 溶液,但涂平板时只取 5 μL 菌液涂布于不含抗生素的 LB 平板上,此组正常情况下应产生大量菌落。

(8)吸取制备好的感受态细胞 40 μL 加入 0.5 mL 预冷的无菌离心管中,将电转化仪样品池和离心管一并置于冰上冷却。向每管离心管中加入待转化的 DNA 2 μL,置于冰上 1 min。

(9)调节电泳仪,使电脉冲为 25 μF,电压 2.5 kV,电阻 200 Ω。将细菌与 DNA 混合物加至冷的电击杯内,轻击液体以确保细菌与 DNA 悬液位于电击杯底部。擦干电击槽外的雾气,将电击杯放进电击仪,启动电击仪。

(10)脉冲结束后,尽可能快地取出样品池,将细胞转至 17 mm×100 mm 的聚乙烯试管,于37 ℃轻振荡培养 1 h。取不同体积的电转化细胞,涂布在含有 20 mmol/L $MgSO_4$ 和适当抗生素的 SOB 固体培养基,室温下待培养板上的液体被完全吸收后 37 ℃倒置培养,待 16 h 后观察结果。

六、注意事项

(1)感受态细胞对冻融非常敏感。化冻的细胞不应再重复冷冻,如果冰箱出了故障应丢弃并重新制备。

(2)不要用经过多次转接或储于 4 ℃的培养菌,最好从－70 ℃或－20 ℃甘油保存的菌种直接活化,用于制备感受态细胞的菌液。细胞生长密度以刚进入对数生长期时为好,可通过监测培养液的 OD_{600} 来控制。DH5α 菌株的 OD_{600} 为 0.5 时,细胞密度在 5×10^7/mL 左右(不同的菌株情况有所不同），这时比较合适。OD_{600}值不应超过 0.6，密度过高或不足均会影响转化效率。

(3)用于转化的质粒 DNA 应主要是超螺旋态 DNA(cccDNA)。转化效率与外源 DNA 的浓度在一定范围内成正比，但当加入的外源 DNA 的量过多或体积过大时，转化效率就会降低。1 ng 的 cccDNA 即可使 50 μL 的感受态细胞达到饱和。一般情况下，DNA 溶液的体积不应超过感受态细胞体积的 5%。

(4)所用的试剂，如 $CaCl_2$ 等均需是最高纯度的(GR. 或 AR.)，并用超纯水配制，最好分装保存于干燥的冷暗处。

(5)整个操作过程均应在无菌条件下进行，所用器皿，如离心管和枪头等最好是新的，并经高压灭菌处理，所有的试剂都要灭菌，且注意防止被其他试剂、DNA 酶或杂 DNA 所污染，否则均会影响转化效率或造成杂 DNA 的转入，为以后的筛选、鉴定带来不必要的麻烦。

(6)选用对数生长期细胞，OD_{600}不应高于 0.6。

七、思考题

(1)$CaCl_2$法制备大肠杆菌感受态的要点及转化要素有哪些？

(2)简述电击转化与 $CaCl_2$ 等化学转化法制备感受态细胞的区别。

(3)简述电击转化与 $CaCl_2$ 等化学转化法转化时的区别。

八、参考文献

仇雪梅，王有武，雷忻. 遗传学实验. 2 版. 武汉：华中科技大学出版社，2022.

宋运贤，王秀利. 基因工程. 2 版. 武汉：华中科技大学出版社，2022.

杨建雄. 生物化学与分子生物学实验技术教程. 3 版. 北京：科学出版社，2014.

左开井，潘琪芳，连红莉，等. 植物分子生物学实验手册. 上海：上海交通大学出版社，2021.

M. R. 格林，J. 萨姆布鲁克. 分子克隆实验指南. 4 版. 贺福初，译. 北京：科学出版社，2017.

实验 27 Southern 印迹杂交

一、实验目的

(1)理解 Southern 印迹杂交的原理。

(2)掌握 Southern 印迹杂交技术。

(3)能够提取基因组 DNA,对基因组 DNA 进行酶切,完成 DNA 分子杂交。

(4)熟练利用 Southern 印迹杂交分析转基因株系中插入外源基因的拷贝数目。

二、实验原理

Southern 印迹(Southern blotting)杂交是研究 DNA 图谱的基本技术。一般利用琼脂糖凝胶电泳分离经限制性内切酶消化的 DNA 片段,将胶上的 DNA 变性并在原位将单链 DNA 片段转移至尼龙膜或其他固相支持物上,经干烤或者紫外线照射固定,再与相对应结构的标记探针进行杂交,用放射自显影或酶反应显色,从而检测特定 DNA 分子的含量。

Southern 印迹杂交技术是分子生物学领域中最常用的具体方法之一。其基本原理是:具有一定同源性的两条核酸单链在一定的条件下,可按碱基互补的原则形成双链,此杂交过程是高度特异的。由于核酸分子的高度特异性及检测方法的灵敏性,综合凝胶电泳和限制性内切核酸酶分析的结果,便可绘制出 DNA 分子的限制图谱。但为了进一步构建出 DNA 分子的遗传图,或进行目的基因序列的测定以满足基因克隆的特殊要求,还必须掌握 DNA 分子中基因编码区的大小和位置。Southern 印迹杂交技术包括两个主要过程:一是将待测定核酸分子通过一定的方法转移并结合到一定的固相支持物(硝酸纤维素膜或尼龙膜)上,即印迹(blotting);二是固定于膜上的核酸同位素标记的探针在一定的温度和离子强度下退火,即分子杂交过程。该技术是 1975 年英国爱丁堡大学的 E. M. Southern 首创的,Southern 印迹杂交因此而得名。早期的 Southern 印迹是将凝胶中的 DNA 变性后,经毛细管的虹吸作用,转移到硝酸纤维膜上。印迹方法如电转法、真空转移法;滤膜发展了尼龙膜、化学活化膜(如 APT、ABM 纤维素膜)等。利用 Southern 印迹法可进行克隆基因的酶切、图谱分析、基因组中某一基因的定性及定量分析、基因突变分析及限制性片段长度多态性(RFLP)分析等。

Southern 印迹杂交可用来检测经限制性内切酶切割后的 DNA 片段中是否存在与探针同源的序列,它包括下列步骤:

(1)基因组 DNA 的提取。

(2)酶切 DNA,凝胶电泳分离各酶切片段,然后使 DNA 原位变性。

(3)将 DNA 片段转移到固体支持物(硝酸纤维素滤膜或尼龙膜)上。

(4)预杂交滤膜,掩盖滤膜上非特异性位点。

(5)探针与同源 DNA 片段杂交,然后漂洗除去非特异性结合的探针。

(6)通过显影检查目的 DNA 所在的位置。

Southern 印迹杂交能否检出杂交信号取决于很多因素,包括目的 DNA 在总 DNA 中所占的比例、探针的大小和比活性、转移到滤膜上的 DNA 量以及探针与目的 DNA 间的配对情况等。在最佳条件下，放射自显影曝光数天后，Southern 印迹杂交能很灵敏地检测出低于 0.1 pg 与 ^{32}P 标记的高比活性探针的互补 DNA。如果将 10 μg 基因组 DNA 转移到滤膜上，并与长度为几百个核苷酸的探针杂交，曝光过夜，则可检测出基因组中 1 kb 大小的单拷贝序列。利用 Southern 印迹法的主要用途是检测 DNA 样品中含有与探针同源的片段。例如：可进行克隆基因的酶切图谱分析、基因组基因的定性和定量分析、限制性片段长度多态性分析等。

三、实验材料

待检测的植物基因组 DNA，标记好的探针。

四、实验用品

1. 设备

电泳槽，恒温水浴锅，真空烤箱，放射自显影盒，X 光片，杂交袋，硝酸纤维素滤膜或尼龙膜，滤纸，UV 交联仪。

2. 试剂

10 mg/mL 溴化乙锭(EB)。

5×Denhardt's 溶液：0.5 g Ficoll-40，0.5 g PVP，0.5 g BSA 加水至 500 mL，过滤除菌后于−20 ℃储存。

预杂交溶液：6×SSC，5×Denhardt，0.5% SDS，100 mg/mL 待测 DNA，50%甲酰胺。

杂交溶液：预杂交溶液中加入变性探针即为杂交溶液。

0.25 mol/L HCl。

0.1% SDS。

0.4 mol/L NaOH。

凝胶变性液：0.5 mol/L NaOH，1.5 mol/L NaCl。

凝胶中和液：0.5 mol/L Tris-HCl，pH 7.5，1.5 mol/L NaCl。

20×SSC：3 mol/L NaCl，0.3 mol/L 柠檬酸钠，用 1 mol/L HCl 调节 pH 至 7.0。

10×SSC、2×SSC、1×SSC、0.5×SSC、0.25×SSC 和 0.1×SSC 用 20×SSC 稀释。

杂交液的配制：

NaCl	43.8 g
柠檬酸钠	36.9 g

以上用 500 mL 水溶解。

20%SDS	30 mL
1 mol/L NaH_2PO_4	8 μL
1 mol/L Na_2HPO_4	42 μL
Ficoll	1 g
PVP	1 g
BSA	1 g
0.5 mol/L EDTA	5 mL

定容至 1 000 mL，pH 为 7.5。

五、实验方法与步骤

(一)基因组 DNA 样品的制备

按实验 22 进行。

(二)植物基因组 DNA 限制性酶切和琼脂糖电泳

按实验 25 进行。

(三)探针的 PCR 扩增及纯化

参照实验 24 进行。

(四)Southern 印迹杂交

1. 转膜

转膜即将凝胶中的单链 DNA 片段转移到固相支持物上。而此过程最重要的是保持各 DNA 片段的相对位置不变。DNA 是沿与凝胶平面垂直的方向移出并转移到膜上，因此，凝胶中的 DNA 片段虽然在碱变性过程已经变性成单链并已断裂，转移后各个 DNA 片段在膜上的相对位置与在凝胶中的相对位置仍然一样，故而称为印迹(blotting)。用于转膜的固相支持物有多种，包括硝酸纤维素膜(nitrocellulose filter membrance，NC 膜)、尼龙(nylon)膜、化学活化膜和滤纸等，转膜时可根据不同需要选择不同的固相支持物用于杂交。其中常用的是 NC 膜和尼龙膜。

2. 探针标记

用于 Southern 印迹杂交的探针可以是纯化的 DNA 片段或寡核苷酸片段。探针可以用放射性物质标记或用地高辛标记，放射性标记灵敏度高，效果好；地高辛标记没有半衰期，安全性好。人工合成的短寡核苷酸可以用 T_4 多聚核苷酸激酶进行末端标记。探针标记的方法有随机引物法、切口平移法和末端标记法。

3. 预杂交

将固定于膜上的 DNA 片段与探针进行杂交之前，必须先进行一个预杂交的过程。因为能结合 DNA 片段的膜同样能够结合探针 DNA，在进行杂交前，必须将膜上所有能与 DNA 结合的位点全部封闭，这就是预杂交的目的。预杂交是将转印后的 NC 膜置于一个浸泡在水浴摇床的封闭塑料袋中进行，袋中装有预杂交液，使预杂交液不断在膜上流动。预杂交液实际上就是不含探针的杂交液，可以自制或从公司购买，不同的杂交液配方相差较大，杂交温度也不同。但其中主要含有鲑鱼精子 DNA、牛血清等，这些大分子可以封闭膜上所有非特异性吸附位点。

4. Southern 印迹杂交

转移后的 NC 膜在预杂交液中温育 4～6 h，即可加入标记的探针 DNA(探针 DNA 预先经加热变性成为单链 DNA 分子)，即可进行杂交反应。杂交是在相对高离子强度的缓冲盐溶液中进行。杂交过夜，然后在较高温度下用盐溶液洗膜。离子强度越低，温度越高，杂交的严格程度越高，也就是说，只有探针和待测顺序之间有非常高的同源性时，才能在低盐高温的杂交条件下结合。

5. 洗膜(同位素室进行)

取出 NC 膜，在 2×SSC 溶液中漂洗 5 min，然后按照下列条件洗膜：2×SSC/0.1% SDS，42 ℃，10 min；1×SCC/0.1% SDS，42 ℃，10 min；0.5×SCC/0.1% SDS，42 ℃，10 min，

0.2×SSC/0.1% SDS,56 ℃,10 min,0.1×SSC/0.1% SDS, 56 ℃,10 min。采用核素标记的探针或发光剂标记的探针进行杂交还需注意的关键一步就是洗膜。在洗膜过程中,要不断振荡,不断用放射性检测仪探测膜上的放射强度。当放射强度指示数值较环境背景高 1~2 倍时,即停止洗膜。洗完的膜浸入 2×SSC 中 2 min,取出膜,用滤纸吸干膜表面的水分,并用保鲜膜包裹。注意保鲜膜与 NC 膜之间不能有气泡。

6.放射自显影

六、实验流程

(一)实验设计与方案撰写

本实验将利用转基因拟南芥为材料,通过 CTAB 法提取基因组 DNA,经过限制性酶切并电泳转膜后进行 Southern 印迹杂交。

(二)实验方案实施

1.转基因拟南芥基因组 DNA 的提取

在 23 ℃左右的温室种植拟南芥 1 个月左右,采取拟南芥的莲座叶,按照 CTAB 法提取基因组 DNA。基因组 DNA 经过电泳检测其完整性和纯度。同时用紫外分光光度计等仪器检测其浓度及质量,此过程大约需要 1 d 时间。

2.拟南芥基因组 DNA 的酶切和电泳

将检测质量完好的 15 μg 左右的拟南芥基因组 DNA 用一对限制性内切酶进行酶切。电泳时,在样品外侧泳道加上 DNA 相对分子质量标准如 λ *Hind* Ⅲ,同时还要加相应的野生型酶切对照,25 V 电泳过夜。

3.Southern 印迹杂交

(1)转膜

①电泳完毕后,用刀片切掉未用过的凝胶区域,并将凝胶切掉一个角(对点样顺序做个标记),然后转至玻璃平皿中。如果靶序列大于 5 kb,则需进行脱嘌呤处理。将胶置于 0.2 mol/L HCl 中 10 min,室温轻轻晃动,当溴酚蓝由蓝色转变成橘黄色停止,用蒸馏水漂洗 2 次。

②把凝胶浸在变性液(0.5 mol/L NaOH,1.5 mol/L NaCl)中,室温 2×15 min,轻轻晃动。用双蒸水漂洗 2 次;在中和液中(0.5 mol/L Tris-HCl,pH 7.5,1.5 mol/L NaCl),室温浸泡 2×15 min,并不断摇动。在 20×SSC 中平衡凝胶至少 10 min。

③将 2 个直径 20 cm 的玻璃平皿并排放置,里面倒上 20×SSC,两个平皿上面放一块干净玻璃板 10 cm×15 cm,玻璃板上铺两张 Whatman No.1 滤纸,滤纸的宽与玻璃板同宽,滤纸的两个边垂入 20×SSC 溶液中;使溶液不断地吸到滤纸上(可用玻璃棒在滤纸上滚动以赶尽气泡,滤纸不能用手直接接触)。将硝酸纤维素膜(NC 膜)裁成与凝胶大小一致,并在与胶对应位置上剪掉一个角,然后用重蒸水浸湿。再转入 20×SSC 溶液浸泡至少 5 min。

④将中和处理好的凝胶放到已用 Whatman No.1 滤纸铺好的玻璃板中央(用玻璃棒赶掉凝胶与滤纸间的气泡)。小心用镊子将 NC 膜准确放在凝胶上(此时 DNA 开始转移,不能再移动 NC 膜)。用玻璃棒仔细赶掉一切存在于 NC 膜与凝胶间的气泡。NC 膜上盖一张同样大小的普通滤纸,再次赶尽气泡。预先裁一叠同样大小的吸水纸,压在滤纸上,约 10 cm 厚。在吸水纸上放置一块玻璃板,玻璃板上放一个 500 g 的砝码或其他重物。让凝胶上的 DNA 转移 12 h 或过夜。

⑤将 NC 膜与凝胶剥离。弃去胶(转膜结束后,凝胶上的 DNA 均转移到尼龙膜上,凝胶在紫外灯下不再产生荧光),把 NC 膜浸在 6×SSC 溶液中,约 5 min 后取出。把 NC 膜夹在 4 层普通滤纸中,置于 65 ℃烘箱中烘烤 4 h。

(2)预杂交

①配制预杂交液:6×SSC,5×Denhardt's 试剂,0.5% SDS,50%(体积分数)甲酰胺,ddH_2O,100 μg/mL 鲑鱼精 DNA 变性后加入。把预杂交液放在灭菌的塑料瓶中,在水浴中预热至杂交温度。将表面带有目的 DNA 的硝酸纤维素滤膜放入一个稍宽于滤膜的塑料袋,用 5~10 mL 2×SSC 浸湿滤膜。

②将鲑鱼精 DNA 置沸水浴中 10 min,迅速置冰上冷却 1~2 min,使 DNA 变性。

③从塑料袋中除净 6×SSC,按每平方厘米滤膜 0.2 mL 的量加入预杂交液,使杂交液刚好没过 NC 膜。加入变性的鲑鱼精 DNA,使杂交液中的鲑鱼精 DNA 的终浓度为100 μg/mL杂交液。尽可能除净袋中的空气,用热封口器封住袋口,上下颠倒数次以使其混匀,置于 42 ℃恒温水浴中预杂交 4~5 h。

(3)探针标记(同位素^{32}P 标记探针)

①取 20~100 μg DNA 加水至 45 μL,100 ℃变性 10 min,迅速插入冰中。

②以下操作均在同位素防护下进行:准备一个微量离心管置于冰上,依次加入下列试剂(除 DNA 模板外,以下均由 Promega 公司提供)。

标记 5×缓冲液	10 μL
dATP,dGTP,dTTP 混合物	2 μL
变性的 DNA 模板	1.5 μL
不含核酸酶的 BSA	2 μL
[α-^{32}P] dCTP (10 U/μL)	5 μL
Klenow 酶(5 U/μL)	1 μL
引物	2 μL

③用离心机轻轻混匀,然后在室温下标记 3 h。

④终止:将完成标记后的反应物煮沸 2 min,立即放入冰浴中,加入 5 μL 4 mol/L EDTA 后,冷藏(-20 ℃)或直接用于杂交。或加入 0.1 倍体积的 3 mol/L NaOH,在室温放置 5 min,将探针转移至冰水浴中,加 0.05 倍体积的 1 mol/L Tris-HCl (pH 7.2) 和 0.1 倍体积的 3 mol/L HCl 后,将探针放入冰水浴中备用。

(4)Southern 印迹杂交

①将标记的 DNA 探针置于沸水浴 10 min,迅速置于冰上冷却 1~2 min,使 DNA 变性。

②从水浴中取出含有滤膜和预杂交液的塑料袋,剪开一角,将变性的 DNA 探针加到预杂交液中。尽可能去除袋中的空气,封住袋口,滞留在袋中的气泡要尽可能地少,为避免同位素污染水浴,将封好的杂交袋再封入另一个未污染的塑料袋内。

③置于 42 ℃水浴温育过夜(至少 18 h)。

(5)洗膜(同位素室进行)

取出 NC 膜,在 2×SSC 溶液中漂洗 5 min,然后按照下列条件洗膜:2×SSC/0.1% SDS,42 ℃,10 min;1×SCC/0.1% SDS,42 ℃,10 min;0.5×SCC/0.1% SDS,42 ℃,10 min;0.2×SSC/0.1% SDS,56 ℃,10 min;0.1×SSC/0.1% SDS,56 ℃,10 min。

(6)放射自显影

①将滤膜用保鲜膜包好，置于X光片夹中，并用同位素监测仪探测一下同位素强度，从而确定曝光时间。

②在暗室中将NC膜放在增感屏上(光面与NC膜接触)，在滤膜上压上X光片，再压上增感屏后屏(光面与X光片接触)。为了防止滤膜和X光片移位，可在适当位置粘上胶带条。

③置于−70 ℃（或−20 ℃）曝光，曝光时间由第一步决定(一般3～7 d)。

④ 从冰箱中取出暗盒，置于室温1～2 h，使其温度上升至室温，然后在暗室中冲洗X光片，显影→水洗→定影，用水洗净后吹干或晾干。

(三)结果整理与分析

估算基因拷贝数：用一个已知的在外源DNA中仅有一个切点的限制性内切酶酶解基因组DNA。这样就产生了边界片段，但第二个切点不是在外源DNA上，而是在基因组DNA上。由于就每一个独立的插入事件来说，第二个切点的位置一般都不同，观察到的条带数目就能很好地反映插入基因的拷贝数(图5-4)。同样，用在基因结构内部仅有一个切点的限制性内切酶酶解可以检测到基因的串联排列。这时的预期结果是出现一个相对较强的条带，它代表的是串联重复内部人为造成的内部片段，这些内部片段大小相同，再加上大小不同的边界片段。当分离分析的数据显示是单一位点插入时，这个实验就很重要，它可以区分是单一插入还是多个插入事件。在上述方法中，非常重要的一点是要做一个未转化基因组DNA的对照，以确保在这种实验条件下没有背景杂交干扰分析。

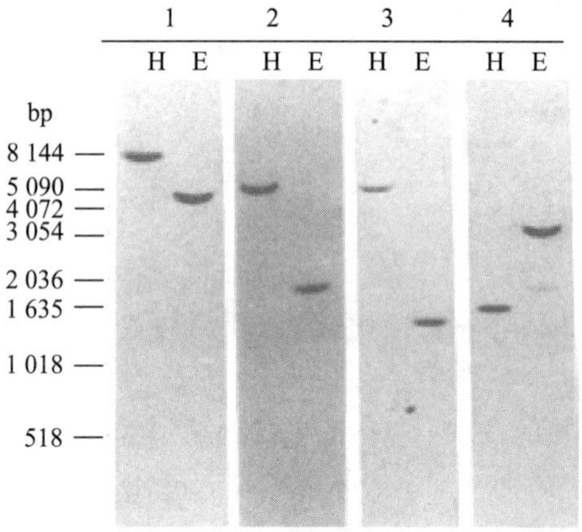

1～4为转基因植株，H和E分别代表限制性内切酶 *Hind*Ⅲ和 *EcoR*Ⅰ。每棵转基因植物中只有一个拷贝的外源基因。

图5-4　Southern杂交鉴定转基因植株拷贝

(引自Münster等，1997)

(四)报告/论文撰写

(1)解释Southern印迹杂交对基因组DNA的特殊要求及合适的提取方法。

(2)解释Southern印迹杂交对限制性内切酶酶切基因组DNA组时特殊要求。

(3)介绍Southern印迹杂交主要操作步骤的原理及操作步骤。

(4)能根据具体实例设计Southern印迹杂交的探针、选取合适的限制性内切酶进行分析，并能根据Southern印迹杂交显示条带结果分析外源基因插入植物基因组的拷贝数。

七、注意事项

(1)基因组 DNA 必须长度完整,没有剪切或降解,样品应该用 RNase A 处理除去 RNA。

(2)紫外线照射会降低 DNA 互补杂交能力,应尽量缩短在紫外灯下暴露时间。

(3)若转移结束后仍留有一定 DNA,即凝胶中仍有 EB 发出的荧光,可能原因是:①转移时间不够长;②吸水纸用量不够,毛细作用不足以把 DNA 吸到膜上;③凝胶四周封口没有封好,使溶液不经过凝胶直接吸入吸水纸中;④脱嘌呤作用不完全。

(4)为减少背景干扰,尽可能用最少量的 DNA 和尽可能短的时间进行杂交。转膜时注意重物不能太重,否则会将胶压扁,并且导致杂交条带变宽。

(5)预杂交时,要缓慢摇动杂交袋使滤膜表面的气泡释放,否则预杂交液中的组分便不能够均匀地覆盖在滤膜上。

(6)在漂洗程序的任何环节都不能使滤膜干涸。在洗膜过程中,要不断振荡,不断用放射性检测仪探测膜上的放射强度。当放射强度指示数值较环境背景高 1～2 倍时,即停止洗膜。

(7)杂交条件及漂洗是保证阳性结果和背景反差对比好的关键。洗膜不充分会导致背景太深,洗膜过度又可能导致假阴性。

(8)在利用放射性同位素标记探针进行核酸杂交实验过程中,必须严格遵守相关的操作规程,并采取必要的自身防护措施。包括对操作者进行相关知识技能培训。在专用房间和防护屏后操作,穿戴防护服,将所有污染废弃物存放于专用容器中,操作结束后用放射性检测仪检查操作台面、地面、移液器等处有无同位素污染,一旦发现应按相应规定进行妥善处理。

八、思考题

(1)如何保证提取的基因组 DNA 的完整性及纯度?

(2)基因工程中,如何选择合适的内切酶进行外源基因拷贝数的检测?

(3)怎样选择 Southern 印迹杂交中使用的探针?探针可通过哪些方法制备?

(4)在 Southern 印迹杂交实验中,如何调整才能获得适当的杂交信号?

九、参考文献

宋运贤,王秀利. 基因工程. 2 版. 武汉:华中科技大学出版社,2022.

杨建雄. 生物化学与分子生物学实验技术教程. 3 版. 北京:科学出版社,2014.

周长发,张锐,张晓,等. 地高辛随机引物法标记探针的 Southern 杂交技术优化,中国农业科技导报,2009,11(4):123-128.

左开井,潘琪芳,连红莉,等. 植物分子生物学实验手册. 上海:上海交通大学出版社,2021.

M. R. 格林,J. 萨姆布鲁克. 分子克隆实验指南. 4 版. 贺福初,译. 北京:科学出版社,2017.

Münster T, Pahnke J, Di Rosa A, et al. Floral homeotic genes were recruited from homologous MADS-box genes preexisting in the common ancestor of ferns and seed plants. Proc Natl Acad Sci USA, 1997, 94(6): 2415-2420.

实验 28　农杆菌介导的烟草叶片瞬时表达

一、实验目的

(1)理解植物瞬时转化体系的优点及用途。

(2)掌握烟草瞬时表达体系的操作。

二、实验原理

瞬时表达技术是在短时间内将目标基因转入靶细胞,在细胞内建立暂时高效的表达系统,获得目的基因短暂的高水平表达的技术。与稳定表达相比,瞬时表达所需时间短,不需要将外源基因整合到宿主植物染色体中,比较适用于基因-蛋白质的一些细胞生物学研究。瞬时表达技术常用于研究蛋白质在细胞中的定位、启动子活性、基因功能、体外表达蛋白质等。

植物瞬时表达技术导入目标外源基因的方法与稳定表达技术类似,使用较多的有基因枪法、农杆菌渗透法、聚乙二醇(PEG)法、电击法及植物病毒载体介导的方法。其中,农杆菌介导的瞬时表达是一种快速有效的方法。其原理是将目的基因插入载体,转化到根癌农杆菌(*Agrobaoterium tumefaciens*)中,真空渗透或注射等方法使农杆菌与植物材料细胞接触,从而大部分的 T-DNA 进入细胞核内进行瞬时表达,几天后即可检测到外源基因的表达。

影响农杆菌瞬时表达体系的因素主要有农杆菌浓度、植株生长环境、基因型和叶片的生理状况等。多种植物的组织都可以用于转化,如悬浮细胞、愈伤组织、子叶、叶片、茎或正在发芽的种子。本氏烟草因为对大部分病毒敏感而进入科学家的视野,因在瞬时表达转基因的广泛运用成为植物生物学的"宠儿"。本氏烟草植株较小,叶片大且茂盛,培养周期短,易种植。作为模式植物,本氏烟草可以在植物体内完成基因表达调控及蛋白质翻译后修饰,比 *E. coil*、酵母更适合进行异源基因的功能验证。因此,本氏烟草被广泛用于植物生物学研究和生物医药生产等方面。

三、实验材料

本氏烟草,GFP 超表达载体,农杆菌 GV3101,100 mol/L 乙酰丁香(MES)。

四、实验用品

(1)离心管,1 mL 注射液,LB 液体培养基(配方见实验 26)。

(2)注射液:10 mmol/L MES,10 mmol/L $MgCl_2$,pH 5.6。称取 0.097 g MES 粉末,0.101 6 g $MgCl_2 \cdot H_2O$,加入 40 mL 蒸馏水中,用 1 mol/L NaOH 将 pH 调至 5.6,加蒸馏水定容到 50 mL。溶液混匀后备用,使用前加入乙酰丁香至浓度为 100 mmol/L。

五、实验方法与步骤

农杆菌渗入法的技术流程包括载体构建、农杆菌培养、针管注射浸润和瞬时表达。根据实验需要选择合适的表达载体,载体可携带标签蛋白(便于蛋白质纯化)、GFP 荧光蛋白(一般用于细胞内蛋白质的观察)、GUS 和 Lux(可直接观察信号)等。

(1)转化农杆菌:按照实验 25,将 GFP 超表达载体转化到农杆菌中,并在含相应抗生素的平板上筛选阳性菌落。LB 平板在 28 ℃培养 2 d 左右。

(2)菌落扩增:挑取单菌落,在 10 mL 含抗生素的 LB 培养基中 28 ℃振荡培养过夜。第二天,吸取 1 mL 菌液接入 50 mL 含抗生素的 LB 培养基继续繁殖,至 OD_{600} 值为 0.8(利用分光光度计测定 *OD* 值)。

(3)收集菌液,3 000 r/min 离心 10 min,倒掉上清液,加入 10 mL 注射液重悬,3 000 r/min 离心 10 min,倒掉上清液。

(4)剩余 40 mL 注射液加入 40 μL 乙酰丁香,混匀后,用该注射液重悬农杆菌至 OD_{600} 值为 0.6~1.0。

(5)含菌液的注射液在室温静置 2~3 h。

(6)1 mL 注射器吸取适量农杆菌注射液,在生长至 2~3 片真叶的本氏烟草的叶片背面进行注射。注射时,避开叶脉,左手轻轻按住注射处叶片正面,右手持注射器轻轻接触叶背面,缓慢推动注射器,至叶片大部分区域颜色变深。

(7)注射完成后,植物浇足水,并将托盘用遮光盖盖住,保持湿润,黑暗培养过夜。第二天打开盖子正常培养。

(8)48 h 后,剪取部分注射的叶片,放在载玻片上,滴少量水压片,并在荧光显微镜下观测荧光信号(图 5-5)。或用便携式长波紫外灯照射注射叶片,观察 GFP 荧光信号。

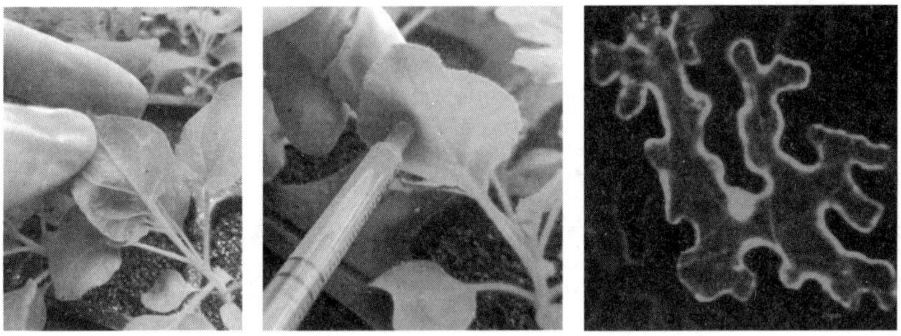

图 5-5 农杆菌介导的烟草叶片瞬时表达

(河北农业大学阎媛媛提供)

六、注意事项

(1)农杆菌的浓度决定了农杆菌的活力,直接影响外源蛋白质的表达量。因此,菌落活化过程是保障农杆菌高活力的基础。

(2)注射过程中,手部动作一定要轻柔,避免叶片被针管戳穿。

(3)烟草的生长状况直接影响蛋白质的表达量,老叶片不利于外源蛋白质的表达。

(4)乙酰丁香配制成 1 000× 的母液于 −20 ℃避光保存,注射液重悬农杆菌前再加入注射液。

七、思考题

(1)用便携式长波紫外灯检测叶片 GFP 信号的局限性是什么?

(2)本氏烟草成为遗传转化优良受体的原因是什么？

八、参考文献

陈思涵，钱靖，彭杰军，等.农杆菌介导的外源基因在本氏烟中瞬时表达体系优化研究.西南林业大学学报(自然科学)，2018，38(4)：6-13.

于一帆，朱小彬，葛会敏，等.基于绿色荧光蛋白瞬时表达的植物亚细胞定位方法.江苏农业科学，2014，42(12)：58-61.

赵文婷，魏建和，刘晓东，等.植物瞬时表达技术的主要方法与应用进展.生物技术通讯，2013，24(2)：294-300.

实验 29　大麦条纹花叶病毒诱导小麦基因沉默技术

一、实验目的

(1)理解大麦条纹花叶病毒诱导基因沉默技术的基本原理。

(2)掌握大麦条纹花叶病毒诱导基因沉默技术的基本实验技术。

二、实验原理

病毒诱导的基因沉默(virus-induced gene silencing,VIGS)技术是研究植物基因功能的一种重要手段。VIGS 是指利用携带目标基因片段的病毒侵染植物,随着病毒的复制和转录而诱导植物内源基因沉默,引起表型或者生理指标改变。VIGS 技术主要利用植物的 RNA 干扰和病毒免疫应答机制,其原理为:当病毒侵染植物后,RNA 复制过程中与植物转录后自身的 RNA 形成双链 RNA(double stranded RNA,dsRNA),然后被植物体内特异性内切核酸酶 Dicer 识别并切割成 21～24 bp 大小的小干扰 RNA(small interfering RNA,siRNA),在植物内源的依赖 RNA 的 RNA 聚合酶的作用下产生大量的 siRNA,siRNA 与 Agronautel 蛋白(AGO1)及其相关蛋白结合形成沉默复合体 RISC(RNA-induced silencing complex),特异性结合到降解由目的基因转录形成的 mRNA 序列,引发转录后基因沉默。

用于构建 VIGS 的载体有 RNA 病毒载体、DNA 病毒载体和卫星病毒载体。最早开发利用的 VIGS 载体是 RNA 病毒,具有分子量较小、侵染效率高的优势。主要包括烟草花叶病毒(tobacco mosaic virus,TMV)、烟草脆裂病毒(tobacco rattle virus,TRV)、烟草坏死病毒 A(tobacco necrosis virus A,TNVA)、马铃薯 X 病毒(potato virus X,PVX)、大麦条纹花叶病毒(barley stripe mosaic virus,BSMV)、黄瓜花叶病毒(cucumber mosaic virus,CMV)、番茄丛矮病毒(tomato bushy stunt virus,TBSV)和雀麦花叶病毒(brome mosaic virus,BMV)等。

DNA 病毒的结构体积大,极大限制了自身的移动,所以开发用于 VIGS 载体构建的 DNA 病毒较少,目前已报道的载体有番茄金色花叶病毒(tomato golden mosaic virus,TGMV)、白菜曲叶病毒(cabbage leaf curl virus,CbLCV)、非洲木薯花叶病毒(African cassava mosaic virus,ACMV)和番茄曲叶病毒(tomato leaf curl virus,ToLCV)。

卫星病毒载体是继 RNA 病毒载体和 DNA 病毒载体之后开发的第三种病毒载体,由伴随病毒链的卫星病毒改造形成。目前,报道的卫星病毒载体包括由中国番茄黄化曲叶病毒(tomato yellow leaf curl China virus,TYLCCNV)的伴随卫星分子 DNAβ 改造的 DNAmβ 沉默载体和由烟草曲茎病毒(tobacco curly shoot virus,TbCSV)的 α-satellite(DNA1) 和 β-satellite(DNA2)沉默载体。

VIGS 技术在植物的基因功能的鉴定方面具有非常多的优势:①快速简单。VIGS 技术实验操作简单,不需要对植株进行遗传转化,在接种 2 周至 1 个月内就可以观察到表型,验证基因的功能。②不需要基因全长的序列。构建病毒载体只需要部分序列,即可完成对目标基因的沉默。③可以同时沉默多个基因。载体可容纳多个不同的基因片段,针对不同基因同时进行沉默,构建多个基因同时突变的实验材料。

VIGS 技术在应用过程中也存在一定的缺陷：①病毒载体具有寄主范围限制；②病毒载体对植物存在一定的致病性，影响植物的生长发育，可能干扰沉默表型；③VIGS 沉默基因的效率不稳定，受到接种方法、接种时间及培养环境的影响。因此，在进行 VIGS 操作时，注意以上问题，尽可能保证实验操作和环境一致性。

大麦条纹花叶病毒（barley stripe mosaic virus，BSMV）属于 RNA 病毒载体，其基因组由 α、β、γ 3 条 RNA 组成，2002 年，Holzberg 等第一次对大麦条纹花叶病毒进行改造，构建了含有大麦八氢番茄红素脱氢酶基因（phytoene desaturase，pds）片段的 VIGS 载体，并将其成功应用于病毒诱导的基因沉默（图 5-6）。经过改造后的大麦条纹花叶病毒载体广泛应用于大麦、小麦、短柄草等单子叶植物的基因沉默。本次实验以大麦条纹花叶病毒为载体，对小麦基因进行沉默举例说明 VIGS 的操作流程。

图 5-6　彩图

a. 上为对照，下为接种后的叶片　b～c. 分别为对照和接种后的叶鞘　d～e. 分别为对照和接种后的穗部

图 5-6　大麦条纹花叶病毒介导的小麦叶片、小麦叶鞘和穗部八氢番茄红素去饱和酶（PDS）基因的沉默

（引自 Lee 等，2015）

三、实验材料

（1）菌种：大肠杆菌 DH5α。

（2）植物材料：普通小麦。

（3）病毒载体质粒：BSMV-α、BSMV-β 和 BSMV-γ。

四、实验用品

1. 仪器和器具

无菌培养管，离心管，滤纸，培养皿，冷冻离心机，振荡培养箱，热循环仪，凝胶电泳仪。

2. 试剂和药品

琼脂，限制性内切酶（*Not* Ⅰ、*Pac* Ⅰ、*Mlu* Ⅰ、*Spe* Ⅰ、*BssH* Ⅱ），甘氨酸，氨苄青霉素（工作浓度 100 mg/L），T_4 连接酶，T-Vector pMD19（Simple）试剂盒，凝胶回收试剂盒和 DNA 纯化

试剂盒，乙酸钠，0.1% DEPC，苯酚-氯仿（体积比为 24：1），70%乙醇，mMessage mMachine T_7 体外转录试剂盒，膨润土，硅藻土。

五、实验方法与步骤

1. 目标基因特异序列的克隆

（1）针对目标基因 cDNA 的特异序列位点设计引物，分别在引物 5′端引入 *Not* Ⅰ 和 *Pac* Ⅰ 酶切位点，以目标基因的 cDNA 为模板，按照实验 24 进行 PCR 扩增，扩增产物通过 1%琼脂糖凝胶电泳进行检测，按照实验 25 回收目的扩增片段。

（2）将回收纯化的 PCR 产物连接到 T-Vector pMD19（Simple）上，连接反应体系组成为：

T-Vector pMD19（Simple）	1 μL
纯化产物	1 μL
dH_2O	3 μL

向以上反应液中加入 5 μL DNA Ligation kit，充分混匀，16 ℃反应 30 min。

（3）按照实验 26 的操作转化到大肠杆菌感受态细胞 DH5α，放入振荡培养箱，37 ℃培养 60 min，将转化液涂在含有氨苄青霉素的琼脂平板培养基中，37 ℃过夜培养。挑选白色菌落，测序验证目标基因的序列。

（4）利用 *Not* Ⅰ 和 *Pac* Ⅰ 双酶切携带目标基因的 T-Vector pMD19 载体，获得目标基因序列片段，具体操作参考实验 25。

2. 病毒载体构建

（1）参考实验 25 的操作，利用内切酶 *Not* Ⅰ 和 *Pac* Ⅰ 酶切 BSMV-γ 载体，酶切产物通过 1%琼脂糖凝胶电泳检测，根据条带大小，回收 BSMV-γ 载体条带。

（2）利用 T_4 连接酶将目的基因片段与线性化的 BSMV-γ 载体进行连接。连接体系为：

BSMV-γ 载体	50～100 ng
目标基因片段	约为载体摩尔数的 3 倍
10×Ligation 缓冲液	2 μL
T_4 DNA 连接酶	0.2～0.5 μL
ddH_2O	补足至 10 μL

16 ℃连接 8 h，转化到大肠杆菌感受态细胞 DH5α，利用菌落 PCR 筛选阳性克隆，将正确连接的阳性克隆进行培养，按照实验 23 的步骤提取质粒。

3. BSMV 载体线性化

（1）利用限制性内切酶 *Mlu* Ⅰ 对 BSMV-α、BSMV-γ 质粒进行酶切，利用限制性内切酶 *Spe* Ⅰ 对 BSMV-β 质粒进行酶切，具体体系如下。

限制性内切酶	2 μL
BSMV-α/β/γ	2 μg
10×缓冲液	5 μL
ddH_2O	补足至 50 μL

37 ℃反应 4 h，每个载体质粒 3 管。

（2）利用限制性内切酶 *BssH* Ⅱ 对携带目标基因的 BSMV-γ 质粒进行酶切，具体体系如下。

BSMV-γ 载体	2 μg
内切酶 *BssH* Ⅱ	2 μL
10×缓冲液	5 μL
ddH_2O 补足至	50 μL

50 ℃反应 4 h,共 3 管。

各载体酶切反应结束后,各取 2 μL 反应液进行 1%琼脂糖凝胶电泳,确保完全线性化。

4.线性化载体纯化

(1)将 3 管线性化的载体质粒混合成 1 管,用 0.1% DEPC 水定容至 600 μL 后加入等体积的苯酚-氯仿(体积比为 24∶1)混匀。

(2)转速 12 000 r/min,离心 30 min,吸取 500 μL 上清液放入新的离心管。

(3)加入 50 μL 体积 3 mol/L 乙酸钠(pH 5.2),混匀后加入 1 000 μL 体积无水乙醇,置于－20 ℃沉淀过夜。

(4)温度设置 4 ℃,转速 12 000 r/min,离心 15 min,弃去上清液。

(5)加入 70%乙醇洗涤沉淀,晾干沉淀,加入 20 μL DEPC 水溶解。

5.体外转录反应

使用 mMessage mMachine T_7 体外转录试剂盒进行体外转录反应,BSMV-α、BSMV-β、BSMV-γ、BSMV-γ-目标基因各做 3 个反应,具体反应体系如下。

10×反应缓冲液	2 μL
2×NTP /CAP	10 μL
线性 DNA 模板	0.5 μg
酶混合物	2 μL

无核酸酶水补足至 20 μL

各组分混匀后,37 ℃反应 4 h,用 1%琼脂糖凝胶检测转录效果。

6.病毒接种

挑选饱满的小麦种子,放在铺有滤纸的培养皿中,加入蒸馏水,待种子萌发后,种植于花盆中,室温生长。根据目标基因的组织特异性,选择适当时期进行摩擦接种。接种步骤如下。

(1)各取 10 μL BSMV-α、BSMV-β 和 BSMV-γ 的体外转录物,等量混合,加入 220 μL 的 GKP 缓冲液,配制病毒混合液,用拇指和食指蘸取混合液摩擦叶片接种,作为对照。

GKP 缓冲液配方为:500 mmol/L 甘氨酸、30 mmol/L 磷酸氢二钾、1%膨润土、1%硅藻土。

(2)取 10 μL BSMV-α、BSMV-β 和 BSMV-γ-目标基因的体外转录物,等量混合,加入 220 μL 的 GKP 缓冲液,配制病毒混合液,进行相同的接种操作。

(3)接种完成后,将小麦幼苗移入盒子中,并向幼苗喷施 DEPC 水,保鲜膜覆盖,保湿 48 h,移去保鲜膜,24 ℃光照 16 h, 20 ℃黑暗培养 8 h。

六、注意事项

(1)目标基因靶位点选取要注意特异性,防止发生“脱靶”,靶位点长度要适宜,一般长度范围为 150～400 bp,此外,在选取的靶位点内不能含有酶切位点序列。

(2)根据基因作用的部位和时期进行接种,侵染小麦叶片时,操作要轻柔,防止损伤小麦叶片。

(3)环境因素,植物的培养条件与基因沉默效果密切相关,光照的强度和时间、温度等均影响沉默的效率。

七、思考题

(1)影响 VIGS 基因沉默效率的因素有哪些?

(2)VIGS 沉默基因的原理是什么?

八、参考文献

马猛.小麦穗部病毒诱导基因沉默体系的建立及籽粒大小相关基因 *TaCYP78A3* 和 *TaCYP78A5* 的功能研究.榆林:西北农林科技大学,2015.

司怀军,薛建平.植物基因工程.北京:中国农业出版社,2022.

王关林,方宏筠.植物基因工程.2 版.北京:科学出版社,2002.

Lee W S, Hammond-Kosack K, Kanyuka K. In Planta Transient Expression Systems for Monocots. In: Azhakanandam K, Silverstone A, Daniell H, et al. Recent Advancements in Gene Expression and Enabling Technologies in Crop Plants. New York: Springer, 2015.

Scofield S R, Huang L, Brandt A S, et al. Development of a virus-induced gene-silencing system for hexaploid wheat and its use in functional analysis of the Lr21-mediated leaf rust resistance pathway. Plant Physiology, 2005, 138(4): 2165-2173.

第六章

微生物基因突变诱导、鉴定与遗传分析

背景知识

微生物是存在于自然界的一群个体微小(一般＜0.1 mm)、结构简单、肉眼看不见或看不清楚,必须借助光学或电子显微镜放大数百倍、数千倍甚至数万倍才能观察到的低等生物的总称。包括原核类的细菌、放线菌等和真核类的真菌及无细胞结构的病毒、亚病毒等。微生物是研究遗传学基本理论问题最好的对象和实验材料。微生物细胞的基因组(或染色体)多数为单倍体,有利于进行遗传信息表达的研究和各种性状的检测;生长繁殖快,便于通过众多的世代繁衍来观测遗传特性的改变和传递;容易培养,便于采用各种较为简单的实验方法来获取突变体。微生物在遗传学的发展过程中有着非常重要的作用,基因重组、基因精细结构、遗传转化和基因工程等研究,都是首先利用细菌和病毒进行的。

一、微生物的遗传特点

真菌是一类低等真核微生物,这里以酵母菌为例来说明其遗传特点。酵母菌是一类非丝状的单细胞真菌,具有无性繁殖和有性繁殖两种繁殖方式。大多数酵母以无性繁殖为主,无性繁殖包括芽殖、裂殖和产生无性孢子。芽殖是酵母菌最常见的繁殖方式。在良好的营养和生长条件下,酵母菌生长迅速,几乎所有的细胞上都长有芽体,而且芽体上还可形成新芽体,于是就形成了呈簇状的细胞团。酵母菌的裂殖过程是细胞伸长,核分裂为二,细胞中央出现隔膜,将细胞横分为两个大小相等、各具一个核的子细胞。少数酵母菌可以产生无性孢子。酵母菌以形成子囊和子囊孢子的方式进行有性繁殖。其过程是通过邻近的两个形态相同而性别不同的细胞各伸出一根管状原生质突起,相互接触、融合并形成一个通道,细胞质结合(质配),两个核在此通道内结合(核配),形成双倍体细胞,并随即进行减数分裂,形成4个或8个子核,每一子核和其周围的原生质形成孢子。含有孢子的细胞称为子囊,子囊内的孢子称为子囊孢子,它们按严格顺序直线排列在子囊里。对4个子核进行遗传分析,称为四分子分析。通过四分子分析,可以直接观察其分离比例,并验证其有无连锁。同时,可以将着丝点作为一个位点,估算某一基因与着丝点的重组值,进行基因定位,这种方法叫作着丝点作图。

细菌的细胞较小,由一层或多层膜或壁所包围。大肠杆菌(*Escherichia coli*)在细菌遗传学研究中应用十分广泛,其DNA主要是以单个主染色体的形式存在,是一个封闭的大环。细胞里通常还具有一个或多个小的染色体,这每一个小的染色体称为质粒。一个细菌细胞的DNA与另一个细菌细胞DNA的交换重组可以通过4种不同的方式:转化、接合、性导和转导来实现。

受体菌直接吸收来自供体菌的DNA片段,通过交换将其整合到自己的基因组中,从而获得了供体菌部分遗传性状的现象称为转化。通过转化方式而形成的杂种后代,称为转化子。转化因子指有转化活性的外源DNA片段。它是供体菌释放或人工提取的游离DNA片段。能进行转化的细胞必须是感受态的。受体细胞最易接受外源DNA片段并实现转化的生理状态称为感受态。处于感受态的细胞,其吸收DNA的能力,有时可比一般细胞大1 000倍。感受态的出现受该菌的遗传性、菌龄、生理状态和培养条件等的影响。转化的具体过程为:供体菌的双链DNA片段与感受态受体菌的细胞表面的特定位点结合,其中一条链被核酸酶水解,另一条链进入细胞。来自供体的单链DNA片段在细胞内与受体细胞核染色体组上的同源区段配对、重组,形成一小段杂合DNA区段。受体菌染色体组进行复制,杂合区段分离成两个,其中之一获得了供体菌的转化基因,形成转化子,另一个未获得转化基因。

接合是指遗传物质从供体转移到受体的过程。具有F因子的菌株可作为供体,当供体与受体细胞相互接合,F性纤毛就成了两个细胞之间原生质的通道,或称接合管。F因子是一种独立于染色体外的小型环状DNA,一般呈超螺旋状态,它具有自主与染色体进行同步复制和转移到其他细胞中的能力。F因子既可脱离染色体在细胞内独立存在,也可整合到染色体组上。对大肠杆菌而言,据F因子的有无和F因子的存在状态可有3种类型:①没有F因子,即F^-;②包含一个游离状态的F因子,即F^+;③包含一个整合到自己染色体组内的F因子,即Hfr(高频率重组)。F^+细胞的F因子由接合管向F^-传递,使F^-受体变成F^+。

性导是指接合时由F′因子所携带的外源DNA转移到细菌染色体的过程。Hfr菌株中的F因子有时可由不正常的切割而带有一小段核染色体基因的杂合F因子,通常称为F′因子,当带有F′菌株与F^-菌株接合后,可使F^-菌株成为既有F因子又带有部分供体菌基因的次生F′菌株。

转导是以噬菌体为媒介,把供体细胞的小片段DNA携带到受体细胞中,通过交换与整合,使后者获得前者部分遗传性状。

病毒是无细胞结构的生物,由蛋白质外壳和包被在内的核酸分子组成。病毒必须感染活细胞,改变和利用活细胞的代谢合成机器,才能合成新的病毒后代。感染细菌的病毒又称噬菌体,按其在宿主细菌内的特点,分为烈性噬菌体和温和性噬菌体两大类。烈性噬菌体如T偶列噬菌体,其遗传物质经中空尾部进入宿主细胞,随即破坏宿主细胞原有的遗传物质,并转而合成大量的噬菌体遗传物质和蛋白质,组装成许多新的子噬菌体,最后使细菌裂解,释放出数百个子噬菌体。温和性噬菌体具有溶源性的生活周期,即在噬菌体侵入后,细菌并不裂解,它们以两种不同形式出现,λ和P_1噬菌体各代表一种略有不同的溶原性类型。λ噬菌体附着于大肠杆菌染色体的*gal*和*bio*位点之间的*att*λ座位上,它能通过交换而整合到细菌染色体上。这时它会阻止其他λ噬菌体的超数感染(一个细菌受一个以上噬菌体所感染的现象)。整合的噬菌体称为原噬菌体。P_1噬菌体与λ不同,它并不整合到细菌的染色体上,而是独立地存在于细菌的细胞质内。

二、微生物遗传操作技术

实验室中微生物的培养方法有两种:固体培养法和液体培养法。固体培养法是将微生物菌种接种在固体培养基上，因所用器皿不同而分为试管斜面、培养皿琼脂平板等。液体培养法就是将微生物菌种接种到液体培养基中进行培养。实验室进行好氧菌液体培养的方法主要有试管液体培养、浅层液体培养、摇瓶培养等。采用平板表面涂布法或划线法可以获得细菌的单菌落，它由单个细菌细胞繁殖而来，挑取由单菌落进行培养就可以获得由一个细胞繁殖而来的纯系，这个过程就是纯培养。

培养基是指人工配制的、适合微生物生长繁殖或产生代谢产物用的混合营养料。许多细菌的突变都与培养基营养成分及培养条件有关，可用选择培养法鉴定突变型与重组型。选择培养法是根据菌株在基本培养基和完全培养基上的生长表现将菌株分为原养型和营养缺陷型。对于其他的突变类型（如温度敏感型），也可以通过培养条件的选择培养来筛选与鉴定。为了高效检测、分离混合群体中不同突变型，莱德伯格夫妇设计了影印培养法，将在完全培养基上的单菌落同时接种到不同选择培养基上同时对所有菌落进行选择培养，鉴定效率大大提高。

培养物中微生物计数方法是微生物学的基本实验技术，测定微生物细胞数目的方法很多，但它们都只适用于测定处于单细胞状态的细菌和酵母菌，而对于放线菌和霉菌等丝状生长的微生物而言，则只能测定其孢子数。细菌计数基本思路是：对原培养物进行连续稀释，然后进行平板涂抹培养，由于每个细胞形成一个菌落，统计菌落数，根据稀释倍数就可计算原培养物中的细胞浓度，以 CFU/mL 表示。这是一种间接的活菌计数法，此外还有用计数板在光学显微镜下观察细胞并进行计数的直接计数法，以及借助于分光光度计在一定波长下测量菌悬液的光密度，对照标准曲线求出菌液浓度的比浊法等。噬菌体浓度的测定是通过计数噬菌斑的多少来进行。先将细菌混合在少量热的液体琼脂中，然后倒在固体平板的上层，使细菌细胞能形成均匀的一层。如果有 1 个噬菌体存在，它将会感染细菌，随后被感染的细菌裂解后释放 100～200 个子代噬菌体，它们又去感染附近的细菌，如此延续下去几个小时，噬菌体就会把这一区域的细菌全部裂解，在混浊均匀层上形成一个清晰透明的溶菌区域，称为噬菌斑，因为 1 个噬菌体形成 1 个噬菌斑，故噬菌体的浓度便可以计算出。噬菌体的浓度单位称为噬斑形成单位，以 PFU/mL 表示。

实验30 细菌诱变处理与突变筛选

一、实验目的

（1）理解物理、化学因素对细菌进行诱变的机理。

（2）掌握微生物基本的物理化学诱变方法。

（3）熟练运用根据菌株特征进行突变株筛选的技术。

二、实验原理

从自然界中得到的野生型菌株一般都能在基本培养基上生长。经物理或化学因子处理后，部分野生型细胞的基因发生突变，丧失合成某种必需物质（如氨基酸、维生素、碱基等）的能力，因而不能在基本培养基上生长，只有在基本培养基中补加这种物质时才能生长。这种在营养上表现出某种缺陷的变异菌株，称为营养缺陷型菌株，它是遗传学、分子生物学研究以及实际应用中不可缺少的重要材料。野生型菌株经诱变处理常可获得一些营养缺陷型菌株。筛选营养缺陷型菌株需经以下几个步骤：诱变处理、突变型筛选、缺陷型检出、缺陷型鉴定。

诱变分为物理诱变和化学诱变。物理诱变采用紫外线、X射线、α射线、β射线、γ射线、快中子和超声波等，其中紫外线诱变因其效果好、实验设备简单等优点而成为应用最为广泛的物理诱变剂。而化学诱变则是采用一些可以和DNA起作用，改变其分子结构，最终引起遗传改变的化学物质对诱变对象进行处理，得到诱变菌种的方法。实验室中常用的有亚硝酸、硫酸二乙酯、亚硝基胍等。

进行诱变处理时为了避免出现不纯的菌落，一般要求微生物呈单核的单细胞或单孢子的悬浮液分布均匀。实验表明处于对数生长期的细菌对诱变剂的反应最灵敏。

诱变处理必须选择合适的剂量，不同微生物的最适处理剂量不同，必须经预备实验确定。物理诱变的相对剂量与3个因素有关：诱变源和处理微生物的距离、诱变源（紫外灯）功率、处理时间。往往通过处理时间控制诱变剂量。化学诱变剂的剂量也常以相对剂量表示，相对剂量与3个因素有关：诱变剂浓度、处理温度和处理时间。一般通过处理时间来控制剂量，在处理前对诱变剂和菌液分别预热，当二者混合后即可计算处理时间，可精确控制处理剂量。

经处理以后的细菌，缺陷型所占的比例仍然很小，必须设法淘汰野生型细胞，提高营养缺陷型细胞所占的比例，浓缩缺陷型细胞。浓缩缺陷型的方法有青霉素法、菌丝过滤法、差别杀菌法、饥饿法等，这些方法适用于不同的微生物。细菌中常用的浓缩法是青霉素法，青霉素是杀菌剂，只杀死生长的细胞，对不生长的细胞没有致死作用。所以在含有青霉素的基本培养基中野生型能生长而被杀死，缺陷型不能生长而得以保存。

检出缺陷型的方法有逐个测定法、夹层培养法、限量补给法、影印培养法。逐个检出法是把浓缩过的突变型菌液涂布在完全培养基上，待长成单个菌落后将其逐个分别接种到基本培养基和完全培养基上，凡在基本培养基上不能生长而在完全培养基上能生长的菌落可初步确定为营养缺陷型菌落。

鉴定缺陷型可用生长谱法进行。生长谱法是指在混有供试菌的平板表面点加微量营养物，视某营养物的周围有否长菌来确定该供试菌的营养要求的一种快速、直观的方法。

三、实验材料

大肠杆菌(*Escherichia coli*)菌株：$K_{12}SF^+$。

四、实验用品

1. 仪器

紫外线照射箱，离心机，冰箱，恒温培养箱，高压灭菌锅。

2. 器具

培养皿，三角瓶，试管，离心管，烧杯，取液器，接种环，玻璃涂棒。

3. 试剂和药品

基本培养基(固体培养基加2%琼脂)：葡萄糖2 g，蒸馏水100 mL，pH 7.0，0.06 MPa灭菌30 min。

无氮基本培养基：K_2HPO_4 0.7 g，KH_2PO_4 0.3 g，$MgSO_4 \cdot 2H_2O$ 0.01 g，二水柠檬酸钠0.5 g，蒸馏水100 mL，pH 7.0，0.06 MPa灭菌30 min。

2 mol/L基本培养基：K_2HPO_4 0.7 g，KH_2PO_4 0.3 g，$MgSO_4 \cdot 7H_2O$ 0.01 g，二水柠檬酸钠0.5 g，$(NH_4)_2SO_4$ 0.2 g，蒸馏水100 mL，pH 7.0，0.06 MPa灭菌30 min(高渗青霉素法所用2 mol/L基本培养液需再加20%蔗糖和0.2% $MgSO_4 \cdot 7H_2O$)。

肉汤培养基：牛肉膏0.5 g，蛋白胨1 g，NaCl 0.5 g，蒸馏水100 mL，pH 7.2，0.1 MPa灭菌15 min。

ZE肉汤培养基：牛肉膏0.5 g，蛋白胨1 g，NaCl 0.5 g，蒸馏水50 mL，pH 7.2，0.1 MPa灭菌15 min。

20种基本氨基酸，7种维生素(硫胺素、核黄素、吡哆醇、泛酸、对氨基苯甲酸、烟碱酸、生物素)，嘌呤，嘧啶，亚硝酸钠，青霉素钠盐，冰乙酸，乙酸钠，氢氧化钠，硫酸镁，蔗糖，生理盐水，0.1 mol/L乙酸缓冲液(pH=4.0)，0.1 mol/L NaOH。

混合氨基酸(包括核苷酸)共分7组：其中第Ⅰ到第Ⅵ组各有6种氨基酸(包括核苷酸)，每种氨基酸(包括核苷酸)等量研细充分混合；第Ⅶ组为脯氨酸，因容易潮解，单独成一组。各组具体组成见表6-1。

表6-1　混合氨基酸分组

组别	组成					
Ⅰ	赖氨酸	精氨酸	甲硫氨酸	半胱氨酸	胱氨酸	嘌呤
Ⅱ	组氨酸	精氨酸	苏氨酸	羟脯氨酸	甘氨酸	嘧啶
Ⅲ	丙氨酸	甲硫氨酸	苏氨酸	羟脯氨酸	甘氨酸	丝氨酸
Ⅳ	亮氨酸	半胱氨酸	谷氨酸	羟脯氨酸	异亮氨酸	缬氨酸
Ⅴ	苯丙氨酸	胱氨酸	天冬氨酸	甘氨酸	异亮氨酸	酪氨酸
Ⅵ	色氨酸	嘌呤	嘧啶	丝氨酸	缬氨酸	酪氨酸
Ⅶ	脯氨酸					

混合维生素：把硫胺素、核黄素、吡哆醇、泛酸、对氨基苯甲酸、烟碱酸及生物素等量研细，

充分混合即可。

五、实验方法与步骤

(一)菌液制备

1. 菌体的活化与培养

实验前 14～16 h,挑取少量 $K_{12}SF^{+}$ 菌,接种于盛有 5 mL 肉汤培养基的三角瓶中,37 ℃培养过夜。第二天添加 5 mL 新鲜肉汤培养基,充分混匀后,分装成两只三角瓶,继续培养 5 h。

2. 收集菌体

将两只三角瓶中的菌液分别倒入离心管中,3 500 r/min 离心 10 min,弃去上清液,打匀沉淀,其中一管吸入 5 mL 生理盐水,然后倒入另一离心管,二管并成一管。

(二)诱变处理

1. 紫外线诱变法

(1)处理前先开紫外灯(15 W)稳定 30 min。

(2)吸取菌液 3 mL 于培养皿内,置于紫外灯下距离灯管 28.5 cm 处。先连盖在紫外灯下灭菌 1 min,然后开盖处理 1 min(处理时间依 70%杀光菌率而定)。照射后先盖上皿盖,再关紫外灯。

(3)吸取 3 mL 加倍肉汤培养液,注入处理后的培养皿中,37 ℃恒温箱内避光培养 12 h 以上。

2. 亚硝酸诱变法

(1)吸取菌液 1 mL 于离心管中,冰冻 1 h,制成静止细胞。

(2)加入 5 mL 0.1 mol/L 乙酸缓冲液(pH=4.0),再加入 13.8 mg 亚硝酸钠,于 37 ℃下诱变处理 5～8 min。

(3)加入 0.1 mol/L NaOH 中和至 pH=7.0,中止亚硝酸作用。

(三)突变型的筛选

用青霉素法淘汰野生型。

(1)吸取 5 mL 处理菌液于灭菌离心管中,3 500 r/min 离心 10 min。

(2)弃去上清液,加入生理盐水,打匀沉淀,离心洗涤 3 次,加生理盐水至原体积。

(3)吸取菌液 0.1 mL 于 5 mL 无氮基本培养基液中,37 ℃培养 12 h。

(4)加入等体积 2 mol/L 基本培养液,加入青霉素钠盐使最终浓度约为 1 000 U/mL,置于 37 ℃恒温箱中培养。

(5)培养 12 h、16 h、24 h 时分别取菌液 0.1 mL,倒入两个灭菌的培养皿中,再分别倒入经融化并冷却到 40～50 ℃的基本及完全培养基中,摇匀放平,待凝固后,置于 37 ℃恒温箱中培养(在培养皿上注明取样时间)。

(四)突变型的检出

1. 逐个测定法检出营养缺陷型

(1)以上平板培养 36～48 h 后,进行菌落计数。选用完全培养基上长出的菌落数大大超过基本培养基的那一组,用接种针挑取完全培养基上长出的菌落 80 个,分别点种于基本培养基与完全培养基平板上,先点种基本培养基,后点种完全培养基,置于 37 ℃恒温箱中培养。

(2)培养 12 h 后,选在基本培养基上不生长而在完全培养基上生长的菌落,再在基本培养基的平板上划线，置于 37 ℃恒温箱培养。24 h 后不生长的可能是营养缺陷型。

2. 影印平板法检出缺陷型

(1)将制备好的基本培养基和完全培养基平板分别编号，在平板底部画箭头作为方向标记。选取已培养好的菌落密度适宜的平板(每皿菌落 30～60 个)作为母平板，同样标记方向，无菌影印板上也做方向标记。

(2)按标记的方向将母平板倒放在影印板的绒布上，然后取出影印板，按同样的方法将基本培养基平板倒放在影印板上，取下基本培养基平板，同样将影印板上的细胞印在完全培养基平板上。成对的影印平板置于 37 ℃恒温箱培养。基本培养基和完全培养基上的生长情况要及时对照观察，以免影响判断的准确性。

3. 夹层培养法检出缺陷型

(1)取无菌培养皿倒入一薄层(约 5 mL)基本培养基，凝固后加入 0.1 mL 经诱变处理的 10^{-5} 稀释菌液，再倒入约 5 mL 的基本培养基(熔化后稍冷，不烫手即可，温度约 45 ℃)，摇匀，凝固后再加上一层约 5 mL 的基本培养基，凝固后置于 37 ℃恒温箱培养。

(2)待上述平板上长出菌落，统计菌落其数目并做记号标记，再加上一层约 5 mL 的半固体完全培养基，凝固后置于 37 ℃恒温箱培养。

(五)生长谱鉴定

1. 突变菌株的收集与培养

(1)将可能是突变型的菌落接种于盛有 5 mL 肉汤培养液的离心管中，37 ℃下培养 14～16 h。

(2)培养后，3 500 r/min 离心 10 min，倒去上清液，加生理盐水，打匀沉淀，然后离心洗涤 3 次，最后加生理盐水至原体积。

2. 营养缺陷型的鉴定

(1)吸取经离心洗涤的菌液 1 mL 注入一灭菌的培养皿中，然后倒入熔化冷却至 40～50 ℃的基本培养基中，摇匀放平，待凝固，共做 2 只培养皿。

(2)将 2 只培养皿底等分 8 格并标记，依次放入混合氨基酸(包括核苷酸)、混合维生素和脯氨酸(加量要很少，否则会抑制菌的生长)，然后置于 37 ℃恒温箱培养 24～48 h。观察生长圈，当某一格内出现圆形混浊的生长圈，即说明是某一氨基酸、维生素或核苷酸的缺陷型。

将经诱变处理，并在含青霉素的培养基中培养 12 h、16 h、24 h 后，涂布于基本培养基及完全培养基中的菌落生长情况填入表 6-2。

表 6-2　不同培养时期野生型与缺陷型菌株的生长情况

诱变方法	培养基	菌落数		
		12 h	16 h	24 h
紫外线诱变	完全培养基			
	基本培养基			
亚硝酸诱变	完全培养基			
	基本培养基			

将营养缺陷型菌株准确鉴定结果填入表 6-3。

表 6-3 营养缺陷型菌株准确鉴定结果

菌株编号
菌株生长区
营养缺陷类型

六、注意事项

(1)皮肤暴露在紫外线下可致皮肤癌;眼睛最易受到紫外线损伤,导致短期甚至永久失明。因此,操作时应戴上玻璃镜和手套。

(2)亚硝酸是较强致癌物质,请注意安全与环境保护。

(3)各种器具、培养基及直接加入培养基中的试剂均需灭菌。

(4)紫外线照射时间从打开培养皿盖开始计时,直至盖上培养皿盖。

七、思考题

(1)在用逐个检出法检出缺陷型时,为什么先点基本培养基后点完全培养基?

(2)一个待测菌株在初步鉴定时为氨基酸缺陷型,但在准确的氨基酸组合区域均不生长,如何分析这种现象?怎样才能确定其营养缺陷型?

(3)在利用紫外线诱变筛选营养缺陷型突变菌株时,为什么在浓缩缺陷型之前,要经过无氮培养基培养 12 h?

八、参考文献

第二届微生物学名词审定委员会.微生物学名词.2 版.北京:科学出版社,2012.

李碧春,徐银学.动物遗传学实验教程.北京:中国农业大学出版社,2005.

李太元,许广波.微生物学实验指导.北京:中国农业出版社,2016.

帅素蓉.普通遗传学实验教程.成都:四川科学技术出版社,2003.

赵凤娟,姚志刚.遗传学实验.3 版.北京:化学工业出版社,2022.

实验 31　酿酒酵母诱变处理与突变筛选

一、实验目的

(1)了解紫外线及烷化剂诱变酿酒酵母的原理。

(2)掌握酵母菌营养缺陷型菌株的诱导及筛选方法。

(3)能够熟练运用物理化学等方法诱变酵母菌营养缺陷型菌株的技术。

二、实验原理

酿酒酵母(*Saccharomyces serevisiae*),直径大约 5 μm,它们的很多重要特性在光学显微镜下都能够观察到。营养缺陷型突变株对于研究酿酒酵母生物化学反应过程以及酶的结构和功能之间的关系具有非常重要的作用。

由于酿酒酵母自发突变率很低,通常使用紫外线(UV)、激光、亚硝酸、甲基磺酸乙酯(EMS)、硫酸二乙酯和 1-甲基-亚硝基胍等诱变剂来提高突变频率。

紫外线是一种最常用的物理诱变因素。它主要通过使 DNA 单链上或双链之间的相邻的 T 间形成二聚体(TT),阻碍双链的分开、复制和碱基的正常配对,引起突变。波长 320～370 nm 的可见光(蓝光)的能量,可将 T^T 其裂解为两个单体 T,使由于紫外线照射形成的 DNA 损伤得以修复。因此,为了避免光复活,用紫外线照射处理以及处理后的培养均应在红光下进行。

甲基磺酸乙酯(EMS),是最常用的诱变剂,诱变率很高。常用浓度 0.05～0.5 mol/L,作用时间 5～60 min。该物质具有强烈致癌性和挥发性,可用 5%硫代硫酸钠作为终止剂和解毒剂。EMS 诱发的突变主要通过两个步骤来完成,首先在水分子作用下鸟嘌呤被烷基化,形成一个带正电荷的基团,从而发生两种遗传效应:一是烷化的鸟嘌呤与胸腺嘧啶配对,代替胞嘧啶,发生转换型的突变;二是由于鸟嘌呤的 N_7 烷基活化,糖苷键断裂造成结构改变,而后在 DNA 复制过程中,烷基化鸟嘌呤与胸腺嘧啶配对,导致碱基替换,即 G-C 变为 A-T,导致碱基配对错乱产生突变。此外,诱变剂也可与核苷上的磷酸基团反应,形成酯类而将核苷酸从磷酸与糖分子之间切断,产生染色体的缺失。这些 DNA 结构上的变化都可能促使不表达的基因或区段被激活,而表现出被掩盖的性状。

本实验分别以紫外线和 EMS 作为单因子诱变剂源处理酿酒酵母菌株,以获得营养缺陷型突变体。

三、实验材料

菌株采用酿酒酵母(*Saccharomyces serevisiae*)ST-01,各大酵母生产厂家均能提供。

四、实验用品

1. 仪器

高压灭菌锅,磁力搅拌器,血球计数板,摇床,培养箱,显微镜,紫外灯(15 W)。

2. 用具

试管，培养皿(9 cm)，锥形瓶(150 mL)，吸管，Y形玻璃涂抹棒，圆木柱或橡皮柱(影印时使用)，无菌丝绒垫，均高温灭菌，烘干待用。

3. 试剂

基本培养基(固体培养基加2%琼脂)：0.3% $(NH_4)_2SO_4$，0.07% $MgSO_4 \cdot 7H_2O$，0.04% $Ca(NO_3)_2$，0.05% NaCl，2%葡糖糖，0.1% KH_2PO_4，0.01% K_2HPO_4，0.2 mg/mL 硫胺素，0.2%泛酸，0.002 mg/mL 生物素，0.2 mg/mL 吡多醇，pH 6.0。

完全培养基(固体培养基加2%琼脂)：细菌培养用酵母提取物10 g，细菌培养用蛋白胨20 g，葡萄糖20 g，蒸馏水1 000 mL，pH 6.0，高压灭菌30 min。

磷酸缓冲液(0.1 mol/L，pH 6.0)：5 g Na_2HPO_4，20 g NaH_2PO_4，加灭菌蒸馏水100 mL(配制方法详见附录Ⅰ)。

4. 其他

无菌水，无菌生理盐水，EMS(化学诱变剂)。

五、实验方法与步骤

(一)紫外线对酵母菌的诱导处理

1. 酵母菌悬液的配制

(1)用接种环从保存的酵母菌ST-01单体菌株斜面上挑取少量菌，接到3支含有5 mL完全培养基的灭菌离心管中，30 ℃培养过夜。

(2)将上述培养过的菌液倒入高压灭菌的锥形瓶中，在振荡混合器上振荡10 min，以打散菌种。

(3)将上述菌液3 000 r/min离心10 min，弃去上清液。用无菌生理盐水洗涤2～3次，制成酵母菌悬液。

(4)用显微镜直接计数法，将细胞浓度调整为 2×10^8 个/mL。

2. YPD平板制作

将固体完全培养基熔化后，倒入足够套数的培养皿中，每培养皿15～20 mL，摇匀，平放，凝固，待用。

3. 紫外线诱导

(1)将紫外灯开启，预热30 min。

(2)取培养皿3套，分别加入上述调整好细胞浓度的菌悬液5 mL，一套作为对照，其余两套用作诱导。

(3)将上述两套用作诱导的含菌悬液培养皿置于磁力搅拌器上，打开皿盖，在距离紫外灯(15 W)30 cm下搅拌照射3 min。盖上皿盖，关闭紫外灯。

4. 培养

(1)将经过紫外灯照射的酵母菌悬液，利用10倍稀释法，用无菌水稀释到 10^{-1}～10^{-6}。

(2)吸取 10^{-4}、10^{-5} 和 10^{-6} 三个稀释度，如图6-1所示，每个稀释度3套上述YPD平板，每平板0.1 mL，用Y形灭菌玻璃棒涂抹均匀，每个培养皿要贴好标明处理时间和稀释度的标签。对照也要进行本步操作(图6-1)。

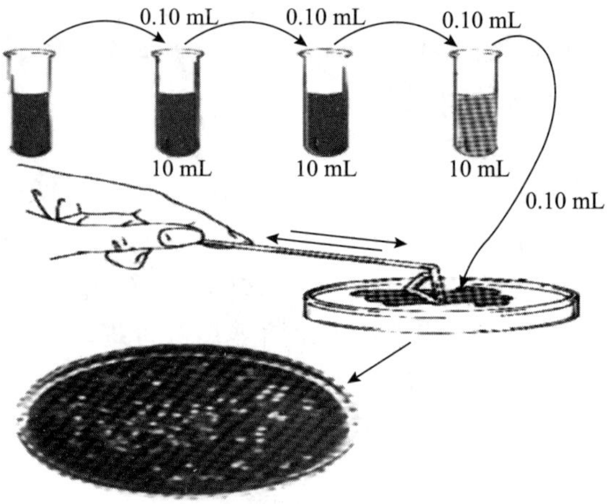

图 6-1　平板菌落计数操作步骤

（引自 Klug 等，2018）

（3）将上述涂匀酵母菌的 YPD 平板，用黑布或黑纸包好，30 ℃培养 3～4 d，对活菌进行计数。计算存活率以及致死率。

存活率＝处理后每毫升 CFU 数/对照每毫升 CFU 数×100％

致死率＝100％－存活率

式中，CFU（colony-forming unit）为菌落形成单位。

5. 营养缺陷型的鉴定

（1）利用无菌丝绒布、圆木柱或橡皮柱通过影印实验将母平板的菌落涂布到基本平板（MM 平板）、完全平板（YPD 平板）上并在每个平板底部做好标记，将各母板、影印的 MM 平板和 YPD 平板作为一组，编号。30 ℃培养 2～3 d，如果发现能在 YPD 平板生长，而在 MM 平板上相应部位却没有的菌株，说明这就是一个营养缺陷型（图 6-2）。如果需要，可以将缺陷型菌株接种到 YPD 平板进行培养，待检测。

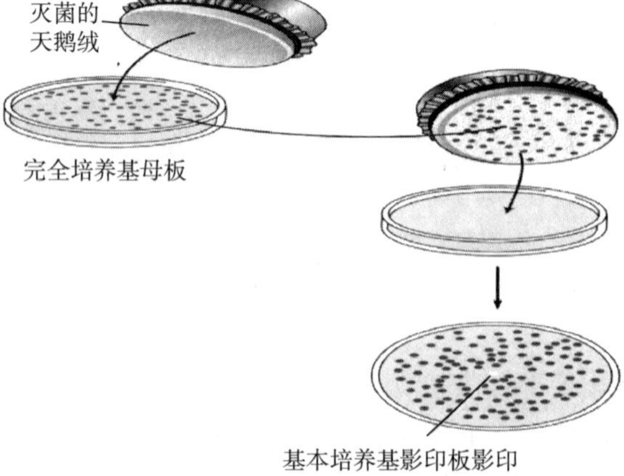

图 6-2　影印法筛选营养缺陷型

（引自 Klug 等，2018 ）

(2)将能够在 YPD 平板生长却不能在 MM 平板生长的各个营养缺陷型菌株,转接到补充不同氨基酸、嘌呤、嘧啶和其他代谢物的 9 种基本培养平板基上(表 6-4),30 ℃培养 1～2 d。通过观察特定菌株在这些特定基本培养基平板上的生长情况,就可以鉴别出突变菌株生长所需要的特定条件,确定营养型。

表 6-4　特定培养基成分设计

组别/成分	1	2	3	4	5
6	腺嘌呤	鸟嘌呤	半胱氨酸	甲硫氨酸	尿嘧啶
7	组氨酸	亮氨酸	异亮氨酸	缬氨酸	赖氨酸
8	苯丙氨酸	络氨酸	色氨酸	苏氨酸	脯氨酸
9	谷氨酸	丝氨酸	丙氨酸	天冬氨酸	精氨酸

(二)EMS 对酵母菌的诱导处理

1. 酵母菌悬液的配制

(1)用接种环从保存的酵母菌 ST-01 单体菌株斜面上挑取少量菌,接到 3 支含有 5 mL 完全培养基的灭菌离心管中,30 ℃培养过夜。

(2)将上述培养过的菌液倒入高压灭菌的锥形瓶中,在振荡混合器上振荡 10 min,以打散菌种。

(3)将上述菌液 3 000 r/min 离心 10 min,弃去上清液。用无菌生理盐水洗涤 2～3 次,制成酵母菌悬液。

(4)用显微镜直接计数法,将细胞浓度调整为 2×10^8个/mL。

2. EMS 诱变

(1)从上述同一酵母菌培养物种转移两份 1 mL 的样品至离心管中,5 000g,离心 10 s 收集细胞。

(2)弃去上清液,用无菌蒸馏水悬浮细胞,再次离心收集细胞。

(3)测定细胞密度。

(4)其中一支作为对照,向另一支离心管中加入 30 μL 0.2 mol/L 的 EMS 溶液并剧烈振荡,两份样品均置于摇床上 30 ℃培育 1 h。

(5)离心,弃去上清液于 EMS 专用容器,收集细胞。用 150 μL 5%的硫代硫酸钠悬浮细胞,重复 2 次,终止反应。

3. 培养

同紫外线对酵母菌的诱导处理部分的培养方法。

4. 营养缺陷型的鉴定

同紫外线对酵母菌的诱导处理部分的鉴定方法。

六、注意事项

(1)由于实验涉及平板比较多,应该在实验开始前,根据实验人数和每人使用量,提前准备好。

(2)紫外线、诱变剂剂量和处理时间要适当;紫外线照射处理开始,直到涂布完成的几个操作过程都必须在红光灯下进行。

(3)EMS是一种诱变剂和致癌剂，在废弃之前要用50%硫代硫酸钠中和解毒；操作过程中要在通风橱进行，并戴防护手套；所有接触过EMS的器具都要用1 mol/L的NaOH浸泡。

七、思考题

(1)影响两个实验结果的因素各有哪些？

(2)如何进行酿酒酵母温度敏感型和渗透压敏感型菌株的诱导和鉴别？

八、参考文献

程水明，刘仁荣.微生物学实验.武汉：华中科技大学出版社，2015.

何国庆，贾英民，丁立孝.食品微生物学.3版.北京：中国农业大学出版社，2016.

何健.微生物学实验指导.北京：中国农业出版社，2021.

江汉湖.食品微生物学.2版.北京：中国农业出版社，2005.

李雅轩，赵昕.遗传学综合实验.2版.北京：科学出版社，2010.

乔守怡，皮妍，吴燕华，等.遗传学实验.3版.高等教育出版社，2015.

沈萍，陈向东.微生物学实验.5版.北京：高等教育出版社，2018.

D.C.安伯格.酵母遗传学方法实验指南.2版.霍克克，译.北京：科学出版社，2016.

Klug W S, Cummings M R, Spencer C A, et al. Concepts of genetics. 12th ed. London: Pearson Education, 2018.

实验 32 噬菌体互补测验

一、实验目的

(1)理解基因的概念及互补作用的原理。

(2)掌握利用噬菌体进行互补测验的方法。

二、实验原理

基因是生物遗传物质的最小功能单位,基因是可分的。要确定一个基因的界限,不能依赖不同突变型之间的重组频率,而必须进行功能分析,只有通过功能等位性互补测验才能达到目的。

所谓功能等位性互补测验,就是从基因生理功能的角度来研究基因的互补作用。这里的互补是指两个突变型染色体同处于一个细胞,由于相对应野生型基因的互相补偿而使其表型正常化的作用。基因间凡是功能上可以互补的,则属于不同基因,即为非等位基因;凡是功能上不能互补的,则属于同一基因,即为等位基因。如果说重组 DNA 分子之间直接相互作用的话,那么互补则是在基因表达水平上的作用。互补测验有两个基本条件:①两个突变型染色体同处在一个细胞形成二倍体或部分二倍体;②这两个突变型染色体之间不发生重组或者只发生可忽略不计的极少重组。

T_4 是研究得最深入的一类大肠杆菌烈性噬菌体,其基因组是双链线性 DNA 分子,约有 1.7×10^5 个碱基对,编码的蛋白质超过 135 种。T_4 基因组 *r Ⅱ* 区域有 2 个基因 *r ⅡA* 和 *r ⅡB*,这 2 个基因突变均表现为快速溶菌,这种快速溶菌突变型的生长对大肠杆菌的不同品系具有选择性:突变型若感染 *E. coli* C 菌株,可以形成大而透明的噬菌斑,因此将 *E. coli* C 菌株称为受纳性寄主;突变型若感染 *E. coli* K 菌株,则不能复制其 DNA,因此不能形成噬菌斑,因此将 *E. coli* K 菌株称为限制性寄主。S. Benzer 巧妙地利用这一特点设计了经典的互补实验,首次证明顺反子是一个必须保持完整才具有正常生理功能的遗传物质最小的功能单位。

T_4 噬菌体是一类专性寄生物,只能在寄主细胞内繁殖。噬菌体比细菌繁殖速度快得多,典型的细菌一般在 30 min 内由 1 个变为 2 个,而 1 个 T_4 噬菌体在相同的时间内可以形成将近 100 个左右的子代噬菌体,因此 2 h 后当细菌和噬菌体都繁殖了 4 代时,细菌的数目是 $2^4=16$,而噬菌体的数目却是 $100^4=10^8$。

将 2 个不同的 T_4 *r Ⅱ* 突变型共同感染限制性寄主 *E. coli* K 菌株,若 2 个突变的噬菌体不是影响相同的功能,则可表现互补使其各自的 DNA 在 *E. coli* K 菌株中得以复制,在复制过程中相互重组,进而形成了野生型的噬菌体,野生型的噬菌体经反复感染和裂解限制性寄主,便可形成清晰的噬菌斑。

将一系列表型相同的 *r Ⅱ* 突变型,双双混合感染限制性宿主进行互补实验,全部 *r Ⅱ* 突变型可以区分为 *r ⅡA* 和 *r ⅡB* 两个互补群,同属于 *r ⅡA* 或 *r ⅡB* 的两个突变型在混合感染中没有互补作用,任何一个 *r ⅡA* 突变型和任何一个 *r ⅡB* 突变型在混合感染中都有互补作用,使表型恢复正常。一系列 *r ⅡA* 突变型在染色体上所占的区域称为顺反子 A,一系列 *r ⅡB*

突变型在染色体上所占的区域称为顺反子 B，由于 $r\,II$ 突变型均为点突变，实验中必须要有检测回复突变的对照。

三、实验材料

E. coli C（受纳性寄主）和 *E. coli* K（限制性菌株）过夜培养物。

T_4 $r\,II$ 突变型 26、28、29：点样浓度为 1×10^8/mL，制作平板浓度为 1×10^9/mL。

四、实验用品

1. 仪器

离心机，分光光度计，恒温摇床，水浴器，恒温培养箱，冰箱，高压灭菌锅。

2. 用品

培养皿，三角瓶，试管，离心管，烧杯，取液器，接种环，玻璃涂棒。

3. 药品和试剂

HB 培养基：牛肉膏 0.8 g，胰蛋白胨（聚蛋白胨）0.5 g，NaCl 0.5 g，葡萄糖 0.1 g，蒸馏水 100 mL，pH 7.2～7.4，0.05 MPa 灭菌 20 min。

HA 培养基：100 mL HB 中加入 1.5 g 琼脂。pH 7.2～7.4，0.05 MPa 灭菌 20 min。做平板 9 块（效价测定用 5 块）。

HAS 培养基：胰蛋白胨 1.3 g，NaCl 0.8 g，柠檬酸钠 0.2 g，葡萄糖 0.3 g，琼脂 0.5 g，自然 pH，0.05 MPa 灭菌 20 min。分装在试管中 3 mL/管，共 9 只。

五、实验方法与步骤

（一）噬菌体 T_4 裂解液的制备

1. 双层平板法制备裂解液

（1）将 *E. coli* C 接种 3 mL HB 中，37 ℃振荡培养 5～6 h。

（2）制备 HA 平板，待凝固后置于 50 ℃烘箱内 30 min 后备用。

（3）取小试管一只，加 0.5 mL 菌悬液，加 0.2 mL 浓度为 10^5～10^6 的 T_4 储存液，再加入 3 mL 50 ℃左右的 HSA，混合均匀后倒在 HA 平板上层，凝固后 37 ℃培养过夜。

（4）用玻璃涂棒将 HA 平板上层软琼脂刮入离心管，加入 3 mL HB，静置 30 min，加 2～3 滴氯仿，剧烈振荡 30 s。

（5）4 000 r/min 离心 15 min，取出上清液，加几滴氯仿，4 ℃冰箱保存备用。

2. 液体法制备裂解液

（1）将 *E. coli* C 接种于 3 mL HB 中，37 ℃振荡培养 2～3 h。

（2）加入 1%（体积分数）的 T_4 储存液（或单噬斑 1 个），继续振荡培养 5 h，一般应测 OD_{600} 值，当 OD 值下降又回升时停止培养。

（3）加 2～3 滴氯仿，振荡 30 s，4 000 r/min 离心 15 min，取上清液加几滴氯仿，置于 4 ℃冰箱保存备用。

（二）裂解液效价测定

（1）将 *E. coli* C 接种于 3 mL HB 中，37 ℃振荡培养 5 h。

（2）制备 HA 平板，待凝固后置于 50 ℃烘箱内 30 min 后备用。

(3)将 T_4 裂解液依次稀释至 10^{-8}。

(4)取一只小试管，加入 0.2 mL *E. coli* C，加入 T_4 裂解液 0.1 mL(10^{-7}，10^{-8})，每个稀释度 2 支试管，再加入 2.5 mL HAS(50 ℃左右)，混合均匀后迅速倒在 HA 平板上层，凝固后，37 ℃恒温箱内倒置培养。

(5)培养 6 h 后，便可以计数噬菌斑，计算裂解液效价。

(6)检测回复突变：取一只小试管，加入 0.2 mL *E. coli* K，加入 T_4 裂解液 0.1 mL(10^{-6})，再加入 2.5 mL HAS(50 ℃左右)，混合均匀后迅速倒在 HA 平板上层，凝固后，37 ℃恒温箱内倒置培养。

(三)互补实验

(1)取 *E. coli* K，接种于 HB 培养基，37 ℃，180 r/min 振荡培养过夜。

(2)首先制备好 4 块 HA 平板，将装有 HSA(软琼脂)的试管置于 48 ℃水浴保温。

(3)在每一 HA 平板的底部预先标记好以下内容。

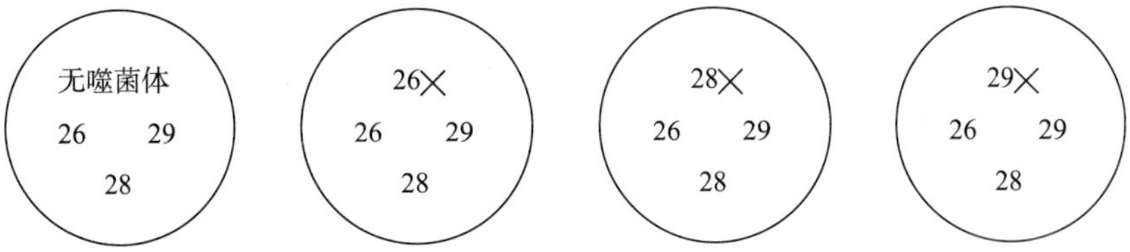

(4)在每支 HSA 试管中加 0.2 mL *E. coli* K 过夜培养物。

(5)将第一支 HSA 试管倒到“无噬菌体”的平板上，用作回复突变的对照。

(6)向第二支 HSA 试管中加入 0.1 mL *r*Ⅱ26(1×10^{9}/mL)，混合好后倾注于标有“26×”字样的平板中，其他的噬菌体均以相同的方式制作平板。

(7)将噬菌体 26、28、29 分别进行 10 倍稀释。

(8)用接种环或移液器吸取 3～5 μL 各种稀释后的噬菌体悬液(1×10^{8}/mL)，小心点接到每一平板标有字样的相应位置上。

(四)实验结果记录及分析

实验结果用“+”或“－”表示，如点样位置上有较多的噬菌斑则为“+”，无噬菌斑则为“－”，但要与对照平板比较，检查每一 *r Ⅱ* 突变型单独感染 K 菌株是否形成噬菌斑。将观察结果记录在表 6-5，分析各 T_4 噬菌体基因组 *r Ⅱ* 突变型的基因互补关系，依据实验结果确定噬菌体 26、28 分别为哪一基因突变。

表 6-5　互补测验噬菌斑观察结果

T_4*r Ⅱ*点突变	对照	26	28	29
26				
28				
29				

六、注意事项

(1)点样时应小心勿将琼脂划破。

(2)各种噬菌体的点样位点必须有一定间隔,防止连成片不易分析结果。

(3)点完样后不要立即翻动平板,待所点样品完全干后,再倒置平板置于 37 ℃恒温箱内进行培养。

七、思考题

(1)两个不同基因突变的 T_4 噬菌体所发生的互补是基因产物的互补,为什么发生互补后会形成野生型的 T_4 噬菌体?

(2)本实验应用了一个互补测验系统,根据互补测验的条件,指出其他可能的互补测验系统,并简述其原理。

八、参考文献

王磊,陈芝.微生物遗传学实验教程.北京:科学出版社,2014.

咸洪泉,郭立忠,李树文.微生物学实验.北京:高等教育出版社,2018.

杨文博.微生物学实验.北京:化学工业出版社,2004.

张根发,梁前进.遗传学实验.2 版.北京:北京师范大学出版社,2017.

实验 33 大肠杆菌中断杂交实验

一、实验目的

(1)理解大肠杆菌 F^+ 菌株、F^- 菌株和 Hfr 菌株之间的关系。

(2)掌握细菌有性杂交、遗传重组的原理和通过中断接合作用进行范围定位的原理和技术。

二、实验原理

Lederberg 等(1946)发现细菌之间的接合作用,从而发现了在细菌中已经具备了原始的性的雏形。Davis 通过 U 形管实验证明了这种大肠杆菌中的遗传物质重组必须通过细菌间的接触才能发生。Hayes(1952)证明了细菌杂交中接合的两个细菌的作用是不平等的,作为遗传物质供体的是一种含有 F 因子的菌株,称为 F^+ 菌株。

大肠杆菌的染色体为环状染色体,带有 F 因子的菌株能够与不带有 F 因子的菌株(F^- 菌株)进行杂交进而发生基因重组。带有 F 因子的细菌,细胞表面会形成一种与细胞接合作用相关的毛状突起,被称为性纤毛,长 1~20 μm。性纤毛促使供体和受体细胞特异地配对,在受体细胞上有纤毛的特异结合位点,当性纤毛结合到这些特异性位点后,开始收缩并将 2 个细菌拉拢形成作为遗传物质转移通道的接合管,遗传物质的转移就开始了。F^+ 菌株和 F^- 菌株杂交将产生 F^+ 菌株后代(约 70%),而发生基因重组的频率为 10^{-7}。当 F 因子整合入细菌染色体的时候,产生了高频重组菌 Hfr 品系,Hfr 和 F^+ 菌株有相似的杂交特性,但其和 F^- 菌株杂交时发生重组的频率为 10^{-4}。

大肠杆菌的染色体呈环状。Hfr 菌株的染色体上整合有 F 因子,在不同的 Hfr 菌株中,F 因子整合的位置不同。当 Hfr 菌株与 F^- 菌株接合时,Hfr 菌株的染色体从原点端开始逐渐转移进入 F^- 细胞;而 F 因子总是在染色体末端。供体菌(Hfr)染色体在转移过程中会随机发生中断,因此 Hfr 菌株的 F 因子转移频率很低,所以 F^- 菌株一般不会转变为 Hfr 或 F^+ 状态。由于上述特性,Hfr 细胞染色体前端的基因有更多的机会出现在 F^- 细胞中,因而重组频率高;越是后端的基因,转移进 F^- 细胞的机会越少,在 F^- 菌株中可能形成的重组子也就越少。因此,在某一特定时间内,根据 F^- 菌株中重组子出现的频率(或百分比值),就可以测定出各基因在染色体上的相对位置。

Jacob 等(1961)发现在细胞杂交过程中,接合细菌可以在 2 h 中缓慢地进行遗传物质的传递,在杂交不同时间进行强力搅拌,可打断接合细菌之间的接合管,从而中止遗传物质的转移。因为对应于转移起点越近的基因进入受体菌的概率越大,所以可通过绘制基因的转移曲线推断出基因顺序并以时间为单位进行染色体作图,这种方法就是中断杂交作图。

中断杂交是应用机械方法使 Hfr 和 F^- 细胞杂交在任何时间中断,并使染色体断裂。这是一种以时间为单位的基因定位法,可以测得特定基因在染色体相排列的绝对位置,因此远比梯度转移法准确。在标准实验条件下,37 ℃环境中整个 Hfr 细胞染色体的转移需要 100 min,所以大肠杆菌染色体全长定为 100 min,应用有效的杂交中断装置可以测定相距不到 1 min 的两个基因的位置。

本实验采用一种简便的中断杂交装置，即实验室常用的振荡混合器。采用大肠杆菌 Hfr 菌株染色体上 4 个距离较远的基因作为标记进行中断杂交，测定 Hfr 标记在 F^- 菌株中出现的先后顺序与时间，并进行基因定位。

三、实验材料

供体菌株：大肠杆菌（*Escherichia coli*）CSH60：Hfr *sup* str^s。

受体菌株：大肠杆菌（*E. coli*）FD1004：F^- *leu purE trp his metA ilv arg thi ara lacY xyl mtl gal* $T6^r$ rif^r str^r。

四、实验用品

1. 仪器

恒温培养箱，恒温摇床，振荡混合器，高压灭菌锅，水浴锅。

2. 器具

培养皿，三角瓶，试管，烧杯，取液器，接种环，玻璃涂棒。

3. 试剂和药品

LB 培养基（5 mL/150 mL 三角瓶，4 瓶）：蛋白胨 10.0 g，酵母膏 5.0 g，NaCl 10.0 g，蒸馏水 1 000 mL，pH 7.0，0.1 MPa 灭菌 20 min。

基本培养基：K_2HPO_4 10.0 g，KH_2PO_4 4.5 g，$(NH_4)_2SO_4$ 1.0 g，二水柠檬酸钠 0.5 g，pH 7.0，0.1 MPa 灭菌 20 min。加入葡萄糖（质量分数 20%）10 mL，维生素 B_1（质量分数 1%）0.5 mL，$MgSO_4 \cdot 7H_2O$（质量分数 20%）1.0 mL，另补加链霉素（50 mg/mL）4 mL。

A～D 选择性培养基（每组选用一种，6 皿）以基本培养基（配方见附录 Ⅰ）为前提，根据不同的选择性标记添加不同的营养物质。具体配制见表 6-6。

表 6-6　选择性培养基附加成分表

培养基类型	选择标记	碳源	str	arg	ilv	met	leu	ade	trp	his
A	met	葡萄糖	+	+	+	−	+	+	+	+
B	leu	葡萄糖	+	+	+	+	−	+	+	+
C	lac	乳糖	+	+	+	+	+	+	+	+
D	trp	葡萄糖	+	+	+	+	+	+	−	+

注："+"表示添加，"−"表示不添加。ilv 为异亮氨酸和缬氨酸。

半固体琼脂：琼脂 0.8～1.0 g，蒸馏水 100 mL，pH 7.0；半固体琼脂（3 mL/试管）6 支。

无菌生理盐水：NaCl 0.85 g，蒸馏水 100 mL；无菌生理盐水（10 mL/大试管）6 支。

五、实验方法与步骤

1. 活化菌种

从冰箱中取出保存的受体及供体菌种，在 37 ℃下活化 24 h，然后分别接种到含 5 mL LB 液体培养基的三角瓶中，37 ℃，200 r/min 振荡培养 16 h。

2. 扩大培养

从上述 5 mL 培养液中用取液器分别吸取供体菌和受体菌 1 mL，分别转入另一新的

5 mL LB 培养基内，在 37 ℃下继续培养 2～4 h。此时，从供体和受体培养瓶中分别取出 0.2 mL 于 3 mL 半固体琼脂中，用手搓匀，均匀涂布在 A、B、C、D 选择性培养基平板上作为对照。将培养皿置于 37 ℃恒温箱内培养过夜。4 种培养基成分见表 6-6。

3. 杂交和中断杂交

用取液器从扩大培养后的菌液中分别吸取供体菌 0.2 mL 和受体菌 4 mL 混合于一个 37 ℃预热的 150 mL 三角瓶中，摇匀，吸 1 mL 加入 4 mL 生理盐水中。摇匀后，吸 0.2 mL 于 3 mL 半固体琼脂中，摇匀，倒入 A～D 选择性培养基平板上，用玻璃涂棒将菌液涂布均匀。上述混合菌液在 37 ℃水浴下培养 0 min、10 min、20 min、30 min、40 min、50 min 后，分别取 0.2 mL 于盛有 10 mL 无菌生理盐水的大试管中，立即用振荡混合器剧烈振荡 30 s，然后取 0.2 mL 于 3 mL 半固体培养基中搓匀，倒入 A～D 选择性培养基平板上涂平，将培养皿置于 37 ℃恒温箱内培养过夜。

4. 实验结果记录及分析

不同时间中断处理后，观察统计在 4 种不同培养基上出现的菌落数，记录结果于表 6-7。

表 6-7 不同时间中断处理后平板上的菌落数

培养基	中断杂交时间/min					
	0	10	20	30	40	50
A						
B						
C						
D						

根据上述结果，确定 4 个基因的排列顺序与位置。

六、注意事项

（1）细菌接合实验中，细胞密度不宜太大。

（2）细胞接合期间混合物需要轻轻摇动，但不宜太剧烈，以使供试菌和受体菌充分接触，同时避免刚接触的配对又被分开。

七、思考题

（1）将供体菌和受体菌混合进行接合实验，为什么受体菌往往是过量的？

（2）在实验中，分别涂布有供、受体菌的两个对照平板上，是否有个别菌落形成？说明有或没有的原因。

（3）如何检出某一基因的重组子？

八、参考文献

卜宁，马莲菊．普通遗传学实验．长春：吉林人民出版社，2006.

李碧春，徐银学．动物遗传学实验教程．北京：中国农业大学出版社，2005.

沈萍，范秀容，李广武．微生物学实验．4 版．北京：高等教育出版社，2007.

王冬梅.微生物学实验指导.北京:科学出版社,2017.
王建波,方呈祥,鄢慧民,等.遗传学实验教程.武汉:武汉大学出版社,2004.
吴琼,林琳,张贵友.普通遗传学实验指导.2版.北京:清华大学出版社,2016.
祝水金.遗传学实验指导.2版.北京:中国农业出版社,2005.

实验 34 酿酒酵母杂交实验

一、实验目的

(1)理解酿酒酵母的生活周期及自由组合规律。

(2)掌握酿酒酵母菌异宗型杂交实验的基本原理和方法。

(3)能够熟练运用酿酒酵母菌杂交实验的基本原理进行研究实验。

二、实验原理

酵母菌的有性繁殖分为异宗结合型和同宗结合型。酵母细胞的交配型有 3 种:$MATa$ 和 $MAT\alpha$,以及二者相互交配形成第三种 $MATa/\alpha$。$MATa/\alpha$ 细胞不能与 $MATa$ 和 $MAT\alpha$ 任何一种交配。一般情况下,菌株 $MATa$ 和 $MAT\alpha$ 为单倍体,菌株 $MATa/\alpha$ 为二倍体。发生有性结合的酵母必须是单倍体,而且要求结合型不同。本实验采用异宗型结合实验。

酵母菌不论单倍体还是二倍体一般都能进行无限增殖,在二倍体菌株的世代交替中,既有有性世代,又有无性世代。如果酵母菌处在有性世代的条件下则发生减数分裂行为,产生分生孢子和子囊孢子,分生孢子和子囊孢子都可以独自萌发,完成各自的无性世代;但在原子囊果里子囊孢子 $MATa$ 和分生孢子 $MAT\alpha$ 可通过结合受精形成 $MATa/\alpha$ 二倍体合子,二倍体合子 $MATa/\alpha$ 具有独特的外观很容易鉴别出来。此外,还可以借助四分子分析技术进行连锁与非连锁分析。

在酵母菌的有性世代里原子囊果菌丝可以与不同型分生孢子结合形成二倍体,这个二倍体合子立即进行减数分裂,形成 4 个单倍体的子囊孢子,即四分孢子或四分子。若没有交换发生的情况下,这 4 个孢子按 2 个 $MATa$ 和 2 个 $MAT\alpha$ 顺序排列;如果有交换发生则排列方式发生改变。对 4 个孢子进行遗传分析,就称为四分子分析。

三、实验材料

酿酒酵母 Y-2($MATa$)遗传标记为组氨酸缺陷型。

酿酒酵母 Y-4($MAT\alpha$)遗传标记为腺嘌呤缺陷型。

四、实验用品

1. 仪器

离心机,高压灭菌锅,磁力搅拌器,摇床,培养箱。

2. 用具

离心管、试管、三角瓶、培养皿(9 cm)、锥形瓶(150 mL)、吸管、接种环、玻璃珠等,均高温灭菌,烘干待用。

3. 试剂

完全培养基:蛋白胨 2.0 g,培养用酵母提取物 0.5%,葡萄糖 4%,硫酸锌 0.14%,琼脂 2%,pH 6.0,117 ℃灭菌 10 min。

基本培养基：葡萄糖 10 g，NaCl 0.1 g，$(NH_4)_2SO_4$ 1 mL，K_2HPO_4 0.125 g，维生素 1 mL，KH_2PO_4 0.875 g，$MgSO_4 \cdot 7H_2O$ 0.5 g，蒸馏水 1 000 mL，pH 6.0，高压灭菌30 min。微量元素母液：H_3PO_4 1 mL，$ZnSO_4 \cdot 7H_2O$ 7 mg，$CuSO_4 \cdot 5H_2O$ 1 mg，$CaCl_2 \cdot 6H_2O$ 5 mg，蒸馏水 100 mL。维生素母液：烟酸 40 mg，肌醇 200 mg，泛酸 20 mg，对氨基苯甲酸20 mg，核黄素 20 mg，维生素 B_1 40 mg，生物素 0.2 mg，吡哆醇 40 mg，蒸馏水 100 mL。

产孢子培养基：乙酸钠 0.82 g，氯化钾 0.186 g，微量元素溶液 0.1 g，琼脂 2 g，蒸馏水 100 mL，121 ℃灭菌 25 min。微量元素溶液：$Na_2B_4O_7 \cdot 10H_2O$ 0.8 mg，$(NH_4)_6MoO_{24} \cdot 4H_2O$ 1.9 mg，KI 10 mg，$Fe_2(SO_4)_3 \cdot 6H_2O$ 22.8 mg，$MnCl_2 \cdot 4H_2O$ 3.6 mg，$ZnSO_4 \cdot 7H_2O$ 30.8 mg，$CuSO_4 \cdot 5H_2O$ 39 mg，蒸馏水 100 mL，加 1 mol/L 盐酸使溶液溶解。

4. 其他

无菌水，无菌生理盐水（质量分数 0.85%）。

五、实验方法与步骤

1. 菌株的培养

将供试菌株 Y-2 和 Y-4 分别接种于 YPD 平板上，30 ℃培养 1 d。

2. 菌株杂交

(1)将上述制备好的亲本菌株的菌落，转移到一个无菌离心管中，加入 300 μL 无菌蒸馏水振荡，离心 1 min，除去大部分液体，并将细胞转移到一块 YPD 平板。

(2)在 YPD 平板上将杂交细胞进行划线，用四分体立体显微镜进行二倍体初步筛选，将合子（哑铃型）转移到 YPD 平板空白区域，30 ℃恒温静止培养 24 h。

(3)收集菌体，将菌体用 5 mL 生理盐水洗涤 2～3 次。将菌株涂布于基本培养基平板上。同时做 Y-2 和 Y-4 对照平板，30 ℃恒温静止培养 24 h。

(4)能够在基本培养基上生长的菌落可以初步认为是杂合子，将其接入完全培养基培养。

3. 杂交结果检测与分析

(1)将上述培养菌株依次影印操作到完全培养基、腺嘌呤补充培养基、组氨酸补充培养基、完全培养基上，30 ℃培养 2 d。进行杂交产物鉴定。

(2)将经过初步鉴定的菌落，接种到盛有完全培养基的培养皿上，将每个培养皿底划分成 4 个格，其中 2 格放少量组氨酸结晶粉末，另 2 格放少量腺嘌呤结晶粉末，30 ℃培养 2 d。

(3)观察生长状况，营养缺陷型菌株会在培养基所需要生长物的周围生长出来；如果菌株在组氨酸结晶和腺嘌呤结晶粉末扩散相交区域生长，则二者都是该菌株生长所需的营养物质。

六、注意事项

(1)菌株杂交实验在亲本菌株混合后，应该尽量避免剧烈振荡，以利于亲本间结合杂交。

(2)子囊孢子可以利用蜗牛酶处理，使孢子充分分散。

七、思考题

(1)酵母在产孢子培养基上为什么要接种足够多的细胞？

(2)认真总结将实验流程画在实验报告上。

八、参考文献

陈珊,刘东波,李凡.微生物学实验指导.北京:高等教育出版社,2011.
杜连祥,路福平.微生物实验技术.北京:中国轻工业出版社,2005.
何国庆,贾英民.食品微生物学.北京:中国农业出版社,2002.
江汉湖.食品微生物学.2版.北京:中国农业出版社,2005.
李雅轩,赵昕.遗传学综合实验.2版.北京:科学出版社,2010.
全桂静.微生物学实验指导.北京:化学工业出版社,2010.
沈萍,陈向东.微生物学实验.5版.北京:高等教育出版社,2018.
D. C.安伯格.酵母遗传学方法实验指南.2版.霍克克,译.北京:科学出版社,2016.

实验35　微生物基因突变诱导与综合遗传分析

一、实验目的

(1)理解基因突变的机理和突变诱导的原理。

(2)掌握微生物基本的物理化学诱变方法。

(3)能够进行综合实验的设计、准备、操作和结果分析。

二、实验原理

一个基因内部遗传结构或DNA序列的任何改变,包括一对或少数几对碱基的缺失、插入或置换,而导致的遗传变化称为基因突变,其发生变化的范围很小,所以又称点突变或狭义的突变。

根据突变体表型不同,可把突变分成以下几种类型:①营养缺陷型,某一野生型菌株因发生基因突变而丧失合成一种或几种生长因子、碱基或氨基酸的能力,因而无法在基本培养基(MM)上正常生长繁殖的变异类型,称为营养缺陷型,它们可在加有相应营养物质的基本培养基平板上选出。②抗性突变型,是指野生型菌株因发生基因突变,而产生的对某化学药物或致死物理因子的抗性变异类型,它们可在加有相应药物或用相应物理因子处理的培养基平板上选出。在各种基因突变中,抗性突变最为常见,如对一些抗生素具抗药性的菌株等。抗药性突变常用作遗传标记。③条件致死突变型,某菌株或病毒经基因突变后,在某种条件下可正常地生长、繁殖并呈现其固有的表型,而在另一种条件下却无法生长、繁殖,这种突变类型称为条件致死突变型。广泛应用的一类是温度敏感突变型,这些突变型在一定温度条件下并不致死,所以可以在这一温度中保存下来。它们在另一温度下是致死的,通过它们的致死作用,可以用来研究基因的作用等问题。④形态突变型,是指由突变引起的个体或菌落形态的变异,一般属非选择性突变。例如,细菌的鞭毛或荚膜的有无,霉菌或放线菌的孢子有无或颜色变化,菌落表面的光滑、粗糙以及噬菌斑的大小、清晰度等的突变。⑤抗原突变型,是指由基因突变引起的细胞抗原结构发生的变异类型,包括细胞壁缺陷变异(L型细菌等)、荚膜或鞭毛成分变异等,一般也属非选择性突变。⑥产量突变型,是指在代谢产物的产量上明显有别于原始野生菌株的突变型。

基因突变可以自发地产生,也可以人工诱发。自发突变的突变率极低和稳定,一般在10^{-9}～10^{-6}之间。凡能提高突变率的任何理化因子,都可称为诱变剂,通过诱变剂的作用,可以提高上述自发突变的概率,一般可提高10～10^5倍。诱变剂可使生物发生碱基置换和移码突变,使DNA分子发生变化,从而导致突变的发生。

诱变处理使微生物群体中出现各种突变型,要获得预定的效应表型,就要进行筛选。营养缺陷型的筛选参见实验30。微生物的抗药性突变是DNA分子某一特定位置的结构改变所致,与药物的存在无关,某种药物的存在只是作为分离某种抗药性菌株的一种手段,而不是作为引发突变的诱导物。因而在含有一定抑制生长药物浓度的平板上涂布大量的细胞群体,极个别抗性突变的细胞就会在平板上形成菌落。将这些菌落挑取纯化,进一步进行抗性实验,就可以得到所需要的抗药性菌株。抗药性突变型的筛选常用梯度平板法,包括制备琼脂表面存在药物浓度梯度的平板、在其上涂布诱变处理后的细胞悬液、经培养后再从其上选取抗药性菌落等步骤。产量突变型的筛选可采用琼脂块培养法。

三、实验材料

酿酒酵母(*MATa*)、大肠杆菌(*Escherichia coli*)的野生型。

四、实验用品

1. 仪器

紫外线照射箱,离心机,冰箱,恒温培养箱,高压灭菌锅。

2. 用品

培养皿,三角瓶,试管,离心管,烧杯,取液器,接种环,玻璃涂棒,圆木柱(做影印戳时用),丝绒布。

3. 试剂

链霉素,其余参见实验30和实验31。

五、实验方法与步骤

(一)菌液的制备

1. 酵母菌液的制备

参见实验31。

2. 大肠杆菌菌液的制备

参见实验30。

注:一般采用生理状态一致(用选择法或诱导法使微生物同步生长)的单细胞或孢子进行诱变处理。所处理的细胞必须是均匀而分散的单细胞悬液。分散状态的细胞可以均匀地接触诱变剂,又可避免长出不纯菌落。细胞的生理状态对诱变处理也会产生很大的影响。细菌在对数期诱变处理效果较好;霉菌或放线菌的分生孢子一般都处于休眠状态,所以培养时间的长短对孢子影响不大,但稍加萌发后的孢子则可提高诱变效率。要得到均匀分散的细胞悬液,通常可用无菌的玻璃珠来打散成团的细胞,然后再用脱脂棉过滤。一般处理真菌的孢子或酵母细胞时,其悬浮液的浓度大约为10^6个/mL,细菌和放线菌孢子的浓度大约为10^8个/mL。另外,根据选用的诱变剂不同,菌悬液可用生理盐水或缓冲液配制。

(二)突变的诱发

1. 紫外线诱变法

参见实验30。

2. 亚硝酸诱变法

参见实验30。

注:要确定诱变剂的合适剂量,通常要进行多次实验。在实际工作中,突变率往往随剂量的增高而提高,但达到一定程度后,再提高剂量反而会使突变率下降。根据对紫外线、X射线和乙烯亚胺等诱变效应的研究结果,发现正变较多地出现在偏低的剂量中,而负变则较多地出现于偏高的剂量中,还发现经多次诱变而提高产量的菌株中,更容易出现负变。因此,在诱变

育种工作中，目前比较倾向于采用较低的剂量。例如，过去在用紫外线作诱变剂时，常采用杀菌率为99%的剂量，而近年来则倾向于采用杀菌率为30%～75%的剂量。

(三)突变型的筛选

1.营养缺陷型的筛选和检出

酵母菌营养缺陷型的检出参见实验31，大肠杆菌营养缺陷型的筛选和检出参见实验30。

2.抗性突变型的筛选

用梯度平板法分离供试材料的抗链霉素突变型。梯度平板制备方法：先倒入不含药物的底层培养基，把培养基一边抬高斜放，待凝固后将平板平放，再倒入含有链霉素的上层培养基，这样便可得到链霉素浓度从一边到另一边逐渐降低的梯度平板。在此平板上涂布大量经诱变处理的菌株，经培养后，在链霉素浓度比较高的部位长出的菌落中可以分离到抗链霉素的突变株。

六、实验流程

(一)实验设计与方案撰写

(1)本实验任选一种材料进行实验。

(2)分别采用紫外线诱变法和亚硝酸诱变法进行诱变处理，最后筛选相应材料的赖氨酸缺陷型和抗链霉素突变型。

(3)要求根据自己选择的材料及实验方法写出详细的实验设计方案，包括试剂的具体用量和配制方法。

(二)实验方案实施

(1)实验分组进行，每组5～6人。

(2)实施进度安排如下。

第1天：查阅资料，撰写实验方案。

第2天：准备实验。

第3～12天：进行实验。

第13～14天：撰写实验报告。

(三)结果整理与分析

自己设计数据表格，进行数据整理和分析。

(四)报告撰写

(1)实验报告应包括下述内容：①实验名称，②实验目的，③实验原理，④实验用品，⑤实验内容及步骤，⑥数据记录及处理，⑦小结或讨论。

(2)书写实验报告要使用统一规格的实验报告纸，要求字迹端正、文字通顺、内容简明扼要、数据记录整洁、图表规范、结果正确、讨论认真。

七、注意事项

(1)安全问题同实验细菌诱变处理与突变筛选。

(2)初步鉴定和准确鉴定时菌液细胞密度可略高，能使待测菌均匀地分布在培养基表面。

八、思考题

(1)筛选微生物不同的突变型时，如何选用及制备不同的培养基？

(2)某突变菌株在基本培养基上无法生长，而在添加了0.1%碱水解酵母核酸后，该菌株能生长。请设计一实验方案以进一步确定该菌株的生长必需物。

九、参考文献

李碧春，徐银学. 动物遗传学实验教程. 北京：中国农业大学出版社，2005.
吕美云. 微生物学实验指导. 北京：化学工业出版社，2017.
沈萍，范秀容，李广武. 微生物学实验. 4 版. 北京：高等教育出版社，2007.
帅素蓉. 普通遗传学实验教程. 成都：四川科学技术出版社，2003.
谭志琼，张荣意. 农业微生物学实验指导. 北京：中国农业出版社，2017.
唐文武，吴秀兰. 遗传学实验. 北京：化学工业出版社，2018.
Nicklin J，Graeme-Cook K，Paget T. Microbiology. 北京：科学出版社，2010.

附 录

附录Ⅰ 常用试剂的配制

卡诺氏(Carnoy's)固定液(现配现用):

卡诺氏Ⅰ液:$V_{冰乙酸} : V_{无水乙醇}=1:3$。

卡诺氏Ⅱ液:$V_{冰乙酸} : V_{无水乙醇} : V_{氯仿}=1:6:3$。

这两种固定液作组织及细胞固定用,渗透、杀死迅速,固定作用很快,植物根尖固定约需15 min,花粉囊约1 h,若固定时间太长(超过48 h)则会破坏细胞。固定液中的无水乙醇固定细胞质,冰乙酸固定染色质,并可防止由乙醇而引起的高浓度收缩和硬化。Ⅰ液适合于植物;Ⅱ液适合于动物,也适用于植物(如小麦)。有时在材料已经固定大约30 min后加几小滴氯化亚铁的含水饱和液于固定液中,可起到促进染色体染色的效果。

Giemsa溶液:0.5 g Giemsa,33 mL甘油,33 mL甲醇,用少量甘油将Giemsa粉末研磨至无颗粒,剩余甘油分次洗涤至棕色瓶内,置于56 ℃恒温2 h,加入甲醇,过滤后保存于棕色瓶中。

5%氢氧化钡:5 g氢氧化钡加入100 mL沸蒸馏水中溶解后过滤,冷却至18~28 ℃。

20×SSC:175.3 g NaCl,882 g柠檬酸钠,加水至1 000 mL(用10 mol/L NaOH调pH至7.0)。

70%甲酰胺/2×SSC:35 mL甲酰胺,5 mL 20×SSC,10 mL水。

50%甲酰胺/2×SSC:100 mL甲酰胺,20 mL 20×SSC,80 mL水。

50%硫酸葡聚糖(DS):65 ℃水浴中融化,4 ℃或−20 ℃保存。

PI/antifade溶液:PI原液先以双蒸水配制溶液,质量浓度为100 mg/mL,取出1 mL,加39 mL双蒸水,使最终质量浓度为2.5 mg/mL。Antifade原液以PBS缓冲液配制该溶液,使其浓度为10 mg/mL,用0.5 mmol/L的$NaHCO_3$调pH为8.0。取上述溶液1 mL,加9 mL甘油,混匀。PI/antifade溶液:PI与antifade原液按体积比1:9比例充分混匀,−20 ℃保存备用。

DAPI/antifade溶液:用去离子水配制2 mmol/L DAPI储存液(1 mg DAPI/1 mL H_2O),按体积比1:300,以Antifade溶液稀释成工作液。

TNB溶液:0.5%的封阻剂(blocking reagent,Roche),0.1 mol/L Tric-HCl,pH 7.5,0.15 mol/L NaCl。

1%秋水仙碱母液:称1 g秋水仙碱或取原装1 g秋水仙碱,先用少量乙醇溶解,再用蒸馏水稀释至100 mL,冰箱储藏备用。其他浓度的秋水仙碱溶液可以此稀释得到。

0.002 mol/L 8-羟基喹啉:取0.002 mol的8-羟基喹啉溶于100 mL蒸馏水中。

饱和对二氯苯溶液:在100 mL蒸馏水中加对二氯苯直至饱和状态。

盐酸乙醇解离液:95%乙醇与浓盐酸各一份混合而成。根尖细胞制片中,用于溶解果胶质。

醋酸洋红染液：取45%的醋酸(乙酸)溶液100 mL，放入锥形瓶，加热至沸，移去火源，徐徐加入0.5～2 g洋红，煮沸约5 min或回流煮沸12 h，冷却后过滤，再加1%～2%铁明矾水溶液数滴，直到此液变为暗红色不发生沉淀为止。也可悬入一小铁钉，过1 min取出，使染色剂中略具铁质，增强染色性能。滤液放入棕色瓶中盖紧避光保存。此染液为酸性，适用于涂抹片，染色体染成深红色，细胞质染成浅红，长久保存不褪色。

丙酸洋红：丙酸洋红与醋酸洋红的配制过程相同，仅以45%的丙酸代替45%的醋酸。丙酸比醋酸更易溶解洋红，且细胞质着色比醋酸洋红浅。

醋酸地衣红染液：取冰醋酸45 mL，加热至近沸腾，徐徐加入0.5～2 g地衣红，用玻璃棒搅动，微热至染料完全溶解，冷却后加入蒸馏水55 mL，振荡，过滤。滤液放入棕色瓶中保存。该染液使染色体着色的效果比醋酸洋红更好，但易溶于乙醇，对用乙醇保存的材料要尽量除净乙醇。

卡宝品红(即改良苯酚品红)染液：先配成3种原液，再配成染色液。取原液C 10～20 mL，加45%的乙酸80～90 mL，再加山梨醇1.8 g，配成的10%～20%的石炭酸品红液，一般2周以后使用着色能力显著加强。该染色液的浓度可根据需要而变更，淡染或长时间染色可用2%～10%的浓度，浓染可用30%浓度，再用45%醋酸分色。山梨醇为助渗剂兼有稳定染色液的作用，不加山梨醇也可以，但着色效果略差。此液具有醋酸洋红染色方便的优点，还具有席夫试剂只对核和染色体染色的优点，且染色效果稳定可靠。此液适于动植物各种大小的染色体、体细胞染色体和减数分裂染色体，并具有相当牢固的染色性能，保存性好，室温下2年不变质。

原液A：取3 g碱性品红溶于100 mL的70%乙醇中(可长期保存)。

原液B：取原液A 10 mL，加入90 mL的5%石炭酸水溶液(限2周内使用)。

原液C：取原液B 45 mL，加冰乙酸和福尔马林(37%甲醛)各6 mL(可长期保存)。

铁矾-苏木精染液：分别配制甲、乙两液，使用前混合。此液可显示染色体、染色质、核仁、线粒体、中心粒和肌纤维横纹等，使其呈深蓝色甚至黑色。

甲液[4%硫酸铁铵(铁明矾)水溶液]：4 g铁明矾，溶于100 mL水中(现配现用，保持新鲜，铁明矾为紫色结晶，若为黄色则不能用)。

乙液(0.5%苏木精水溶液)(用前6周配制)：取0.5 g苏木精溶于5 mL 95%乙醇中，充分溶解，制成10%苏木精乙醇溶液，储藏于阴凉处，可保存3～6个月，使用时再加蒸馏水至100 mL。

席夫(Schiff)试剂及漂洗液：席夫染液及漂洗液的配方见附表1。

附表1　席夫染液及漂洗液配方

席夫试剂	1 mol/L盐酸	10 mL
	碱性品红	0.5 g
	偏重亚硫酸钠(钾)	1 g
	中性活性炭	0.5 g
漂洗液(现配现用)	1 mol/L盐酸	5 mL
	10%偏重亚硫酸钠(钾)	5 mL
	蒸馏水	100 mL

配制方法：将 100 mL 蒸馏水加热至沸，移去火源，加入 0.5 g 碱性品红再继续煮沸 5 min，并随加随搅拌。冷却到 50 ℃过滤到棕色瓶中，此时加入 1 mol/L 盐酸 10 mL。再冷却到 25 ℃时加 1 g 偏重亚硫酸钠(钾)，同时振荡一下，封闭瓶口，置暗处过夜，次日取出，液体应成淡黄色或无色。若颜色过深，加 0.5 g 中性活性炭，剧烈振荡 1 min，过滤后于 4 ℃冰箱保存(或置阴凉处)，并外包黑纸，以防长期暴露在空气中加速氧化而变色。如不变色可继续使用，如变为淡红色可再加少许偏重亚硫酸钠(钾)转为无色方可使用，出现白色沉淀不可再用。

醋酸-铁矾-苏木精：0.5 g 苏木精溶于 100 mL 45%冰乙酸中，用前取 3～5 mL，用 45%冰乙酸稀释 1～2 倍，加入铁矾饱和液(溶于 45%乙酸中)1～2 滴，染色液由棕黄变为紫色，立即使用，不能保存。

丙酸-水合氯醛-铁矾-苏木精染色液：分别配制 A、B 两储备液，将 A、B 两液按 1∶1 的体积比混合，每 5 mL 混合液加入 2 g 水合氯醛，存放一天后使用。此染色液只能用 1 个月，半个月内效果最好，故不宜多配。

A 液：2 g 苏木精溶于 100 mL 50%的丙酸中(可长期保存)。

B 液：0.5～1 g 铁矾溶于 100 mL 50%的丙酸中(可长期保存)。

1% I-KI 溶液：取 2 g KI 溶于 5 mL 蒸馏水中，加入 1 g 碘，待其溶解后再加入 295 mL 蒸馏水，保存于棕色瓶中。

Tris 饱和酚：−20 ℃冰箱取出重蒸酚，室温放置 20 min，于 68 ℃使酚溶解(切勿立即放入 68 ℃的水浴中，以防玻璃炸裂)；加入 8-羟基喹啉(是一种抗氧化剂、RNA 酶的不完全抑制剂及金属离子的弱螯合剂，且其黄颜色有助于方便地识别有机相)至终浓度为 0.1%，和 β-巯基乙醇至终浓度为 0.2%，混匀，溶液呈黄色，倒入分液漏斗中(也可在烧杯中进行)；室温下加入等体积 0.1 mol/L Tris-HCl (pH 8.0)缓冲液，用磁力搅拌器搅拌 15 min，静置待分层，小心吸出水相，如此重复抽提，直到酚相的 pH 大于 7.8(用 pH 试纸测量)；装在不透光的棕色试剂瓶中，并覆盖一层 0.1 mol/L Tris-HCl (pH 8.0)缓冲液，4 ℃保存 1 个月(若黄色消失或呈粉红色，则不能使用)。

0.5 mol/L EDTA (pH 8.0)：800 mL 水中加入 186.1 g 二水乙二胺四乙酸二钠(Na_2-EDTA · $2H_2O$)，在磁力搅拌器上剧烈搅拌，用 NaOH 调节溶液的 pH 至 8.0(约需 20 g NaOH 固体颗粒)，定容至 1 L 分装后高压灭菌备用。

10 mg/mL 溴化乙锭：100 mL 水中加入 1 g 溴化乙锭(EB)，磁力搅拌器搅拌数小时，以确保其完全溶解，装入用铝箔包裹的棕色试剂瓶中，保存于室温中(溴化乙锭是强诱变剂并有中度的毒性，使用时必须戴上手套，称量时要戴面罩，使用结束后要进行净化处理)。

1 mol/L $MgCl_2$：800 mL 水中溶解 203.3 g $MgCl_2 \cdot 6H_2O$，定容至 1 L，分装成小份，并高压灭菌备用。

3 mol/L 乙酸钠：三水乙酸钠 40.8 g，蒸馏水 90 mL，用冰乙酸调溶液的 pH 至 5.2，加水定容到 100 mL。

10 mg/mL RNase (无 DNase)：溶解 10 mg 的胰蛋白 RNA 酶于 1 mL 的 10 mmol/L 的乙酸钠水溶液中(pH 5.0)。溶解后于水浴中煮沸 15 min，使 DNA 酶失活。用 1 mol/L 的 Tris-HCl 调 pH 至 7.5，于−20 ℃储存。配制过程中要戴手套。

Tris-HCl 缓冲液：将 121 g 的 Tris 碱溶解于约 0.9 L 水中，再根据所要求的 pH(25 ℃下)加一定量的浓盐酸(11.6 mol/L)，用水调整终体积至 1 L。

10 mol/L NaOH:NaOH 颗粒 400 g,蒸馏水 0.9 L,磁力搅拌器搅拌均匀,直至 NaOH 完全溶解后用水定容至 1 L。

10% SDS(十二烷基硫酸钠):SDS 100 g,蒸馏水 0.9 L,磁力搅拌器搅拌直至完全溶解,用水定容至 1 L。

100 mg/mL 氨苄青霉素(ampicillin):溶解 1 g 氨苄青霉素钠盐于足量的水中,最后定容至 10 mL。分装成小份于-20 ℃储存。常以 25~50 μg/mL 的终浓度添加于生长培养基。

0.1 mol/L 乙酸缓冲液:用 A 液和 B 液配成。A 液:量取 11.55 mL 冰乙酸,加蒸馏水至 100 mL。B 液:称取 27.29 g $CH_3COONa \cdot 3H_2O$,加蒸馏水至 100 mL。取 25 mL A 液和 24.5 mL B 液,加 50 mL 蒸馏水,调 pH 至 4.6,0.1 MPa 灭菌 15 min。

果蝇培养基:玉米粉 8.2 g,绵白糖 6.2 g,丙酸 0.5 g,琼脂 0.62 g,酵母粉 4.5 g,水 80 mL。配制时,先将水分成两份,其中一份用于溶解琼脂和糖,另一份煮玉米粉,待两份分别溶解煮好后再合到一起煮沸,去火后加入丙酸,然后将黏稠的培养基充分搅拌之后分装到培养瓶中,厚度约 2 cm。待培养基冷却后,在培养基表面撒上一层酵母粉。

花药培养基配制:最常用的植物组织培养基本培养基有 MS、Miller、N_6 和 B_5 等(其成分列于附表 2 中),按表中的分组先配制成一定浓度的母液,再用母液来配制培养基。

(1)培养基母液配制

大量元素母液:按培养基 10 倍用量称取各种大量元素,依次溶解于 800 mL 加热蒸馏水(60~80 ℃)中。应在一种成分完全溶解后再加入下一种成分,尽量将 Ca^{2+}、SO_4^{2-}、PO_4^{3-} 错开,以免产生沉淀。最后定容至 1 000 mL,得到 10×浓度的大量元素母液,存储于冰箱备用。

微量元素母液:硼、锰、铜、锌、钴等微量元素,用量极少,可按配方 100 倍的量配成母液,存储冰箱备用。

铁盐母液:用量很少,按配方 100 倍的量配成母液,转移至棕色试剂瓶,存储冰箱备用,存储时间不宜太长。

有机成分(除蔗糖外)的母液:用量极少,按配方 100 倍的量配成母液,存储冰箱备用。

植物激素母液:通常分别配成 0.2~1 mg/L 的母液,置于冰箱保存。有些药品不易溶解于水,如 2,4-D、萘乙酸,可先溶解于少量的 95% 乙醇中,6-苄基氨基嘌呤先溶解于少量 1 mol/L HCl,再加水配成一定浓度的母液;吲哚乙酸可加热溶解。

(2)培养基配制

配制培养基时取出各种母液,加入蒸馏水和蔗糖(花药培养蔗糖浓度较一般组织培养要高些,常用 60 g/L),定容至 1 000 mL,加入琼脂后加热溶化。再用 1 mol/L HCl 或 1 mol/L NaOH 调节 pH,最后分装、灭菌。

常用植物基本培养基成分见附表 2。

附表 2　常用植物基本培养基成分

成分	用量/(mg/L)			
	MS	Miller	N_6	B_5
大量元素				
$(NH_4)_2SO_4$	—	—	463	134
KNO_3	1 900	1 000	2 830	2 500

续附表 2

成分	用量/(mg/L)			
	MS	Miller	N_6	B_5
NH_4NO_3	1 650	1 000	—	—
$MgSO_4 \cdot 7H_2O$	370	35	185	250
KH_2PO_4	170	400	400	—
KCl	—	65	—	—
$Ca(NO_3)_2 \cdot 4H_2O$	—	347	—	—
$CaCl_2 \cdot 2H_2O$	440	—	166	150
$NaH_2PO_4 \cdot H_2O$	—	—	—	150
微量元素				
$MnSO_4 \cdot 4H_2O$	15.6	4.4	3.3	10
$ZnSO_4 \cdot 7H_2O$	8.6	1.5	1.5	2.0
H_3BO_3	6.2	1.6	1.6	3.0
KI	0.83	0.8	0.8	0.75
$Na_2MoO_4 \cdot 2H_2O$	0.25	—	—	0.25
$CuSO_4 \cdot 5H_2O$	0.025	—	—	0.025
$CoCl_2 \cdot 6H_2O$	0.025	—	—	0.025
铁盐				
$FeSO_4 \cdot 7H_2O$	27.8	—	27.8	27.8
Na_2-EDTA	37.3	—	37.3	37.3
Na-Fe-EDTA	—	32	—	—
有机物质				
甘氨酸	2.0	2.0	—	—
盐酸硫胺素	0.5	0.1	1.0	10.0
盐酸吡哆醇	0.5	0.1	0.5	1.0
烟酸	0.05	0.5	0.5	1.0
肌醇	100	—	—	100
蔗糖/g	30	30	50	50
pH	5.8	6.0	5.8	5.8

附录Ⅱ D/S.E 概率表

D/S.E	0.00	0.01	0.02	0.03	0.04	0.05	0.06	0.07	0.08	0.09
0.0	1.000 0	0.972 0	0.984 0	0.976 1	0.968 1	0.960 1	0.952 2	0.944 2	0.836 2	0.928 3
0.1	0.920 3	0.912 4	0.904 5	0.896 6	0.888 1	0.880 8	0.872 9	0.865 0	0.957 2	0.843 3
0.2	0.841 5	0.833 7	0.825 9	0.818 1	0.810 3	0.802 6	0.794 9	0.787 2	0.775 9	0.771 8
0.3	0.764 2	0.756 6	0.749 0	0.741 4	0.733 9	0.726 3	0.718 8	0.711 4	0.703 9	0.696 5
0.4	0.689 2	0.681 8	0.674 5	0.667 2	0.659 9	0.652 7	0.645 5	0.638 4	0.631 2	0.624 1
0.5	0.617 1	0.610 1	0.603 1	0.596 1	0.589 2	0.582 8	0.575 5	0.568 7	0.561 9	0.555 2
0.6	0.548 5	0.541 9	0.535 3	0.528 7	0.522 0	0.515 7	0.509 3	0.502 9	0.496 5	0.429 5
0.7	0.483 9	0.477 7	0.471 5	0.465 4	0.459 3	0.453 3	0.447 3	0.441 3	0.435 4	0.429 5
0.8	0.423 7	0.417 9	0.412 2	0.486 5	0.400 9	0.395 3	0.389 8	0.384 3	0.378 9	0.373 5
0.9	0.368 1	0.362 8	0.357 6	0.352 4	0.347 2	0.342 1	0.337 1	0.332 0	0.327 1	0.322 2
1.0	0.317 3	0.312 5	0.307 7	0.303 0	0.298 3	0.293 7	0.289 1	0.284 6	0.280 1	0.275 7
1.1	0.271 3	0.267 0	0.262 7	0.258 5	0.254 3	0.250 1	0.246 0	0.242 0	0.238 0	0.234 0
1.2	0.230 1	0.226 3	0.222 5	0.218 1	0.215 0	0.211 3	0.207 7	0.204 1	0.200 5	0.197 1
1.3	0.193 6	0.190 2	0.186 8	0.183 5	0.180 2	0.177 0	0.173 8	0.170 7	0.167 6	0.164 5
1.4	0.161 5	0.158 5	0.155 6	0.152 7	0.149 9	1.147 7	0.144 3	0.141 4	0.138 9	0.136 2
1.5	0.133 6	0.131 0	0.128 5	0.126 0	0.123 6	0.121 1	0.118 8	0.116 4	0.114 1	0.111 8
1.6	0.109 5	0.107 4	0.105 2	0.103 1	0.101 0	0.098 9	0.096 9	0.094 9	0.093 0	0.091 0
1.7	0.089 1	0.087 3	0.085 4	0.083 6	0.081 9	0.080 1	0.078 4	0.076 9	0.075 1	0.073 5
1.8	0.071 9	0.070 3	0.068 8	0.067 2	0.065 8	0.064 3	0.062 9	0.061 5	0.060 1	0.058 8
1.9	0.057 4	0.056 1	0.054 9	0.053 6	0.052 4	0.051 2	0.050 0	0.048 8	0.047 7	0.046 6
2.0	0.045 5	0.044 4	0.043 4	0.042 4	0.041 4	0.040 4	0.039 4	0.038 5	0.037 5	0.036 5
2.1	0.037 5	0.034 7	0.034 0	0.033 2	0.032 4	0.031 6	0.030 8	0.030 0	0.029 3	0.028 5
2.2	0.027 8	0.027 1	0.026 4	0.025 7	0.025 1	0.024 4	0.023 3	0.023 2	0.029 3	0.028 5
2.3	0.021 4	0.012 1	0.020 3	0.017 8	0.019 3	0.018 8	0.018 3	0.017 8	0.017 8	0.016 8
2.4	0.016 4	0.016 0	0.015 5	0.015 1	0.014 7	0.014 3	0.013 9	0.013 5	0.013 1	0.012 8
2.5	0.012 4	0.012 1	0.011 7	0.011 4	0.011 1	0.010 8	0.010 5	0.010 2	0.009 9	0.009 6
2.6	0.009 3	0.008 1	0.008 8	0.008 5	0.008 3	0.008 1	0.007 8	0.007 6	0.007 4	0.007 2
2.7	0.006 9	0.006 7	0.006 5	0.006 3	0.006 1	0.006 0	0.005 7	0.005 6	0.005 4	0.005 3
2.8	0.005 1	0.005 0	0.004 8	0.004 7	0.004 5	0.004 4	0.004 2	0.004 1	0.004 0	0.003 9
2.9	0.003 7	0.003 6	0.003 5	0.003 4	0.003 3	0.003 2	0.003 1	0.003 0	0.002 9	0.002 8

注：表格中的数字是概率 P 值，表示在每个 D/S.E 值之下差异由机会造成所占的百分比。

①D/S.E $\leqslant 2$，$P \geqslant 0.05$，差异不显著，符合

②D/S.E > 2，$P < 0.05$，差异显著，不符合

附录Ⅲ　χ^2值表

P	df								
	0.99	0.90	0.75	0.50	0.25	0.10	0.05	0.01	0.005
1	0.00	0.02	0.10	0.45	1.32	2.71	3.84	6.64	7.90
2	0.02	0.21	0.58	1.39	2.77	4.60	5.99	9.22	1059.00
3	0.11	0.58	1.21	2.37	4.11	6.25	7.82	11.32	12.82
4	0.30	1.06	1.92	3.36	5.39	7.78	9.49	13.28	14.82
5	0.55	1.61	2.67	4.35	6.63	9.24	11.07	15.09	16.76
6	0.87	2.20	3.45	5.35	7.84	10.65	12.60	16.81	18.55
7	1.24	2.83	4.25	6.35	9.04	12.02	14.07	18.47	20.27
8	1.64	3.49	5.07	7.34	10.22	13.36	15.51	20.08	21.94
9	2.09	4.17	5.90	8.34	11.39	14.69	16.93	21.65	23.56
10	2.55	4.86	6.74	9.34	12.55	15.99	18.31	23.19	25.15
11	3.05	5.58	7.58	10.34	13.70	17.28	19.68	24.75	16.71
12	3.57	6.30	8.44	11.34	14.85	18.55	21.03	26.25	28.25
13	4.10	7.04	9.30	12.34	15.98	19.81	22.37	27.72	29.88
14	4.65	7.79	10.16	13.34	17.12	21.07	23.69	29.17	31.38
15	5.23	8.55	11.04	14.34	18.25	22.31	25.00	30.61	32.86
16	5.81	9.31	11.91	15.34	19.37	23.55	26.30	32.03	34.32
17	6.40	10.08	12.79	16.34	20.49	24.77	27.59	33.44	35.77
18	7.00	10.86	13.68	17.34	21.61	25.99	28.88	34.83	37.21
19	7.63	11.65	14.56	18.34	22.72	27.21	30.15	36.22	38.63
20	8.25	12.44	15.45	19.34	23.83	28.42	31.42	37.59	40.05
21	8.89	13.24	16.34	20.34	24.94	29.62	32.68	38.96	41.45
22	9.53	14.04	17.24	21.34	26.04	30.82	33.93	40.31	42.84
23	10.19	14.85	18.14	22.34	27.14	32.01	35.18	41.66	44.23
24	10.85	15.66	19.04	23.34	28.24	33.20	36.42	43.00	45.60
25	11.51	16.47	19.94	24.34	29.34	34.38	37.66	44.33	46.97
26	12.19	17.29	20.84	25.34	30.44	35.57	38.89	45.66	48.33
27	12.87	18.11	21.75	26.34	31.53	36.74	40.12	46.99	49.69
28	13.55	18.94	22.66	27.34	32.62	37.92	41.34	48.30	51.04
29	14.24	19.77	23.57	28.34	33.71	39.09	42.56	49.61	52.38